STARK

ABITUR

Prüfungsaufgaben mit Lösungen **2009**

Geographie

Grundkurs
Gymnasium
Bayern
2003 – 2008

STARK

ISBN 978-3-89449-107-9

30. ergänzte Auflage
www.stark-verlag.de

Inhalt

Schriftliche Abiturprüfungsaufgaben 2007

Schriftliche Abiturprüfungsaufgaben 2008

Jeweils im Herbst erscheinen die neuen Ausgaben der Abiturprüfungsaufgaben mit Lösungen.

Hinweise und Tipps, Lösungen der schriftlichen Aufgaben:

StD Dr. Hans-Joachim Mollwo

Vorwort

Liebe Kollegiatinnen und Kollegiaten,
der vorliegende Band soll Sie bei Ihren Vorbereitungen auf das Abitur im Grundkursfach Geographie unterstützen.

Er gliedert sich in zwei Teile:
Der erste Teil des Buches enthält wichtige (Hintergrund-)Informationen zum Abitur. Ein Kapitel mit allgemeinen **Hinweisen und Tipps** gibt Ihnen praktische Hilfen und Informationen zu Anforderungen und Ablauf der **schriftlichen Prüfung**. Auch über alles Wissenswerte zum **Colloquium** im Fach Geographie werden Sie informiert.

Der zweite Teil des Buches ist der Übungsteil. Er umfasst die **schriftlichen Abituraufgaben** des Grundkurses Geographie der vergangenen Jahre mit Lösungsvorschlägen. Da sich der Lehrplan und damit auch der Rahmen für die Abituraufgaben in den letzten Jahren nicht geändert haben, können Sie aus diesen früheren Aufgaben wertvolle Schlüsse auf den Inhalt und die Anforderungen der kommenden Abiturprüfung ziehen.

Ein **Stichwortverzeichnis** erleichtert Ihnen das schnelle Auffinden von Informationen zu bestimmten Sachgebieten.

Ich wünsche Ihnen eine effektive Abiturvorbereitung
und eine erfolgreiche Abiturprüfung!

Dr. Hans-Joachim Mollwo

Stichwortverzeichnis

Hinweise und Tipps zum schriftlichen Abitur

1 Rahmenbedingungen für das schriftliche Abitur

In der schriftlichen Abiturprüfung des Grundkurses werden Ihnen **vier Aufgaben zur Wahl** gestellt, von denen Sie **zwei** zu **bearbeiten** haben.

Als **Bearbeitungszeit** für die zwei frei zu wählenden Aufgaben stehen Ihnen **210 Minuten** zur Verfügung. Als **Hilfsmittel** dürfen Sie lediglich einen zugelassenen Erdkundeatlas sowie einen elektronischen Taschenrechner benutzen. Der Atlas darf keine Kommentare enthalten. Hervorhebungen und Verweise auf wichtige Karten durch Lesezeichen oder Haftnotizzettel sind jedoch gestattet.

2 Prüfungsinhalte

Der Lehrplan für die Jahrgangsstufen 12 und 13 bildet den inhaltlichen Rahmen für die schriftliche Abiturprüfung. Das heißt, alle vier Prüfungsaufgaben müssen sich an den folgenden, vom Lehrplan vorgegebenen Themen orientieren:
- Europa
- USA/Kanada – Sowjetunion/ Nachfolgestaaten: Großräume im Vergleich
- Dritte Welt
- Der asiatisch-pazifische Raum: Entwicklungsbedingungen und Entwicklungswege

Wenn Sie ausführlichere Informationen über die Inhalte des Lehrplans benötigen, bitten Sie Ihren Erdkundelehrer, Ihnen den Lehrplan zur Verfügung zu stellen. Sie können ihn aber auch auf der Internetseite des Staatsinstituts für Schulqualität und Bildungsforschung (ISB) – www.isb.bayern.de – einsehen und herunterladen.

3 Leistungsanforderungen

3.1 Bearbeitung der Aufgaben

Jede Aufgabe stellt eine thematische Einheit dar. Die Abituraufgaben gliedern sich in **Teilaufgaben**, die als Arbeitsanweisungen formuliert und mit **Materialien** (Diagramme, Karten, Statistiken, Grafiken) versehen sind. Ausführliche Hinweise zur Bearbeitung der unterschiedlichen Materialien finden Sie auf S. V ff.

Da im Abitur nur zwei Aufgaben bearbeitet werden müssen, stellt sich die Frage nach einer **sinnvollen thematischen Vorbereitung**. Soll man alle vier Halbjahresthemen vorbereiten oder „Mut zur Lücke" haben und sich nur auf zwei Themen spezialisieren?
Während sich in den letzten Jahren die vier Aufgaben jeweils auf ein Halbjahresthema beschränkten, wird man künftig damit rechnen müssen, dass auch eine halbjahresübergreifende Teilaufgabe enthalten sein kann. Wenn Sie sich nur auf zwei oder drei Halbjahresthemen spezialisieren, steigt dadurch Ihr Risiko. Es ist daher ratsam, sich zumindest in Grundzügen auf alle vier Halbjahresthemen vorzubereiten. Dabei können Sie natürlich auf zwei oder drei Themen einen besonderen Schwerpunkt setzen.

3.2 Bewertungskriterien

Für jede Abituraufgabe werden 60 Bewertungseinheiten ausgewiesen. Für die zwei zu bearbeitenden Aufgaben können Sie also insgesamt maximal 120 Bewertungseinheiten erhalten.

Die jeweils erreichbaren Bewertungseinheiten sind auf dem Aufgabenblatt bei den einzelnen Teilaufgaben angegeben und für den Korrektor verbindlich. Nur dann, wenn eine Teilaufgabe aus mehreren Unterfragen besteht, kann der Korrektor die Gesamtzahl der auf diese Teilaufgabe entfallenden Bewertungseinheiten nach eigenem Ermessen verteilen.

Als Kriterium für die inhaltliche Bewertung können die Lösungsvorschläge der Abituraufgaben der letzten Jahre dienen, die sich an den offiziellen Hinweisen zur Korrektur und Bewertung orientieren. Es gibt jedoch keine absolut verbindlich vorgeschriebenen Vorgaben für die Korrektur. Innerhalb gewisser Grenzen kann der Korrektor vom Lösungsschlüssel abweichen und entsprechend dem vorangegangenen Unterricht anders gewichten.

Neben der inhaltlichen Bewertung können auch Ungenauigkeiten, falsche Bezüge und Verstöße gegen die sprachliche Richtigkeit oder gegen die äußere Form die Bewertung beeinflussen.

Die in den beiden Aufgaben erreichten Bewertungseinheiten werden addiert und nach der folgenden Tabelle in Notenpunkte umgesetzt:

Notenpunkte	Notenstufen	Bewertungseinheiten	Intervalle in %
15	+1	120–115	
14	1	114–109	15
13	1–	108–103	
12	+2	102–97	
11	2	96–91	15
10	2–	90–85	
9	+3	84–79	
8	3	78–73	15
7	3–	72–67	
6	+4	66–61	
5	4	60–55	15
4	4–	54–49	
3	+5	48–41	
2	5	40–33	20
1	5–	32–25	
0	6	24–0	20

4 Anforderungsbereiche und Operatoren

Um eine Frage ihrem Sinngehalt und ihrer Zielrichtung nach eindeutig verstehen zu können, müssen Sie die Arbeitsanweisungen exakt definieren können. Diese Arbeitsanweisungen spiegeln die unterschiedlichen **Anforderungsbereiche** wider, die in der Lösung erwartet werden. Generell unterscheidet man dabei die Ebene einer reinen **Reproduktion/Reorganisation** von Kenntnissen von der Ebene der **Übertragung** dieser Kenntnisse auf neue Inhalte und der Ebene **problemlösenden Denkens**.
Wenn Sie sich genauer über die Anforderungsbereiche informieren möchten, können Sie über die Internetseite der Kultusministerkonferenz (www.kmk.org) die „Einheitlichen Prüfungsanforderungen in der Abiturprüfung" (**EPA**) für das Fach Geographie herunterladen.

Allen drei Anforderungsbereichen sind bestimmte **Operatoren** zugeordnet. Anhand dieser standardisierten Arbeitsanweisungen können Sie erkennen, was genau von Ihnen in den einzelnen Teilaufgaben der Prüfung erwartet wird.

Beachten Sie, dass die Operatoren auch für die mündlichen Prüfungen relevant sind!

Tipp: Sehr häufig kommen in einer Teilaufgabe zwei Operatoren vor. Vergessen Sie nicht, beide Arbeitsaufträge auszuführen.

Die folgende Liste umfasst besonders typische Operatoren der einzelnen Anforderungsbereiche und verweist jeweils auf eine Aufgabe im Übungsteil dieses Buches, die den entsprechenden Operator enthält. Dabei bedeutet z. B. der Zusatz 2005/I/1.1, dass dieses Beispiel aus den Abiturprüfungsaufgaben des Jahres 2005 stammt. Man findet es dort unter Aufgabe I, Teilaufgabe 1.1.

Ebene I (Reproduktion):

Operator(en)	Definition	Beispiel
nennen	unkommentiert Informationen und Sachverhalte aus vorgegebenem Material oder ohne Materialvorgabe anführen	2008/III/3.2
beschreiben/darstellen	einen Sachverhalt ohne Bewertung in seinen wesentlichen Aspekten aufzeigen	2005/IV/2.1
herausarbeiten/erarbeiten	einem vorgegebenen Material Informationen unter einem bestimmten Gesichtspunkt entnehmen	2005/I/1.1
skizzieren	eine knappe Darstellung der wesentlichen Merkmale eines Vorgangs oder Sachverhalts vornehmen	2005/I/1.2
zusammenfassen	komprimierte Angabe eines Sachverhalts oder einer Aussage	2005/I/3.1

Ebene II (Transfer):

Operator(en)	Definition	Beispiel
erklären	Sachverhalte in einen Zusammenhang einordnen und begründen	2005/III/2.2
charakterisieren	die besonderen Eigenarten eines Sachverhaltes erkennen und zu typischen Merkmalen zusammenführen	2004/IV/3.2
erläutern	Sachverhalte beschreiben und mit Beispielen oder Zusatzinformationen verdeutlichen	2005/IV/1.2

zuordnen	Informationen sinnvoll in ein vorgegebenes Material einfügen und in einen Zusammenhang stellen	2005/II/ 1.1
vergleichen	Gemeinsamkeiten und Unterschiede verschiedener Sachverhalte herausarbeiten	2003/I/ 2.2

Ebene III (Problemlösung):

Operator(en)	Definition	Beispiel
überprüfen/ prüfen	Sachverhalte auf Richtigkeit und innere Logik untersuchen	2005/I/ 1.2
sich auseinandersetzen	ein Problem von verschiedenen Positionen aus betrachten und dann ein eigenes Urteil fällen	2004/III/ 2.2
beurteilen	Sachverhalte überprüfen und ein begründetes Urteil über deren Sinn und Richtigkeit treffen	2003/IV/ 3.2
diskutieren	verschiedene Argumente zu einem Sachverhalt entwickeln, die als Basis zu einer begründeten Bewertung führen können	2003/I/ 2.3
erörtern	durch das Abwägen von Pro- und Contra-Argumenten ein Urteil zu einer vorgegebenen Problemstellung abgeben	2005/II/ 3.2

5 Tipps zur schriftlichen Abiturprüfung

5.1 Auswahl der Aufgaben

Es gibt keine direkte Zeitvorgabe für die Auswahl der Aufgaben. Sie können sich von den insgesamt zur Verfügung stehenden 210 Minuten auch mehr als die dafür eigentlich vorgesehenen **30 Minuten Einlesezeit** nehmen. Auf keinen Fall sollten Sie jedoch vorschnell mit der Bearbeitung einer Aufgabe beginnen: Während des Schreibens abzubrechen und eine andere Aufgabe anzufangen kostet Zeit und Nerven. Legen Sie sich deshalb nicht zu schnell fest und lesen Sie wirklich alle Aufgaben einschließlich der Materialien intensiv durch, bevor Sie sich entscheiden.

Um zu einer Entscheidung zu kommen, können Sie z. B. folgendermaßen vorgehen:

1. Sehen Sie sich die Überschriften der Aufgaben an. Überlegen Sie, ob ähnliche Fragestellungen zu einem vergleichbaren Raum schon einmal im Unterricht behandelt wurden, welches Vorwissen zum Thema Sie also schon mitbringen.
2. Markieren Sie wichtige Informationen in den Fragestellungen und im Materialteil.
3. Überprüfen Sie, ob die Materialien aussagekräftig sind und ob es geeignete Karten im Atlas zu diesem Thema gibt. Wenn Sie der Meinung sind, dass z. B. eine Grafik schlecht lesbar ist oder eine Aufgabenstellung eine missverständliche Formulierung enthält, wenden Sie sich an die aufsichtführenden Lehrkräfte. Diese dürfen Ihnen zwar keine inhaltlichen Hilfen geben, müssen aber formale Probleme lösen.

Legen Sie, wenn Sie Ihre Entscheidung getroffen haben, einen **Zeitplan** fest und halten Sie diesen auch ein! Bei Ihrem Zeitplan sollten Sie nicht nur bedenken, dass Sie zwei Aufgaben zu bearbeiten haben, sondern auch, dass Sie unbedingt am Ende noch genügend Zeit einberechnen müssen, um Ihre Antworten noch einmal gründlich durchzulesen und gegebenenfalls zu korrigieren.

Tipp: Ohne „Abschalten" zwischendurch geht es nicht. Planen Sie auch Pausen ein! Neben einer längeren Pause von einigen Minuten, ungefähr nach der Hälfte der Bearbeitungszeit, ist es empfehlenswert, auch zwischendurch hin und wieder kurz den Stift aus der Hand zu legen. Nach einer solchen kleinen „Auszeit" gehen Sie oft mit einem ganz anderen Blick und neuen Ideen an die Aufgaben heran.

5.2 Ausformulierung

Bevor Sie mit der Ausformulierung Ihrer Lösungen beginnen, sollten Sie sich – trotz der bereits vorhandenen **Vorstrukturierung durch die Teilfragen** – einen **sinnvollen Aufbau** Ihrer Antworten überlegen. Auf diese Weise vermeiden Sie Wiederholungen und Widersprüche, die nicht nur Zeit, sondern auch Punkte kosten können.
Versuchen Sie auch unbedingt, die vorgegebene Reihenfolge der Teilaufgaben beizubehalten. Häufig sind die Teilaufgaben logisch aufeinander aufgebaut, sodass eine veränderte Reihenfolge bei der Bearbeitung unnötige Probleme mit sich bringt.

Tipp: Als sinnvoll hat sich erwiesen, nach jeder Teilaufgabe bei der ersten Niederschrift noch genügend freien **Platz für eventuelle nachträgliche Zusätze** zu lassen. Sollte dieser Platz dann für die späteren Ergänzungen nicht ausreichen, müssen Sie unbedingt darauf achten, dass Ihre zusätzlichen Ausführungen (u. U. auf einem Extrablatt!) eindeutig zugeordnet werden können.

Schreiben Sie lesbar und grammatikalisch korrekt – bei missverständlichen Aussagen ist kein Korrektor gezwungen, zu Ihren Gunsten zu entscheiden! Vermeiden Sie es, selbst wenn Sie Überschneidungen von zwei Fragen vermuten, als Antwort auf eine Frage auf die Antwort zu einer anderen Frage zu verweisen.

Tipp: Kennzeichnen Sie auf dem Aufgabenblatt die von Ihnen bereits bearbeiteten Teilaufgaben. Es ist durchaus schon vorgekommen, dass einzelne Teilaufgaben einfach vergessen wurden!

6 Umgang mit Materialien

Die schriftlichen Abituraufgaben im Fach Erdkunde beziehen sich in der Regel auf beiliegende **Karten, Statistiken, Grafiken, Diagramme** u. ä. Mit deren Interpretation kann man einen beträchtlichen Teil der möglichen Punktzahl erreichen. Es empfiehlt sich daher, schon bei der Vorbereitung auf das Abitur einen Schwerpunkt auf die Interpretation von Materialien zu legen.

Wenn Sie über die nachfolgenden Hinweise hinaus speziell Ihre methodischen Fähigkeiten und Fertigkeiten trainieren möchten, sei Ihnen das folgende Buch empfohlen:
Meiner/Raczkowsky:
Abitur-Training Methoden – Erdkunde: Grundlagen, Arbeitstechniken und Methoden
Stark Verlag, Freising 1998, Bestellnummer 94901

6.1 Tabellen, Grafiken, Diagramme

Statistische Angaben werden Ihnen im Abitur in den Regel in Form von **Tabellen, Grafiken** und **Diagrammen** vorgelegt. Bei der Interpretation dieser Art von Materialien ist es ratsam, eine Art „Gerüst" zur Verfügung zu haben, an dem Sie sich orientieren können. Generell ist ein Vorgehen in **drei Schritten** empfehlenswert:

1. Analyse der Form
2. Analyse des Inhalts
3. Analyse der Aussageabsicht, Interpretation und Kritik

Bei den drei Schritten können – je nach Thema – folgende **Leitfragen** hilfreich sein:

1. Form
- Was ist Thema/Erhebungsgegenstand und Zweck (Überschrift, Begleittext) der Tabelle/Grafik/des Diagramms?
- Welcher Erhebungsraum und Erhebungszeitraum liegt der Darstellung zugrunde (Momentaufnahme, Entwicklung, Prognose)?
- Wie und durch wen wurden die Werte ermittelt?
- Auf welchen Quellen beruht die Tabelle/Grafik/das Diagramm?
- Welche Darstellungsform wurde gewählt (z. B. Kurven-/Linien-, Säulen-/Balken-, Kreis-, Flächen-, Block- und Figuren-Diagramm)?
- Was sind die Bezugsgrößen: Zahlenarten (absolute Zahlen, Prozentzahlen, Indexzahlen), Zahlenwerte (gerundet, geschätzt, vorläufig), Maßeinheiten und Intervalle?
- Welche Kategorien werden zueinander in Beziehung gesetzt (z. B. bei Tabellen Gliederung in Kopfzeile, Spalten und Vorspalten)?
- Sind auffällige grafische Gestaltungsmittel vorhanden (Symbole, Farben, (Hintergrund-) Bilder)?

2. Inhalt
- Welche Hauptaussagen lassen sich formulieren (Trends, Tendenzen)?
- Welche Teilaussagen in Bezug auf Einzelaspekte lassen sich machen (Minima, Maxima, Zunahme, Abnahme, Stagnation, Zahlensprünge, Anomalien, Gleichmäßigkeiten und regelhafte Verläufe, unterschiedliche Phasen, Wechselbeziehungen zwischen verschiedenen Variablen/Merkmalen, ...)?

3. Aussageabsicht, Interpretation und Kritik
- Welche Antwort gibt die Tabelle/Grafik/das Diagramm auf die Fragestellung? Zu welchen Teilbereichen lassen sich keine Aussagen treffen?
- Welche Empfehlungen oder Handlungen werden durch die Tabelle/Grafik/das Diagramm nahe gelegt?
- Welche neuen Fragen werden durch die Informationen der Tabelle/Grafik/des Diagramms aufgeworfen?
- Was sind mögliche Ursachen für die der Tabelle/Grafik/dem Diagramm entnommenen Sachverhalte?
- Beurteilung der Aussagekraft:
  - Sind die Daten repräsentativ und korrekt?
  - Ist die Darstellungsform angemessen?
  - Gibt es Unklarheiten in Bezug auf die Daten, Bezugsgrößen, Quellen ...?
  - Fehlen Informationen?
  - Besteht Verdacht auf Interessengebundenheit/Manipulation (Datenauswahl, Auftraggeber, grafische Darstellung ...)?

Nach dieser „Vorarbeit" müssen Sie die entscheidenden Aussagen klar und prägnant wiedergeben. Ihre Ausführungen sollten auch ohne Blick auf das bearbeitete Material verständlich sein.

Bei der Frage nach den **Erklärungen** für die gefundenen Aussagen vergleichen Sie die von Ihnen vermutete Erklärung möglichst mit bereits vorhandenem Vorwissen. Ziehen Sie auch die Aussagen anderer Materialien (Atlas, Statistiken) heran und stellen Sie deren Aussagen in einen Zusammenhang mit den gefundenen Ergebnissen.

Tipp: Die Auswertung der Materialien kann in der Regel nach dem hier vorgestellten Grundschema erfolgen. Wenn Sie sich an diese drei Schritte und die Leitfragen halten, können Sie schon recht sicher sein, nichts Wesentliches übersehen zu haben.
Auf welche Materialinformationen und Aspekte Sie bei der Ausformulierung Ihrer Lösung tatsächlich zurückgreifen, hängt jeweils von der konkreten Aufgabenstellung ab. Keinesfalls sollten Sie alles, was Ihnen zum Material einfällt, niederschreiben, sondern eine zielgerichtete Auswahl treffen!

6.2 Karten

Karten sind im Fach Erdkunde ein zentrales Material. Da Sie in der Abiturprüfung eine Sammlung von Karten – den Atlas – verwenden dürfen, sind Karten auch im Hinblick auf die Abiturprüfung Ihr wichtigstes Hilfsmittel.

Es gibt zwei grundlegende Arten von Karten:

1. Topografische Karten
   In topografischen Karten werden wichtige Elemente der Topografie, z. B. Geländeformen, Gewässernetz etc. mithilfe kartografischer Zeichen (Signaturen) wiedergegeben. Topografische Karten dienen vor allem der räumlichen Orientierung.
2. Thematische Karten
   Weitaus häufiger als topografische Karten werden Ihnen in der Klausur die sogenannten thematischen Karten begegnen. Wie der Name schon sagt, beschäftigt sich diese Kartenart mit einem bestimmten Thema, z. B. Bevölkerungsdichte, Wirtschaftsentwicklung etc.

Durch **gute Atlaskenntnisse** können Sie viel Zeit sparen. Wenn Sie eine bestimmte Atlaskarte suchen, kann Ihnen folgendes Schema weiterhelfen:

Wo finde ich eine Karte zu einem bestimmten Raum?	Auf der **Umschlaginnenseite** Ihres Atlas finden Sie Übersichtskarten zu Deutschland, Europa und der Welt, die Ihnen mit konkreten Seitenangaben weiterhelfen.
Wie finde ich eine passende thematische Karte zum Thema meiner Aufgabe?	Eine erste Orientierung bietet das **Regionalregister** (meist zu Beginn des Kartenwerks). Hier sind die Kartentitel nach Großräumen, Ländern und Erdteilen geordnet. Eine Ordnung nach Sachgruppen und Themen (z. B. Klima/Wetter, Boden/Vegetation) bietet das **thematische Register**. Es befindet sich meist am Anfang des Kartenwerks. Sie können auch gezielt im **Sachwortregister** (in der Regel am Ende des Kartenwerks) nachschlagen.
Wie kann ich ein mir unbekanntes topografisches Merkmal (Ort, Gewässer, Land) schnell finden?	Im **alphabetischen Ortsregister** am Ende des Kartenwerks sind alle im Atlas genannten Namen verzeichnet.

Tipp: Zwar darf Ihr Atlas keine Kommentare enthalten. Sie können aber durchaus einige wichtige Karten mit Haftnotizzetteln oder Lesezeichen, thematisch durch unterschiedliche Farben untergliedert, kennzeichnen.

Auch im Umgang mit Karten bietet der Dreischritt Form – Inhalt – Aussageabsicht/Interpretation/Kritik ein gutes Grundgerüst:

1. Form:
   Bevor Sie sich mit dem Inhalt der Karte auseinandersetzen, sehen Sie sich zunächst Überschrift, Maßstab, Legende und u. U. die zeitliche Zuordnung an. So verschaffen Sie sich einen **ersten Überblick** über den dargestellten Raum.
   Sind Sie sich über die räumliche Einordnung nicht ganz im Klaren, so sollten Sie andere, kleinmaßstäblichere Karten aus dem Atlas zurate ziehen.
2. Inhalt:
   Anschließend kommen Sie zur **inhaltlichen Analyse**, indem Sie die einzelnen Signaturen auf ihre räumliche Verteilung prüfen und dabei die Schwerpunkte und Tendenzen festhalten. Mitunter werden Sie erst aus der Zusammenschau mehrerer Signaturen die erforderlichen Erkenntnisse erhalten. Auch mithilfe ergänzender Karten sind wertvolle Schlussfolgerungen möglich.
3. Aussagekraft/Interpretation/Kritik:
   Je nach Fragestellung müssen Sie eine Karte entweder nur **beschreiben**, wobei selbstverständlich die genaue räumliche Verteilung der nachgefragten Merkmale im Vordergrund steht, oder Sie müssen über die reine Beschreibung hinaus das Verteilungsmuster **erläutern**. Im ersten Fall reichen normalerweise die in der Karte enthaltenen Informationen aus, im zweiten Fall müssen aus Vorkenntnissen oder anderen Materialien die richtigen Schlüsse gezogen werden.

Tipp: Bei der Auswertung sehr komplexer Karten und bei einer offenen Aufgabenstellung („Analysieren Sie die Karte XY") ist es hilfreich, die zur Karte gehörende Gliederung der Legende auch als Gliederung für die eigenen Ausführungen zu benutzen.

Auch bei der Kartenarbeit ist eine klar gegliederte, logisch aufgebaute Antwort, die die gesamte Fragestellung abdeckt, erforderlich. Schwammige, vage und oberflächliche Andeutungen oder gar Widersprüche sollten Sie unbedingt vermeiden.

6.3 Profile

Sie sollten sich auch darauf vorbereiten, u. U. ein Profil zeichnen zu müssen. Diese Aufgabe kann sich auf den topografischen oder thematischen Bereich (z. B. Jahresniederschlagsmengen entlang einer vorgegebenen Strecke), beziehen. Als Hilfsmittel stehen Ihnen Atlaskarten und/oder Tabellen zur Verfügung.

Beispiel: *Skizzieren und beschriften Sie mithilfe geeigneter Atlaskarten ein vereinfachtes West-Ost-Profil durch Afrika entlang des Äquators, das den Zusammenhang zwischen Relief, natürlicher Vegetation und landwirtschaftlicher Nutzung in Grundzügen aufzeigt!* (2003/III/1.2)

Bei einer solchen Aufgabenstellung sollten Sie sich zunächst einen sinnvollen Höhen- und Längenmaßstab überlegen. Entscheidend ist dabei, dass aus dem Profil die wesentlichen Höhen-/Werteunterschiede deutlich erkennbar sind. Die Profillinie darf also nicht annähernd horizontal verlaufen.

Achten Sie auf eine maßstabsgetreue Zeichnung. Rechnen Sie dabei immer zunächst eine vorgegebene Strecke nach dem Maßstab der Atlaskarte in die reale Entfernung um. Dann erst sollten Sie die errechnete tatsächliche Streckenlänge nach dem Längenmaßstab Ihres Profils in die von Ihnen zu zeichnende Länge der Profillinie umrechnen.

Wenn entlang einer Profillinie in einer Atlaskarte zu wenig Höhenangaben enthalten sind, können Sie sich mit den Farbübergängen behelfen, die aus der Legende ersichtlich sind und jeweils einem bestimmten Höhenwert entsprechen. Auch bei thematischen Profilen kann man die Farbübergänge in einer Karte nutzen. Wenn z. B. hellgelbe Flächen eine

Temperatur von 5–10 °C darstellen und mittelgelbe Flächen 10–15 °C entsprechen, dann liegt der Wert der Grenzlinie bei 10 °C.

Geben Sie die gewählten Maßstäbe in der Form 1 : X an, beschriften Sie die Achsen und versehen Sie die Profillinien mit den korrekten Bezeichnungen, z. B. „Jahresniederschlag“ oder „Januartemperatur“. Bei topografischen Profillinien sollten Sie wichtige Geländepunkte, Landschaftseinheiten o. ä. kennzeichnen.

Meist wird von Ihnen noch gefordert, neben der Zeichnung aus dem Profil erkennbare Merkmale zu erläutern, oder es schließen sich Aufgaben an, die auf der Profillinie aufbauen. Die Profilzeichnung selbst wird nach inhaltlicher Korrektheit sowie zeichnerischer Vollständigkeit, Sauberkeit und Exaktheit bewertet.

Eine Zeichnung verlangt normalerweise mehr Zeit als eine schriftliche Beantwortung einer Frage. Bedenken Sie das, wenn Sie Ihren Zeitplan zur Bearbeitung der Aufgaben aufstellen. Halten Sie sich unbedingt auch dann an diesen Zeitplan, wenn die anzufertigende Zeichnung zu einer übermäßig langen Beschäftigung damit verleitet.

Tipp: Zeichnen Sie nie mit Kugelschreiber oder Füller, sondern immer mit Bleistift! So können Sie auch leichter korrigieren.

6.4 Arbeit mit Texten

Hin und wieder werden Ihnen im Materialteil als Anlagen auch Texte zur Interpretation vorgelegt. Je nach Fragestellung müssen Sie sich in unterschiedlicher Weise mit dem Text auseinandersetzen. Die einfachste Form ist eine Zusammenfassung der wichtigsten Aussagen. Etwas aufwändiger ist es, wenn man aus dem Text nur ganz bestimmte Gesichtspunkte erarbeiten und interpretieren soll. Der höchste Anforderungsbereich „Problemlösung“ wird dann erreicht, wenn man Sie dazu auffordert, Stellung zu bestimmten Textteilen zu nehmen oder z. B. den Text wertend mit Vergleich mit anderen Materialien auf Gemeinsamkeiten und Unterschiede bzw. logische Übereinstimmungen oder Unstimmigkeiten hin zu untersuchen.
Wesentlich ist in jedem Fall, dass Sie den Textsinn präzise erfassen und in knappen eigenen Worten wiedergeben können.

Bei der Bearbeitung sollten Sie darauf achten, dass manchmal schon die **Überschrift** des Textes oder vielleicht sogar der Autor bzw. das Erscheinungsjahr erste Hinweise zur Beantwortung der Frage geben können: Handelt es sich bei dem Text um eine objektive Darstellung oder um die subjektive Meinungsäußerung des Autors?

Es empfiehlt sich, mit Bezug zur Fragestellung die wesentlichen **Schlüsselbegriffe** des Textes zu **markieren** und den **Inhalt** zu analysieren und **zusammenzufassen**. Auf keinen Fall sollten Sie in Ihrer Antwort Textstellen wortwörtlich übernehmen. Notwendig ist dagegen, die Textstellen (Zeilenangaben!) zu nennen, denen Sie bestimmte Argumente oder Daten entnommen haben.

Hinweise und Tipps zur Colloquiumsprüfung

1 Unterrichtsstoff für die Colloquiumsprüfung

1.1 Wahl des Colloquiumsfaches

Neben den beiden Leistungskursen müssen Sie als drittes und viertes Abiturfach zwei Grundkurse auswählen. Eines dieser beiden Grundkursfächer wird schriftlich, das zweite als sogenanntes Colloquiumsfach mündlich geprüft.
Beachten Sie, dass Sie je nach gewählten Leistungskursen nur ein bestimmtes Fächerspektrum für die Wahl des Colloquiumsfaches zur Auswahl haben, um alle Aufgabenfelder korrekt abzudecken.

1.2 Themenbereiche und Begleitlektüren

Für die Colloquiumsprüfung können Sie den durchgenommenen Stoff einschränken und sich **spezialisieren**. Sie müssen nur den Stoff aus drei Halbjahren vorbereiten und können den Stoff des kompletten Halbjahres 12 /1 oder 12 /2 ausschließen!

Die Prüfung besteht aus zwei Teilen: einem von Ihnen gehaltenen Referat samt Aussprache und einem anschließenden Prüfungsgespräch. Für das im ersten Teil der Colloquiumsprüfung zu haltende **Referat** entscheiden Sie zuerst, auf welches Halbjahr Sie sich spezialisieren möchten. Aus diesem Halbjahr wählen Sie **einen Themenbereich,** der normalerweise etwa ein Drittel des Stoffes des jeweiligen Halbjahres umfasst.

Für den zweiten Teil der Prüfung müssen Sie sich mit **Begleitlektüren aus zwei anderen Halbjahren** beschäftigen. Hierbei handelt es sich um Aufsätze oder Buchkapitel, die noch nicht im Unterricht behandelt wurden, aber zum Stoffgebiet der einzelnen Halbjahre gehören.

Ihr Kursleiter bzw. Ihre Kursleiterin ist verpflichtet, rechtzeitig Themenbereiche für Referate und Begleitlektüren anzugeben. Selbstverständlich werden sie bei den Themenbereichen für Referate nur den tatsächlich durchgenommenen Unterrichtsstoff berücksichtigen. Anders als beim schriftlichen Abitur müssen also für die Colloquiumsprüfung nicht alle im Lehrplan vorgegebenen Lerninhalte vorbereitet werden.

2 Zeitlicher Ablauf der Colloquiumsprüfung

30 Minuten vor Beginn der Prüfung erhalten Sie Ihr Thema für das Kurzreferat aus dem gewählten Themenbereich. Während dieser **Vorbereitungszeit** werden Sie beaufsichtigt. Sie können sich schriftliche Notizen machen und die erlaubten Hilfsmittel (Taschenrechner, Atlas) benutzen.
Das Colloquium wird vom zuständigen Kursleiter als Prüfer durchgeführt. Zudem sind ein Schriftführer und ein drittes Mitglied des Prüfungsausschusses anwesend.

Die Prüfung dauert insgesamt **30 Minuten**: Die ersten 10 Minuten stehen Ihnen für das Kurzreferat zur Verfügung. Daran schließt sich ein 5-minütiges **Prüfungsgespräch** zum Referat bzw. zum gewählten Themenbereich an. Die letzten 15 Minuten sind zu gleichen Teilen den beiden Kurshalbjahren gewidmet, aus denen die Begleitlektüren gewählt wurden. Das Prüfungsgespräch soll sich an diesen Begleitlektüren orientieren, kann aber auch darüber hinausgehen.
Zusammengefasst ergibt sich für den Ablauf der Prüfung folgender Plan:

Vorbereitung		30 Min.	Der Abiturient erarbeitet zu einem vorgegebenen Thema aus seinem Spezialgebiet ein Kurzreferat (Dauer des Referats: 10 Min.)
Prüfung	Prüfungsteil 1	15 Min.	Kurzreferat und Aussprache Grundlage: Themenbereich
	Prüfungsteil 2	15 Min.	Prüfungsgespräch über zwei weitere Halbjahre, gegebenenfalls unter Einbeziehung der Begleitlektüren

3 Vorbereitung der Colloquiumsprüfung

3.1 Vorbereitung des Referats

Falls Sie während ihrer Schulzeit nur wenige Referate gehalten haben, ist eine spezielle Vorbereitung auf das im Colloquium zu haltende 10-minütige Referat unbedingt zu empfehlen. Da sowohl eine Unter- als auch eine Überschreitung Ihrer Redezeit Punkteabzüge nach sich zieht, ist es sinnvoll, einige Übungsreferate zu halten. Die Übungsbeispiele ab S. 1 zeigen Ihnen, wie die Vorgaben für das Referat einer Colloquiumsprüfung aussehen können. Mithilfe der dort enthaltenen Lösungsvorschläge können Sie einschätzen, was sich in zehn Minuten vortragen lässt.

Die Vorbereitung ist umso effektiver, je genauer Sie beim Training den Ablauf des Colloquiums simulieren. Wie in der Prüfung sollten Sie sich zur Vorbereitung 30 Minuten Zeit nehmen. Achten Sie darauf, Ihre Stichpunkte zu strukturieren, und denken Sie an die limitierte Redezeit. Ratsam ist es, das Referat auch laut, evtl. vor einem Partner, zu halten. Praktische Übung ist der beste Weg, sich rhetorisch zu schulen und die mündliche Prüfung ohne sprachliche Probleme bei Formulierungen und Argumentationen zu bestehen.

Ihre Anfangsnervosität überwinden Sie am besten, indem Sie einige Standardsätze gedanklich vorformulieren, mit denen Sie jedes Referat einleiten können. Zum Beispiel:

> „Ich habe die Aufgabe, ein Referat über … zu halten. Dabei möchte ich folgendermaßen vorgehen: Entsprechend der Aufgabenstellung möchte ich zunächst einleitend etwas zu … sagen, dann die Punkte … und … abhandeln und schließlich als Zusammenfassung eine Beurteilung über … abgeben."

Damit haben Sie eine Grobgliederung vorgestellt, die dem Prüfer signalisiert, dass Sie die Aufgabenstellung verstanden und Ihr Referat strukturiert haben. Diese **Strukturierung** können Sie z. B. mittels einer Folie oder einer Tafelanschrift verdeutlichen.

Merken Sie während des Referates, dass Sie **früher als in zehn Minuten** fertig werden, dann sollten Sie Ihren Vortrag nicht nach z. B. sieben Minuten beenden, sondern die restliche Zeit füllen, etwa mit einer Zusammenfassung oder mit einer Tafelanschrift, die noch einmal gegliedert die wichtigsten Thesen enthält. Auch eine zusätzliche Erläuterung an Wandkarten ist durchaus sinnvoll.

Was können Sie tun, wenn sich abzeichnet, dass Sie **länger als 10 Minuten** für Ihr Referat brauchen? Normalerweise wird der Prüfer nach ca. 8 Minuten auf die noch zur Verfügung stehende Zeit hinweisen. Wenn Sie für Ihr Referat noch deutlich länger als 2 Minuten brauchen würden, sollten Sie die noch nicht behandelten Gesichtspunkte knapp zusammenfassen und thesenartig vortragen. Wenig empfehlenswert ist, das Referat einfach wie geplant weiter zu halten und in Kauf zu nehmen, dass ihr Vortrag nach 10 Minuten abgebrochen wird und wichtige Punkte noch nicht erwähnt wurden. Das wird der Prüfer als nicht vollständige Erfüllung der Aufgabe werten!

3.2 Vorbereitung des 2. Prüfungsteils

Die gewählten Begleitlektüren müssen Sie unbedingt genau lesen, da sich meist die Eingangsfragen des 2. Prüfungsteils darauf beziehen. Stellt Ihnen der Prüfer eine Frage, zu der Sie sich gut auskennen, können Sie durchaus ausführlicher antworten; viele Prüfer werden nachfragen, sodass Sie Ihr Wissen gut darstellen können.

Tipp: Sollten Sie eine Fragestellung nicht genau verstehen, sollten Sie nachfragen. Wenn Sie ein „Black-out" haben oder eine Frage nicht beantworten können, weil Sie sich auf das gefragte Thema nicht detailliert vorbereitet haben, sollten Sie dies zugeben. Der Prüfer wird Ihnen dann eine andere Frage stellen oder Ihnen mit Nachfragen bei der Beantwortung helfen.

4 Anforderungen und Bewertung

4.1 Anforderungen

Im Colloquium im Fach Erdkunde geht es nicht darum, kurzfristig angelerntes geografisches Faktenwissen wiederzugeben. Von Ihnen wird aber verlangt, dass Sie einen topografischen Orientierungsrahmen haben und über geografische Grundfakten Bescheid wissen. Entscheidend ist allerdings Ihre Fähigkeit, Informationen in kurzer Zeit aus bereitgestelltem Material selbst zu ermitteln, fachgerecht zu interpretieren und zu einem begründeten Urteil zu gelangen.

4.2 Bewertung Ihrer Colloquiumsprüfung

Im **Referat** müssen Sie einen geografischen Tatbestand oder Prozess in angemessenem Umfang und fachlich einwandfrei darlegen können. Bei der Beurteilung Ihres Referats ist wichtig, ob Sie das Thema erfasst und Ihr Referat logisch gegliedert haben. Achten Sie darauf, dass Sie alle wesentlichen Aspekte einbeziehen und sinnvolle Zusammenhänge herstellen. Bewertet wird auch, ob Sie in der Lage sind, methodisch korrekt vorzugehen und die beim gewählten Thema relevanten Veranschaulichungsmittel bzw. Hilfsmittel (z. B. Wandkarten, Skizzen) richtig einzusetzen. Die Prüfer werden zudem auf die Art Ihres Vortrags und Ihre Argumentationsweise achten.

Beim **anschließenden Gespräch** über den Themenbereich, auf den sich das Referat bezogen hat, müssen Sie nachweisen, dass Sie die im Zusammenhang mit Ihrem Referat auftretenden geografischen Probleme erkannt haben und die für die Bearbeitung Ihres Referats notwendigen geografischen Methoden beherrschen. Sie müssen ferner unter Beweis stellen, dass Sie diese Probleme zu ähnlich gelagerten oder gegensätzlichen Fällen aus anderen Räumen in Beziehung setzen können. Auch hierbei müssen Sie sich geeigneter Hilfsmittel bedienen können.
In den **letzten 15 Minuten** des Prüfungsgesprächs müssen Sie zeigen, dass Sie sich mit dem Stoff von zwei weiteren Halbjahren auskennen und Ihnen die gewählten Begleitlektüren vertraut sind. Bewertungsrelevant ist, ob Sie Fragestellungen richtig erfassen, souverän auf Fragen eingehen sowie Ihren Standpunkt überzeugend wiedergeben können.

Grundkurs Erdkunde (Bayern): Abiturprüfung 2003 – Aufgabe I: Italien

1 Naturraum und Landwirtschaft

1.1 Süditalien liegt in einer tektonisch aktiven Zone.
Zeigen Sie sowohl drei negative als auch drei positive Auswirkungen auf, die sich für die betroffenen Regionen aus dieser Situation ergeben können!

1.2 Die Tabellen in Anlage I.1 geben die klimatischen Bedingungen dreier europäischer Küstenstationen wieder.
Ordnen Sie zwei der Stationen begründet der Apenninenhalbinsel zu und bestimmen Sie ihre jeweilige Lage am 41. nördlichen Breitengrad anhand der charakteristischen Temperatur- und Niederschlagsverhältnisse!

1.3 Anlage I.2 veranschaulicht einen typischen Arbeitskalender in einem landwirtschaftlichen Kleinbetrieb Süditaliens.
Beschreiben Sie davon ausgehend die traditionelle Anbaumethode, wie sie früher häufig in landwirtschaftlichen Kleinbetrieben Mittel- und Süditaliens angewendet wurde! Stellen Sie anschließend kurz zwei moderne Formen der Landnutzung im Mittelmeerraum dar! (30 BE)

2 Demographische und ökonomische Strukturen

2.1 Anlage I.3 stellt Bevölkerungspyramiden der Regionen Ligurien (Nordwestitalien) und Kampanien (Süditalien) dar.
Zeigen Sie Gemeinsamkeiten und Unterschiede auf und begründen Sie diese!

2.2 Anlage I.4 zeigt ausgewählte Indikatoren zur Wirtschaftsstruktur von Italien und Rumänien.
Vergleichen Sie den Entwicklungsstand der beiden Länder anhand von vier Indikatoren! Begründen Sie dabei jeweils, warum der gewählte Indikator zur Beschreibung des Entwicklungsstands geeignet ist!

2.3 Diskutieren Sie mögliche Chancen und Risiken, die sich aus der geplanten EU-Osterweiterung für Italien ergeben können! (30 BE)

(60 BE)

Anlage I.1:
Werte ausgewählter europäischer Klimastationen

Station A

	J	F	M	A	M	J	J	A	S	O	N	D	Jahr
MT	8,7	9,5	11,1	14,2	18,1	22,2	24,9	24,5	21,3	17,8	14,1	10,8	16,4
MN	68	57	57	42	39	29	25	24	46	73	79	70	609

Station B

	J	F	M	A	M	J	J	A	S	O	N	D	Jahr
MT	4,3	5,1	6,7	9,4	12,5	16,6	17,7	17,3	14,9	11,1	7,7	5,4	10,7
MN	54	40	37	37	46	45	57	59	49	57	64	48	593

Station C

	J	F	M	A	M	J	J	A	S	O	N	D	Jahr
MT	9,0	9,6	12,0	14,6	18,7	22,2	24,8	25,0	22,1	18,3	13,9	10,9	16,8
MN	93	82	75	67	45	46	16	19	71	130	114	137	895

MT: mittlere Temperatur in °C MN: mittlerer Niederschlag in mm

Anlage I.2:
Arbeitskalender eines landwirtschaftlichen Kleinbetriebs am Golf von Neapel

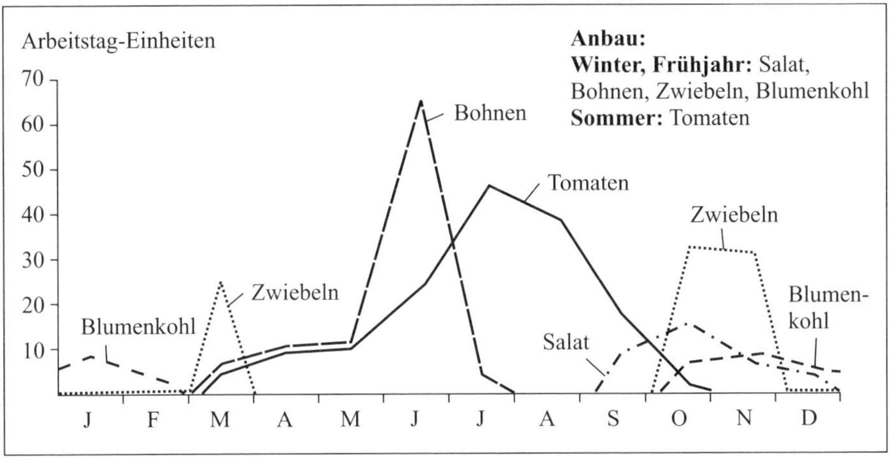

Anlage I.3:
Altersaufbau der Bevölkerung in den Regionen Ligurien und Kampanien

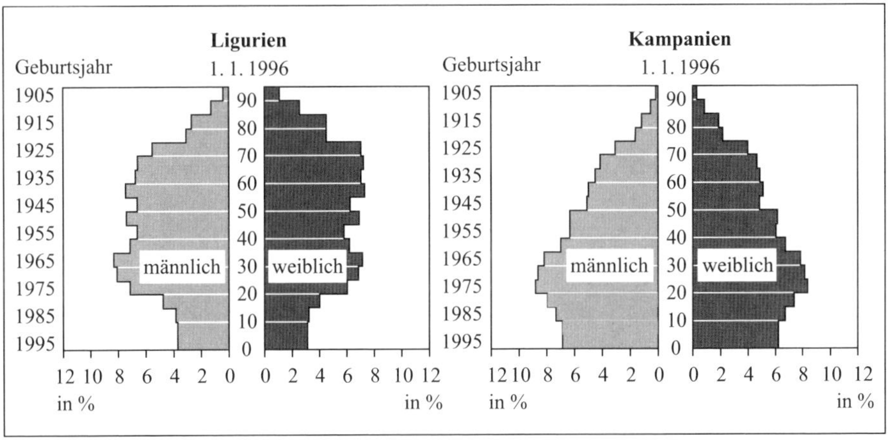

Anlage I.4:
Ausgewählte Wirtschaftsindikatoren von Rumänien und Italien

Indikator	Rumänien	Italien
Einwohner (in Mio. 2001)	22,4	56,3
Fläche (in qkm)	238 391	301 316
Arbeitslosenquote (in %, 2001)	7,2	9,4
Bruttoinlandsprodukt (BIP) (in Mio. US-$, 2000)	36 866	1 073 975
Jährliches reales Wachstum des BIP (in %, 2000)	1,8	2,9
Reales BIP je Einwohner (in US-$, 2000)	1 479	20 860
Anteil am BIP (in %, 2000) Primärer Sektor Sekundärer Sektor Tertiärer Sektor	 12,6 35,8 51,6	 2,8 28,3 68,9
Anteil der Erwerbstätigen (in %, 1998) Primärer Sektor Sekundärer Sektor Tertiärer Sektor	 * 37,5 * 32,0 * 30,5	 5,9 32,9 61,2
Natürliches jährl. Bevölkerungswachstum (Durchschnitt in %, 1990 bis 1999)	–0,4	0,2
Lebenserwartung (Durchschnitt in Jahren, 2000)	70,6	78,9
Analphabetenquote (Durchschnitt in %, 1998)	2	1,5
Städtische Bevölkerung (Anteil in %, 1999)	56	67
Internetnutzer (je 1000 Einwohner, 2000)	31,0	165,2

* Jahr 1997

Lösungsvorschlag

1.1 Die Lage Süditaliens in einer tektonisch aktiven Zone bedingt die Gefahr von Erdbeben und Vulkanausbrüchen. Dadurch kann die Infrastruktur bedroht werden, bei katastrophalen Ereignissen sind auch Menschenleben in Gefahr. Neben diesen direkten Bedrohungen können auch z. B. durch Lavaströme langfristig Schäden durch Waldbrände und die Zerstörung landwirtschaftlicher Nutzflächen entstehen. Auch die Vorsorge- und Schutzmaßnahmen sowie gegebenenfalls der Wiederaufbau müssen aufgrund ihrer hohen Kosten zu den Negativ-Auswirkungen dieser besonderen Lage gezählt werden.
Dem stehen einige Vorteile gegenüber. Vulkanische Böden gehören zu den fruchtbarsten Böden und erlauben eine äußerst ertragreiche Landwirtschaft. Die vulkanischen Landschaften mit ihren markanten Bergformen und postvulkanischen Erscheinungen üben eine große Anziehung auf Touristen aus. Thermalquellen fördern darüber hinaus die Sonderform des Bädertourismus. Schließlich kann man in der Nähe von Vulkanen auch die geothermische Energie nutzen und Vulkansteine wie Tuff und Bimsstein abbauen. (BE 6)

1.2 Von den drei angegebenen Stationen weisen die Stationen A und C die typischen Merkmale eines mediterranen Winterregengebietes auf und sind somit der Apenninenhalbinsel zuzuordnen.
Beide Stationen zeigen ein deutliches Niederschlagsmaximum in den Wintermonaten, verursacht durch die Südverlagerung der außertropischen Westwindzone mit ihren zahlreichen, regenreichen Tiefdruckgebieten.
Im Sommer unterliegen die Stationen A und C dem Einfluss des nach Norden verschobenen subtropischen Hochdruckgebietes, das sich durch ausgeprägte Trockenheit auszeichnet. Die Temperaturen sind im Sommer sehr hoch, sinken aber auch im Winter kaum unter den monatlichen Durchschnittswert von 10 °C.
Die Station B kann aufgrund ihrer relativ hohen sommerlichen Niederschläge und der niedrigen Wintertemperaturen nicht im Mittelmeerraum liegen.
Im Vergleich der Werte der Stationen A und C ergeben sich im Temperaturverlauf kaum Unterschiede. Jedoch hat C höhere Niederschläge. Das deutet bei den winterlich vorherrschenden Westwinden auf eine Luvlage zum Apennin hin und könnte eine Westküstenlage, z. B. Neapel, vermuten lassen. Entsprechend kann man bei der Station A die geringeren Niederschläge mit einer Leelage erklären und sich damit auf einen Ostküstenort, z. B. Bari, festlegen. (BE 12)

1.3 In dem abgebildeten Arbeitskalender fällt zunächst die Vielzahl der angebauten Produkte auf, die sich fast gleichmäßig über das ganze Jahr verteilen. Man nutzt hier also die milden Temperaturen für einen ganzjährigen Anbau aus. Da auch viele Produkte gleichzeitig auf dem Feld stehen, muss es sich um die traditionelle Anbaumethode der „coltura mista“ handeln. Dabei werden stockwerkartig unter Baumkulturen Sträucher und Büsche angepflanzt, unter denen dann jahreszeitlich wechselnd bodendeckende Nutzpflanzen gedeihen. Diese Anbauart ist sehr arbeitsintensiv, erfordert zeitlich sehr genau festgelegte Arbeitsschritte und, wie die Abbildung auch zeigt, gleichmäßig verteilte Erntetermine. Dafür bietet sie neben den vielseitigen Produkten eine ganzjährig gleichmäßige Arbeitsbelastung und die Möglichkeit, über frühe Erntetermine die Absatzchancen zu verbessern und höhere Preise zu erzielen. Diese traditionelle Anbaumethode wird heute häufig durch moderne Formen der Landnutzung ersetzt. Dazu gehört z. B. die in Spanien weit verbreitete Enarenado-Methode. Dabei bringt man, um die Verdunstung zu reduzieren und die Bodenwärme zu erhöhen, eine Sandschicht auf die Felder aus. Häufig wird diese mit Dünger vermischt, um die Bodenfruchtbarkeit zu erhöhen. So kann man den Anbau gegen das aride sommerliche Klima schützen, gleichzeitig die winterlichen Niederschläge speichern und die zu niedrigen Wintertemperaturen erhöhen. Daneben gibt es heute vielfältige Formen von Folientunneln und Glashauskulturen, die nach dem Prinzip des Treibhauseffekts arbeiten und eine vorgezogene Ernte und damit frühe Belieferung der Märkte ermöglichen. Ergänzt werden diese Methoden durch moderne Formen der künstlichen Bewässerung, z. B. Tröpfchenbewässerung, um damit dem allgemeinen Wassermangel zu begegnen. (BE 12)

2.1 Die beiden Alterspyramiden der Regionen Ligurien und Kampanien haben gemeinsam, dass sie sich von der Idealform einer Pyramide hin zur Urnenform verändern, d. h. zu einem Altersaufbau mit einer schmaleren Basis. Allerdings ist diese Entwicklung in Ligurien bereits bedeutend weiter fortgeschritten als in Kampanien. Seit 1965 nehmen hier in Ligurien die Geburtenziffern ab, besonders stark seit 1975. Während man in den Jahrgängen unter 30 Jahren eher einen Männerüberschuss erkennen kann, ist in den Jahrgängen über 70 Jahre ein größerer Frauenanteil zu bemerken. Der prozentuale Anteil der höheren Altersstufen nimmt, verglichen mit Kampanien, mit steigendem Alter sehr viel langsamer ab, sodass die hohen Altersstufen, z. B. ab 80 Jahren, deutlich höhere Prozentsätze erreichen als dort. Auffallend sind auch die reduzierten Prozentzahlen in den 40er- und 50er-Jahren, die wahrscheinlich historisch mit der Kriegs- und Nachkriegszeit erklärt werden können. Der Altersaufbau in Kampanien entspricht von den 20-Jährigen bis zu den ältesten Jahrgängen der 90-Jährigen fast der idealen Pyramidenform. Erst in den Jahrgängen der unter 20-Jährigen werden die Prozentzahlen etwas geringer, bleiben aber weit über den entsprechenden Zahlen Liguriens. Während bei den jeweiligen Jahrgängen bis zu den ca. 50-Jährigen die Prozentzahlen in Kampanien höher sind als in Ligurien, verschieben sich die Zahlen bei den älteren Jahrgängen eindeutig zugunsten Liguriens. Auch lassen sich in Kampanien weder die historisch bedingten Einschnitte noch die deutlich ausgeprägten Altersabschnitte mit Männer- bzw. Frauenüberschuss so gut wie in Ligurien nachweisen.
Begründbar sind all diese Kennzeichen damit, dass in Ligurien aufgrund der fortgeschritteneren wirtschaftlichen Entwicklung die Veränderung des generativen Verhaltens früher eingesetzt hat als in dem noch viel stärker und länger agrarisch geprägten Kampanien. In Ligurien ist die Tendenz zu kleineren Familien und zum Verzicht auf Kinder aus wirtschaftlichen und beruflichen Überlegungen viel weiter ausgeprägt. Erst allmählich setzt sich, sehr abgeschwächt gegenüber dem Norden, diese Entwicklung auch in der Südregion Italiens durch. Die größeren Prozentsätze der älteren Jahrgänge in Ligurien sind wohl auf die bessere Versorgung in den Bereichen Medizin und Ernährung zurückzuführen. (BE 12)

2.2 Folgende vier Indikatoren werden als aussagefähig über den Entwicklungsstand des jeweiligen Landes ausgewählt:
- reales BIP je Einwohner
- Anteil der Erwerbstätigen
- Lebenserwartung
- Internetnutzer

Das reale BIP je Einwohner erlaubt Aussagen über die Wirtschaftsleistungen innerhalb eines Jahres und ist damit der wichtigste ökonomische Indikator. Italien erreicht mit ca. 21 000 US-Dollar je Einwohner etwa den vierzehnfachen Wert von Rumänien, was die deutlich höhere Leistungsfähigkeit der italienischen Wirtschaft beweist. Anhand des Anteils der Erwerbstätigen an den drei Wirtschaftssektoren kann man nachweisen, wie weit sich ein Land aus dem Status einer Agrargesellschaft bereits entfernt hat. Italien hat einen Anteil von 5,9 % am primären Sektor, in Rumänien sind dagegen noch 37,5 %

dort beschäftigt. Entsprechend gegenläufig ist der Anteil am tertiären Sektor, der mit 61,2 % in Italien deutlich höher ist als die 30,5 % Rumäniens. Damit ist auch über die Verteilung der Erwerbstätigen der Nachweis erbracht, dass Italien eine hoch entwickelte Industrie- bzw. Dienstleistungsgesellschaft aufweist, während Rumänien noch auf einem niedrigeren Entwicklungsstand verharrt.
Die Höhe der Lebenserwartung gibt Auskunft über die Güte des Gesundheitssystems sowie den allgemeinen Lebensstandard. Auch hier ist Italien mit 78,9 Jahren Rumänien mit 70,6 Jahren überlegen.
Schließlich ist die Verbreitung der Internetnutzung ein Indiz für moderne Kommunikation und damit auch einen fortgeschrittenen Entwicklungsstand. Italien weist hier einen fünffach höheren Wert als Rumänien auf.
Alle vier gewählten Indikatoren ergänzen sich also in der Gesamtaussage, dass Italien einen deutlich höheren Entwicklungsstand erreicht hat als Rumänien. (BE 10)

2.3 Für Italien könnte eine EU-Osterweiterung einen neuen Absatzmarkt für seine spezifischen Agrarprodukte wie Wein, Obst und Gemüse bedeuten. Allerdings muss einschränkend die geringe Kaufkraft der dortigen Bevölkerung gesehen werden. Mit ähnlichen Vorbehalten muss die Möglichkeit beurteilt werden, dass Italien von einem steigenden Fremdenverkehr aus diesen Staaten profitieren könnte. Im Zuge der freien Arbeitsplatzwahl könnten billige Arbeitskräfte nach Italien einwandern, die vor allem saisonale, inländische Arbeitnehmer verdrängen könnten.
Ebenfalls mit Nachteilen verbunden wäre eine teilweise Verlagerung der Industrieproduktion aufgrund niedrigerer Arbeitskosten in die neuen EU-Staaten. Denn im Gegenzug würden dadurch in Italien selbst Steuereinnahmen und Arbeitsplätze wegfallen.
Schließlich würde auch die Einfuhr billigerer Agrar- und Industrieprodukte, die für den Verbraucher sicherlich Preisvorteile mit sich brächte, mit dem steigenden Konkurrenzdruck für einheimische Produkte erkauft werden müssen. (BE 8)

Grundkurs Erdkunde (Bayern): Abiturprüfung 2003 – Aufgabe II: USA – Strukturen und Strukturwandel

1 Naturraum

1.1 Anlage II.1 zeigt die jährliche Niederschlagsverteilung in den USA. Erläutern Sie die Unterschiede der Niederschlagsmengen entlang des 37. nördlichen Breitengrads!

1.2 Beschreiben Sie das spezifische Naturpotenzial entlang dieses Breitengrads und bewerten Sie es hinsichtlich seiner Eignung und seiner Risiken für die landwirtschaftliche Nutzung! (22 BE)

2 Landwirtschaft

2.1 Anlage II.2 zeigt die Entwicklung der Milchvieh- bzw. Schweinehaltung in den USA in den Jahren 1959 bis 1997. Zeigen Sie die erkennbaren grundlegenden Veränderungen auf und begründen Sie diese!

2.2 Anlage II.3 zeigt die regionale Verlagerung der Schweinebestände in den USA in den 1990er-Jahren. Erklären Sie die ursprüngliche räumliche Konzentration der Schweinehaltung im Mittelwesten und führen Sie mögliche Gründe für die Verlagerung der Schweinehaltung an! (20 BE)

3 US-amerikanische Großstädte

3.1 Anlage II.4 zeigt modellhaft das Ergebnis des Strukturwandels US-amerikanischer Großstädte. Erläutern Sie anhand des Modells, welche einzelnen Prozesse vonstatten gegangen sind!

3.2 Beschreiben Sie zwei Maßnahmen zur Revitalisierung US-amerikanischer Innenstädte und beurteilen Sie deren Erfolg! (18 BE)

(60 BE)

Anlage II.1:
Jährliche Niederschlagsverteilung in den USA (ohne Alaska und Hawaii)

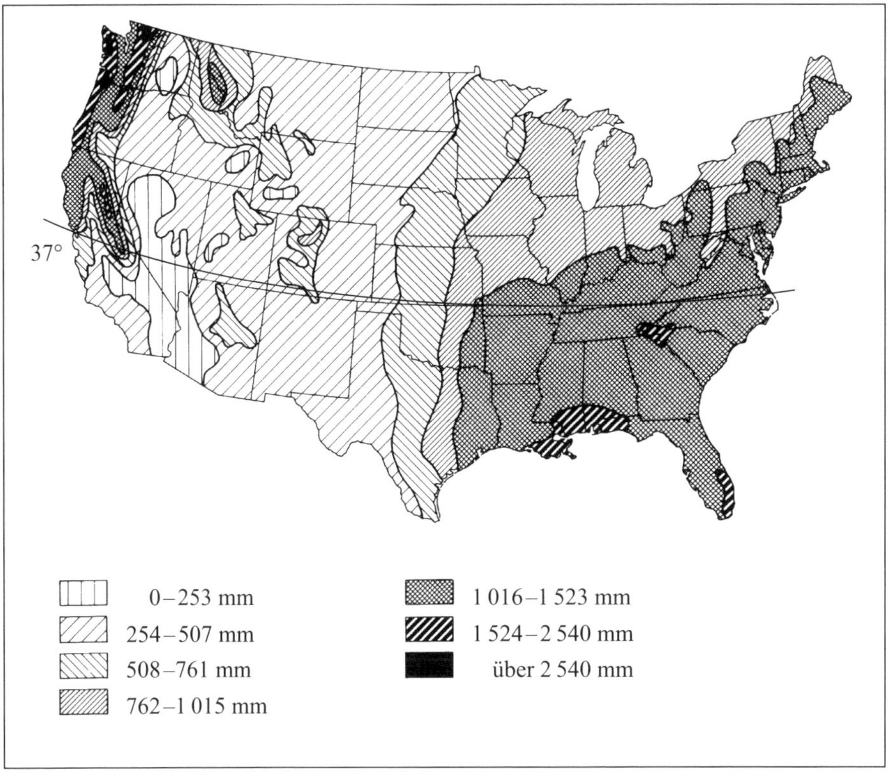

Anlage II.2:
Entwicklung der Anzahl der Farmen mit Milchvieh- und Schweinehaltung sowie die durchschnittliche Anzahl der Tiere pro Farm in den USA zwischen 1959 und 1997

Jahr	Anzahl der Farmen in Millionen			Durchschnittliche Anzahl der Tiere pro Farm	
	Gesamtzahl aller US-Farmen	Milchfarmen	Schweinefarmen	Rinder pro Farm	Schweine pro Farm
1959	3,7	1,8	1,8	9	36
1969	2,7	0,6	0,7	20	81
1978	2,3	0,3	0,5	33	130
1987	2,1	0,2	0,2	50	215
1997	1,9	0,1	0,1	78	558

Anlage II.3:
Räumliche Verlagerungsprozesse der Schweinehaltung in den 1990er-Jahren

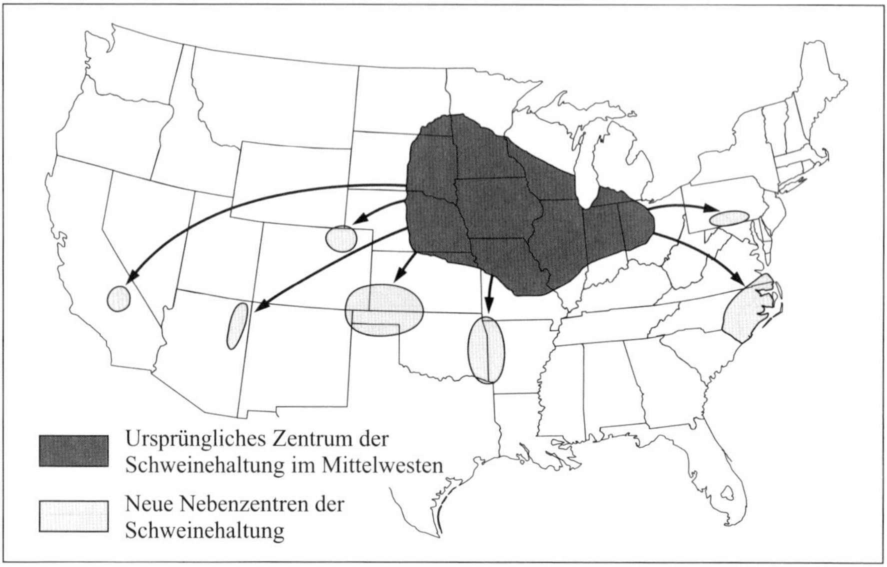

Anlage II.4:
Vereinfachtes Modell der Entwicklung der US-amerikanischen Stadt

a) Ausgangszustand

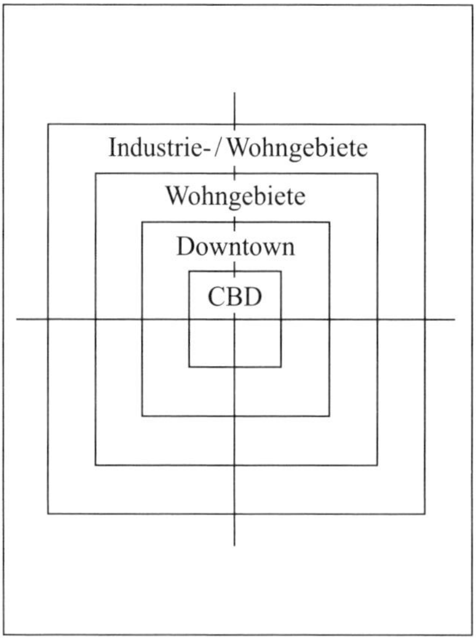

b) Gegenwärtiger Zustand

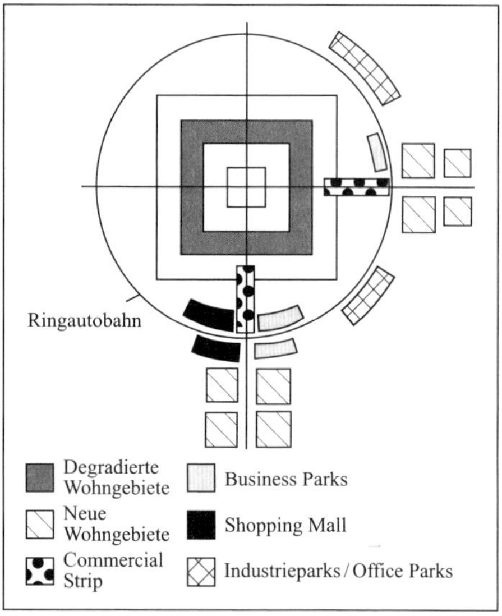

Lösungsvorschlag

1.1 Im Küstenbereich Kaliforniens liegt die jährliche Niederschlagsmenge trotz vorherrschender Westwinde nur bei 508–761 mm. Grund dafür ist der kalte Kalifornienstrom, der die vom Pazifik kommenden, feuchten Luftmassen dazu bringt, sich bereits über dem Meer abzuregnen. Sogar der leichte Steigungsregen an der Westseite der Coast Range reicht nicht aus, die Niederschlagsmengen erkennbar anzuheben. Östlich, und damit in Leelage der Coast Range, erstreckt sich das Kalifornische Längstal, das wegen der Regenschattenlage und seiner geringen Höhenlage nur noch 254–507 mm Niederschlag hat. Deutlich höher, bis in der Spitze 1523 mm, sind dann die Niederschlagsmengen an der Westseite der Sierra Nevada, die im Luv zu den Westwinden liegt und oberhalb von ca. 1500 m über den Regenschatten der Coast Range herausragt.
Der Ostabfall der Sierra Nevada und die sich anschließende Basin and Range Struktur bewirken je nach Lage und Höhe Regenmengen zwischen 0–761 mm. Ein deutlicher Anstieg ergibt sich östlich der Rocky Mountains auf zunächst bis zu 761 mm, dann 1015 mm und schließlich im Bereich des Mississippi auf 1523 mm. Dieser Betrag hält sich relativ konstant bis zur Ostküste. Hier ist nicht mehr der Westwind entscheidend, sondern aufgrund der freien Nord-Süd-Durchgängigkeit die feuchte Luft aus der Golfregion bzw. weiter im Osten der Einfluss atlantischer Luftmassen. (BE 8)

1.2 Da die Niederschlagsverteilung bereits bei der Frage 1.1 behandelt wurde, kann man sich hier bei der Beschreibung des Naturpotenzials auf Temperatur, Relief und Boden beschränken.
Der westliche Küstenbereich einschließlich des Central Valley hat mit Braunerden und mediterranen Böden eine recht gute Bodenqualität und auch günstige Voraussetzungen bei den Temperaturen. Es mangelt jedoch an großen ebenen Flächen und vor allem an Niederschlägen. Mit Hilfe von künstlicher Bewässerung ist dennoch ein vielfältiger und ertragsreicher Anbau möglich.
Zwischen Sierra Nevada und Rocky Mountains verringert sich die Bodenqualität erheblich, während das Niederschlagsdefizit gleich hoch bleibt. Wo nicht aufgrund lokaler Gunstfaktoren Bewässerungsoasen entstanden sind, beschränkt sich die landwirtschaftliche Nutzung meist auf Viehzucht.
Die sich östlich an die Rocky Mountains anschließenden Great Plains sind, zumindest östlich der Trockengrenze am 100° w. L., ein ausgesprochener landwirtschaftlicher Gunstraum. Weite Ebenen ermöglichen einen rationellen Großmaschineneinsatz. Die Böden sind sehr fruchtbar mit einem hohen Anteil an Schwarzerde und Löss. Während der westliche Teil noch zu geringe und unsichere Niederschläge hat, sind die Regenmengen im östlichen Teil ausreichend und einigermaßen stabil. Nachteilig wirken sich die großen Ebenen und die ungehinderte Nord-Süd-Durchgängigkeit auf Bodenauswehungen und die Gefahr von Tornados und Kaltlufteinbrüchen aus. Der östliche Teil mit den Appalachen und der Atlantikküste ist in sich recht unterschiedlich. Es wechseln fruchtbare Braunerden mit Podsolböden ab, ebenso gebirgiges Relief mit Küstenebenen bzw. hügeligen Landschaften westlich der Appalachen. Mit gemäßigten Klimabedingungen hat sich hier, entsprechend den lokalen Voraussetzungen, eine vielfältige gemischte Landwirtschaft entwickelt. (BE 14)

2.1 Von 1959–1997 hat sich die Gesamtzahl aller US-Farmen von 3,7 Millionen auf 1,9 Millionen nahezu halbiert. Während 1959 noch fast jede Farm Milchvieh- bzw. Schweinehaltung aufwies, ist dies 1997 nur noch bei einem Zehntel der Farmen der Fall. Die Zahl der Viehhaltung betreibenden Farmen ging also von 1,8 Millionen (1959) auf 0,1 Millionen (1997) sehr viel stärker zurück als die Gesamtzahl der Farmen.

Parallel zu dieser Entwicklung hat sich die Anzahl der Rinder pro Farm fast verneunfacht, die Anzahl der Schweine pro Farm sogar etwa verfünfzehnfacht.
Grund für all diese Entwicklungen ist der Rückgang der Familienbetriebe und die Tendenz zu kapitalintensiven Großbetrieben. Nur diese können die hohen Kosten für betriebliche Rationalisierung und technologische Innovationen aufbringen. Sie können industriell geprägtes Agrobusiness betreiben und die Konzentrationsprozesse wie z. B. vertikale und horizontale Integration durchstehen. Die kleineren Familienbetriebe sind dagegen unrentabler, können häufig das Kapital für notwendige Investitionen nicht aufbringen und sind viel stärker von Marktpreisen und Nachfrageschwankungen abhängig. Folgen sind häufig Betriebsaufgaben bzw. Verkauf an Großbetriebe, die dann unter übergeordneten Gesichtspunkten meist eine Spezialisierung einleiten. (BE 14)

2.2 Ursprünglich konzentrierte sich die Schweinehaltung – entsprechend der traditionellen Belt-Struktur – im Mittelwesten, da hier einerseits der Absatzmarkt und die Infrastruktur am günstigsten waren, andererseits auch die natürlichen Voraussetzungen wie Boden und Klima für den Anbau von Futterpflanzen ideal waren. In den 1990er-Jahren haben sich Nebenzentren in den westlichen, südlichen und auch östlichen Regionen gebildet. Damit folgte die Schweinehaltung der räumlichen Verlagerung der Bevölkerung, die vor allem den südlichen und westlichen Regionen große Wanderungsgewinne brachte. Die neuen Zentren an der Ostküste sind durch zunehmende Exportorientierung erklärbar. Möglich wurden diese Verschiebungen durch die Tatsache, dass die naturräumlichen Faktoren für die landwirtschaftliche Produktion zunehmend unwichtiger und z. B. durch Kunstdünger, verbessertes Saatgut und künstliche Bewässerung beeinflussbar wurden. So konnte man sich auf die Regionen konzentrieren, die günstigere Bedingungen für die modernen, industriellen Betriebsstrukturen boten und absatznah lagen. (BE 6)

3.1 Im Ausgangszustand zeigt das vereinfachte Modell der US-amerikanischen Stadt eine recht regelmäßige Abfolge von innen nach außen mit CBD/Downtown, Wohngebieten und Industrie-/Wohngebieten. Dieses Modell hat sich bis zum gegenwärtigen Zustand deutlich verändert. Die Innenstädte haben ihre Wohnfunktion weitgehend zugunsten des tertiären Sektors verloren. Neue Wohngebiete sind in den Vororten entstanden, in deren Nähe als Folge davon „shopping malls“ und „commercial strips“ eingerichtet wurden. Auch „Business Parks“ und „Office Parks“ und damit viele Arbeitsplätze liegen nun randstädtisch in der Nähe der großen Ausfallstraßen bzw. der Ringautobahn. Die Innenstädte haben lediglich noch „degradierte Wohngebiete“, d. h. sie sind aufgrund fehlender Investitionen und problematischer Umweltbedingungen nicht mehr attraktiv genug für einen gehobenen Wohnstandard, sondern teilweise verfallen und weisen nur noch mindere Wohnqualität auf. (BE 10)

3.2 Die in Antwort 3.1 aufgezeigten Entwicklungen machen den Ansatzpunkt zur Verbesserung der Situation der US-amerikanischen Städte deutlich. Die Innenstädte müssen aufgewertet und damit attraktiver werden, um Abwanderung und Suburbanisierung zu verringern. Möglichkeiten dazu bieten die Sanierung und die Modernisierung innerstädtischer Wohngebiete. Aufgrund der damit verbundenen hohen Kosten sind dann allerdings extreme Mietsteigerungen zu erwarten, was den Kreis der potentiellen Interessenten stark einschränkt und zu einer sozialen Segregation führen könnte. Als Folge einer dichteren Bewohnung der Innenstädte müsste natürlich auch die innerstädtische Versorgungs- und Arbeitsplatzsituation verbessert werden. Ob die Innenstädte mit den kostengünstigeren Einkaufszentren am Stadtrand und den durchrationalisierten „Business Parks“ konkurrieren können, bleibt abzuwarten.

Eine weitere Möglichkeit bietet die Intensivierung und Aufwertung des innerstädtischen kulturellen Angebots. Museen, Theater und Ausstellungen sollten sinnvollerweise zentral liegen und würden sich bei Erfolg der innerstädtischen Wohnmaßnahmen auch wohnortnah befinden.
Insgesamt könnten all diese Revitalisierungsmaßnahmen dazu beitragen, eine weitere Zersiedelung zu verhindern und die teilweise heute schon unbeherrschbare Verkehrssituation zu entschärfen. Das entscheidende Problem dürften die hohen Vorleistungskosten sein sowie das große Risiko, ob diese Maßnahmen auch wirklich von der Bevölkerung angenommen werden und sich damit rentieren. (BE 8)

Grundkurs Erdkunde (Bayern): Abiturprüfung 2003 – Aufgabe III: Entwicklungsländer in Afrika

1 Naturräumliche Gegebenheiten

1.1 Anlage III.1 zeigt die monatlichen Abflussmengen des Flusses Senegal bei dem Ort Bakel in Westafrika.
Beschreiben und erklären Sie das Abflussverhalten unter Berücksichtigung des tropischen Zirkulationssystems der Atmosphäre!

1.2 Skizzieren und beschriften Sie mithilfe geeigneter Atlaskarten ein vereinfachtes West-Ost-Profil durch Afrika entlang des Äquators, das den Zusammenhang zwischen Relief, natürlicher Vegetation und landwirtschaftlicher Nutzung in Grundzügen aufzeigt! Legen Sie anschließend dar, warum man das Hochland von Uganda als landwirtschaftlichen Gunstraum innerhalb der Tropen bezeichnen kann! (20 BE)

2 Bevölkerungsstruktur und kolonialzeitliche Entwicklungen

2.1 Anlage III.2 zeigt die Altersstruktur der Bevölkerung Ugandas, der Volksrepublik China und Deutschlands.
Ordnen Sie die Buchstaben A, B und C je einem der drei Staaten zu, indem Sie die jeweilige Altersstruktur charakterisieren! Begründen Sie die Altersstruktur Ugandas!

2.2 Grenzziehungen in Afrika sind das Ergebnis kolonialzeitlicher Einflüsse. Erläutern Sie an zwei unterschiedlichen Problemfeldern, welche Folgen sich daraus in den heutigen afrikanischen Staaten ergeben können! (20 BE)

3 Wirtschaftsstruktur und Welthandel

3.1 Mit dem Export von Kaffee erwirtschaftet Uganda den größten Teil seiner Devisen. Trotz dieser Exporterlöse steigt die Auslandsverschuldung stetig an.
Erklären Sie diese Tatsache unter Einbeziehung der Wirtschaftsdaten in Anlage III.3!

3.2 Erörtern Sie eine Maßnahme der entwicklungspolitischen Zusammenarbeit, die dazu beitragen soll, die Stellung von Rohstoff exportierenden Entwicklungsländern im Welthandel zu stärken! (20 BE)

(60 BE)

Anlage III.1:
Mittelwerte der monatlichen Abflussmengen (in m³/s) des Flusses Senegal bei Bakel (ca. 15° nördl. Br., 12,5° westl. L.) zwischen 1940 und 1964

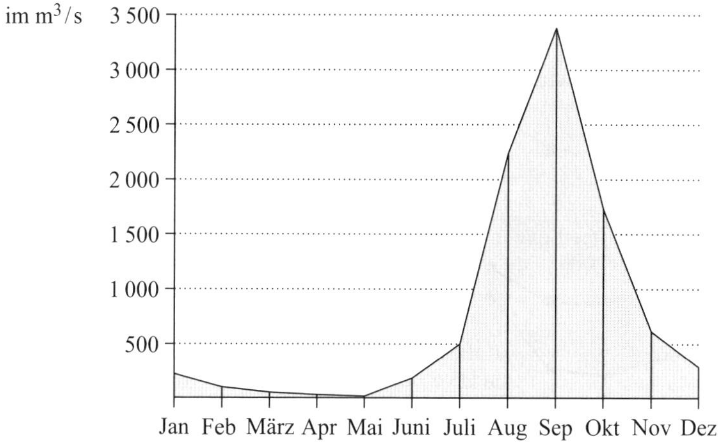

Anlage III.2:
Prozentanteil verschiedener Altersgruppen in Uganda, der Volksrepublik China und in Deutschland

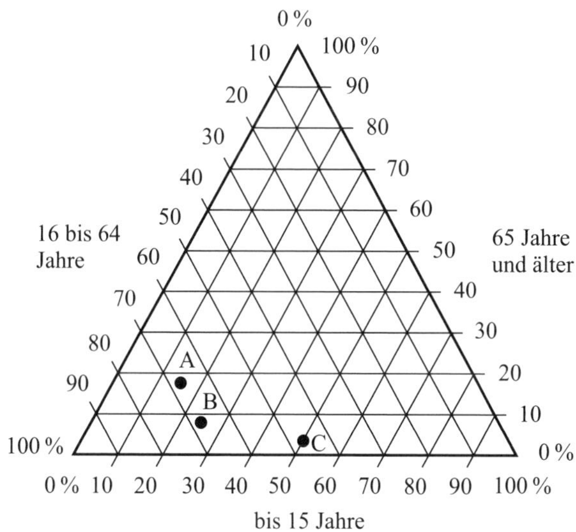

Anlage III.3:
Entwicklung der Auslandsverschuldung und der Kaffee-Ernte Ugandas sowie die des Weltmarktpreises für Rohkaffee von 1990 bis 1999

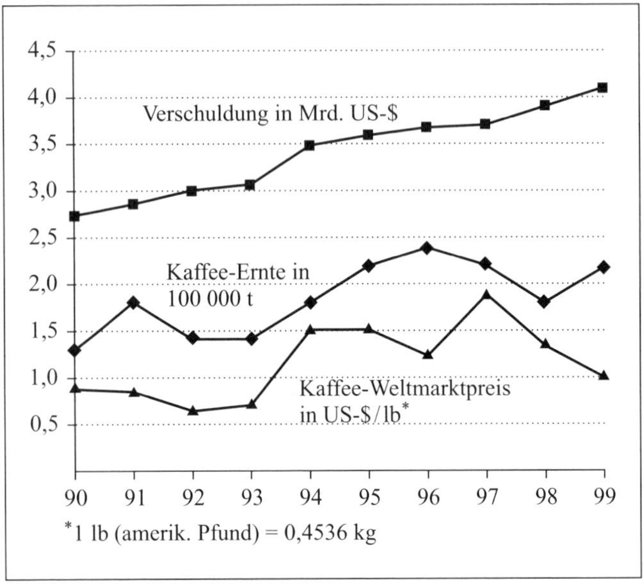

Lösungsvorschlag

1.1 Am auffälligsten an dem Diagramm über die monatlichen Abflussmengen des Senegal sind die großen Unterschiede innerhalb des Jahresverlaufs. Ab Juni/Juli nimmt die Abflussmenge von ca. 200 m³/s sehr schnell bis auf ein Maximum von ca. 3 300 m³/s im September zu. Von da ab fällt sie wieder rapide, bis sie im Januar wieder ca. 200 m³/s erreicht. In den restlichen Monaten von Februar bis Juni verharrt die monatliche Abflussmenge bei einem sehr geringen Umfang bzw. vermindert sich geringfügig sogar so weit, dass im April kaum ein nennenswerter Abfluss gemessen werden kann.
Die extrem hohen Anstiege im Juli/August mit dem Maximum im September lassen sich mit den Zenitalniederschlägen im Einzugsbereich des Senegal im Mai erklären. Die zeitliche Verzögerung des Abflussmaximums in den September hängt mit der Speicherwirkung von Boden und Vegetation zusammen sowie einer gewissen zeitlichen Verschiebung der Hauptniederschläge gegenüber dem Zenitstand.
Von September bis März verlagern sich die Zenitalniederschläge auf die Südhalbkugel, so dass das Einzugsgebiet des Senegal zunehmend dem Einfluss des trockenen NO-Passats ausgesetzt ist. In der Zeit von Oktober bis Dezember profitiert der Senegal bei stark abnehmenden Abflussmengen noch von den südlichen Zuflüssen bzw. der zeitlichen Verzögerung der Zenitalniederschläge. Diese Niederschläge hören von Januar bis Mai fast völlig auf, sodass sich die Abflussmenge des Senegal fast auf 0 reduziert.
(BE 10)

1.2 Höhe in m

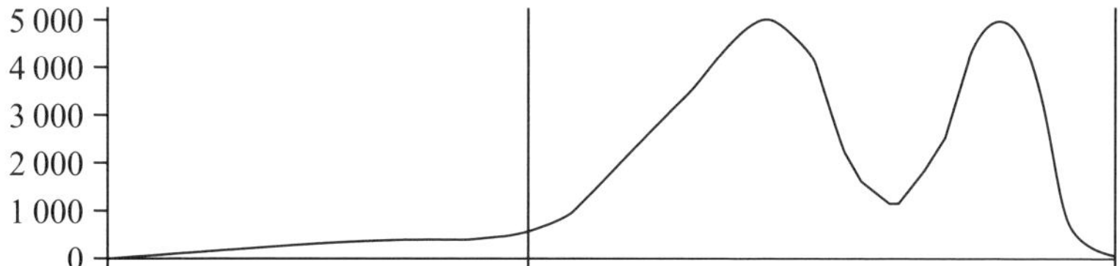

Relief	Tiefland /Flachland	Grabenbruch mit randlichen Vulkanen bis über 5 000 m Höhe
Vegetation	Tropischer Regenwald	Übergang von Halbwüste über Dornstrauch- und Feuchtsavanne bis zum tropischen Höhenwald (je nach Höhenlage)
Landwirtsch. Nutzung	Kakao, Ölpalmen, Holzwirtschaft	Plantagenwirtschaft mit Kaffee, Tee, Bananen; Rinderzucht

Das Hochland von Uganda weist gegenüber dem umgebenden tropischen Bereich eine Anzahl von Gunstfaktoren auf. So bedingt die Höhenlage ganz allgemein aufgrund der gemäßigteren Temperaturen und der ganzjährig ausreichenden Niederschläge günstigere Anbaubedingungen. Die klimatischen Voraussetzungen für kontinuierliche Arbeit und geregelte Lebensführung sind deutlich besser. Es bestehen Möglichkeiten für einen vielfältigen Anbau, zumal aufgrund der vulkanischen Aktivitäten der Boden sehr fruchtbar und nährstoffreich ist. Viehzucht wird dadurch begünstigt, dass das Risiko des Auftretens von Viehseuchen vermindert ist; z. B. gibt es hier keine Tsetsefliegen. (BE 10)

2.1 Das Land A hat innerhalb der drei dargestellten Länder mit 18 % den höchsten Anteil an der Gruppe der über 65-Jährigen, mit 15 % den geringsten Anteil an Jugendlichen bis zu 15 Jahren und mit 67 % einen mit dem Land B etwa gleich hohen Anteil an den 16- bis 64-Jährigen. Dieser Altersaufbau mit einer deutlichen Überalterung der Gesellschaft und einem sehr geringen Anteil Jugendlicher ist typisch für einen hoch entwickelten Staat und kann damit nur Deutschland zugeordnet werden.
Das Land B liegt bei allen drei Altersgruppen in der Mitte zwischen den Ländern A und C. Es hat allerdings bei den Jugendlichen bis zu 15 Jahren einen großen Rückstand gegenüber dem Land C. Damit muss es sich um ein Land handeln, das noch nicht so weit wie Deutschland entwickelt ist, aber den Stand eines reinen Entwicklungslandes bereits verlassen hat. Das Land B muss die Volksrepublik China sein.
Das Land C hat mit 50 % den weitaus höchsten Anteil an Jugendlichen bis zu 15 Jahren und mit 4 % den geringsten Anteil an den über 65-Jährigen bzw. mit 46 % an den 16- bis 64-Jährigen. Diese breite Basis sowie der schmale und kurze Oberbereich der Alterspyramide ist charakteristisch für ein Entwicklungsland und muss daher Uganda zugeordnet werden.
Als Begründung für die oben beschriebene Altersstruktur Ugandas kann man die hohen Geburtenziffern anführen, die die Bedeutung der Kinder als Arbeitskräfte und Garanten einer gewissen Alterssicherung widerspiegeln. Denn staatliche Altersversorgung ist in Uganda unbekannt. Die schnelle prozentuale Abnahme in den mittleren und vor allem älteren Jahrgängen lässt sich auf die unzureichende medizinische Versorgung und die geringe Lebenserwartung zurückführen. Auch die schlechte Ernährungssituation und mangelnde Hygiene tragen zu dieser Entwicklung bei. (BE 10)

2.2 Die Kolonialmächte umrissen ihren Einflussbereich in Afrika häufig mit geraden, künstlichen Grenzlinien ohne Rücksichtnahme auf natürliche oder kulturell vorgeprägte Grenzen. Die heutigen Staaten in Afrika übernahmen als Nachfolger der Kolonien diese willkürlichen Grenzen und werden jetzt mit einer Vielzahl von daraus entstandenen Problemen konfrontiert. Am problematischsten ist häufig eine innerhalb des Staates völlig inhomogene Bevölkerungsstruktur. Eine Vielzahl von Stämmen, Sprachen und Religionen bieten Anlass zu Unruhen und Vertreibungen, was sich bis zu Bürgerkriegen, Flüchtlingselend und Zerstörung der staatlichen und wirtschaftlichen Strukturen steigern kann. Je nach herrschendem Stamm werden in einzelnen Staaten bestimmte Gruppen bevorzugt, andere eindeutig benachteiligt. Dieser Tribalismus verhindert die Entstehung einer einheitlichen staatlichen Gemeinschaft und fördert politische Rivalitäten sowie regionale und soziale Disparitäten.
Ein weiteres auf die Kolonialzeit zurückzuführendes Problem sind die damals entstandenen Infrastrukturen, die heute noch nachwirken. Die Kolonialmächte richteten in ihren Kolonien entsprechend ihren Interessen die Verkehrserschließung ausschließlich auf die Ausfuhrhäfen aus und vernachlässigten völlig eine inner- und zwischenstaatliche Vernetzung der Verkehrssysteme. So fehlen noch heute im Landesinneren der meisten inzwischen selbstständigen afrikanischen Staaten leistungsfähige Straßen- und Bahnverbindungen. Damit wird eine gleichmäßige Entwicklung erschwert, die regionale Disparität gestärkt und der Aufbau innerafrikanischer Wirtschafts- und Handelsbeziehungen gestört. (BE 10)

3.1 Während die Auslandsverschuldung Ugandas ziemlich stetig ansteigt, zeigen die für die Deviseneinnahmen Ugandas entscheidenden Kurven der jährlichen Kaffee-Ernte und des Kaffee-Weltmarktpreises einen sehr schwankenden Verlauf. Da beide Kurven sich weder parallel noch gegenläufig entwickeln, lassen sich kaum Abhängigkeiten zwischen ihnen herstellen. Die Höhe der Kaffee-Ernte in Uganda ist hauptsächlich von häufig wechselnden natürlichen Faktoren abhängig, der Kaffee-Weltmarktpreis wird entscheidend von Einflüssen geprägt, die außerhalb Ugandas liegen. Für Uganda bleibt als Ergebnis nur, dass es von Jahr zu Jahr mit schwer kalkulierbaren, häufig auch recht geringen Deviseneinnahmen rechnen kann. Auf der anderen Seite muss Uganda jährlich aber hohe Ausgaben für dringend benötigte Investitionen in Infrastruktur, Bildung und Wirtschaftsaufbau leisten. Es muss Konsumgüter importieren und ständig steigende Preise für ausländische industrielle Fertigprodukte bezahlen, während die Exporterlöse auf niedrigem Niveau schwanken. Die „Terms of Trade" verschlechtern sich also deutlich. Daher versucht Uganda, über Kredite und steigende Auslandsverschuldung die Importe zu bezahlen und gleichzeitig die stetig wachsenden Schulden und Zinsen zu tilgen. (BE 10)

3.2 Maßnahmen, mit denen man die Stellung von Rohstoff exportierenden Entwicklungsländern im Welthandel stärken könnte, wären Vereinbarungen im Sinne des „Transfair-Handels". Diese müssten die Garantie von Mindestpreisen für Rohstoffe enthalten und weltmarktbedingte Preisschwankungen verringern. Durch Förderung umweltschonender Produktionsweisen und Mehreinnahmen der Produzenten könnte man ökologisch und ökonomisch sinnvolle Ergebnisse kombinieren. Weiterhin müsste man den unbeschränkten Zugang zu wichtigen Märkten sichern und über technische und finanzielle Zusammenarbeit die Voraussetzungen in den Entwicklungsländern verbessern.
Allerdings muss man berücksichtigen, dass nur wenige Erzeuger von diesen Maßnahmen profitieren würden und man das Hauptproblem der Welthandelsstrukturen, nämlich die Dominanz der mächtigen Wirtschaftsblöcke, nicht lösen könnte. Es würde weiterhin Protektionismus und Abhängigkeiten geben und die Entwicklungsländer hätten auch zukünftig mit ihrer monostrukturierten Exportwirtschaft nur geringe Chancen auf Besserung ihrer Lage im Welthandel. (BE 10)

Grundkurs Erdkunde (Bayern): Abiturprüfung 2003 – Aufgabe IV: Malaysia, Singapur und Hongkong

1 Ausgangsbedingungen für die Wirtschaftsentwicklung

1.1 Arbeiten Sie mithilfe geeigneter Atlaskarten das naturräumliche Potenzial Malaysias und Singapurs heraus und bewerten Sie dieses jeweils im Hinblick auf eine wirtschaftliche Inwertsetzung!

1.2 Der wirtschaftliche Aufstieg Singapurs ist typisch für die Schwellenländer im asiatisch-pazifischen Raum.
Stellen Sie die für diese Entwicklung wesentlichen sozioökonomischen Voraussetzungen dar! (18 BE)

2 Schwellenland Malaysia

2.1 Anlage IV.1 veranschaulicht die Entwicklung der Exporte Malaysias von 1979 bis 1995.
Erläutern Sie, ausgehend von dieser Darstellung, den typischen Weg, den Schwellenländer wie Malaysia bei ihrer wirtschaftlichen Entwicklung zurücklegen!

2.2 Anlage IV.2 zeigt die Ansiedlung von Industrieparks in West-Malaysia.
Beschreiben und begründen Sie deren räumliche Verteilung und zeigen Sie drei Ziele auf, die Schwellenländer mit der Errichtung von Industrieparks verfolgen! (22 BE)

3 Wachstumsregionen Singapur und Hongkong

3.1 Seit Ende der 1980er-Jahre gibt es das länderübergreifende Entwicklungskonzept des Wachstumsdreiecks Batam-Johor-Singapur („Indonesia-Malaysia-Singapore Growth Triangle"/IMS-GT).
Arbeiten Sie mithilfe der Anlage IV.3 heraus, welche Vorteile sich aus der wirtschaftlichen Zusammenarbeit für die beteiligten Staaten ergeben!

3.2 Beurteilen Sie, inwieweit Hongkong eine ähnliche Bedeutung für den Süden der Volksrepublik China wie Singapur für das Wachstumsdreieck IMS-GT hat, indem Sie auf die Entwicklungen Hongkongs seit den 1970er-Jahren eingehen! (20 BE)

(60 BE)

Anlage IV.1: Entwicklung der Exporte Malaysias von 1979 bis 1995

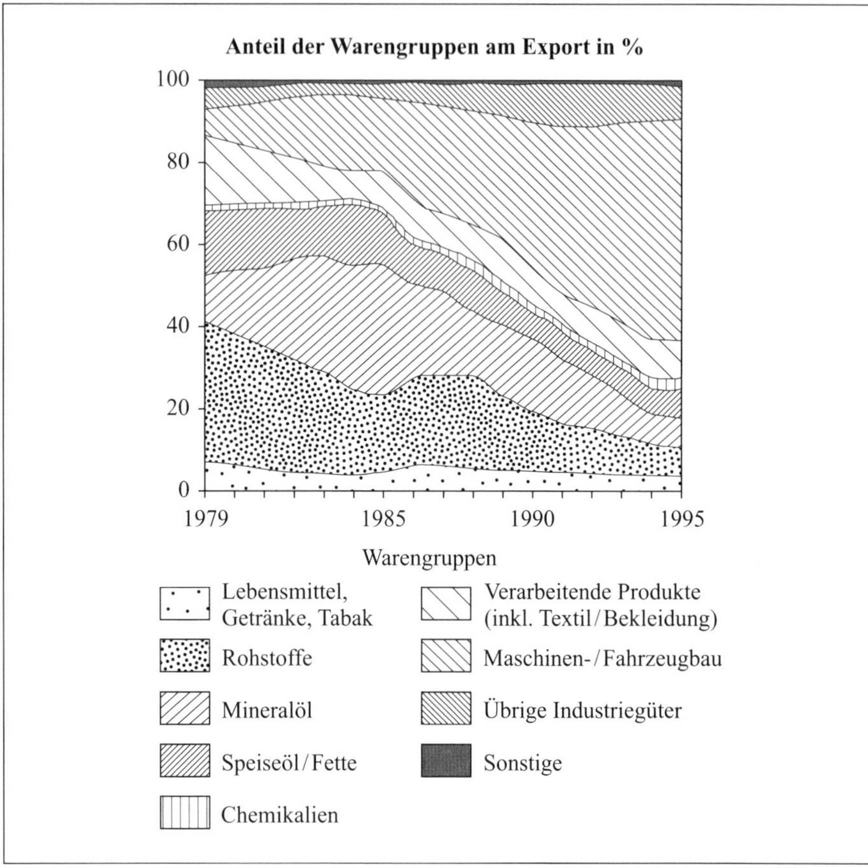

Anlage IV.2: Industrieparks in West-Malaysia

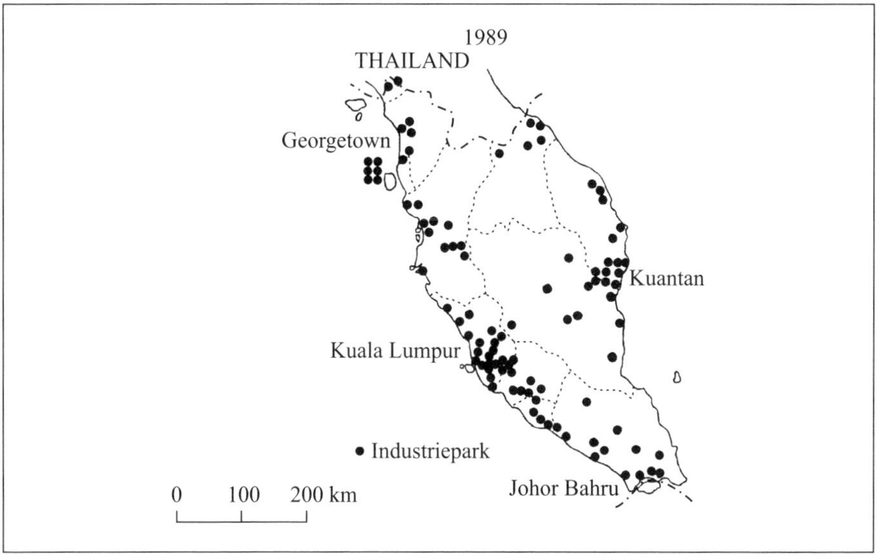

Anlage IV.3: Wachstumsdreieck Singapur-Batam-Johor (IMS-GT)

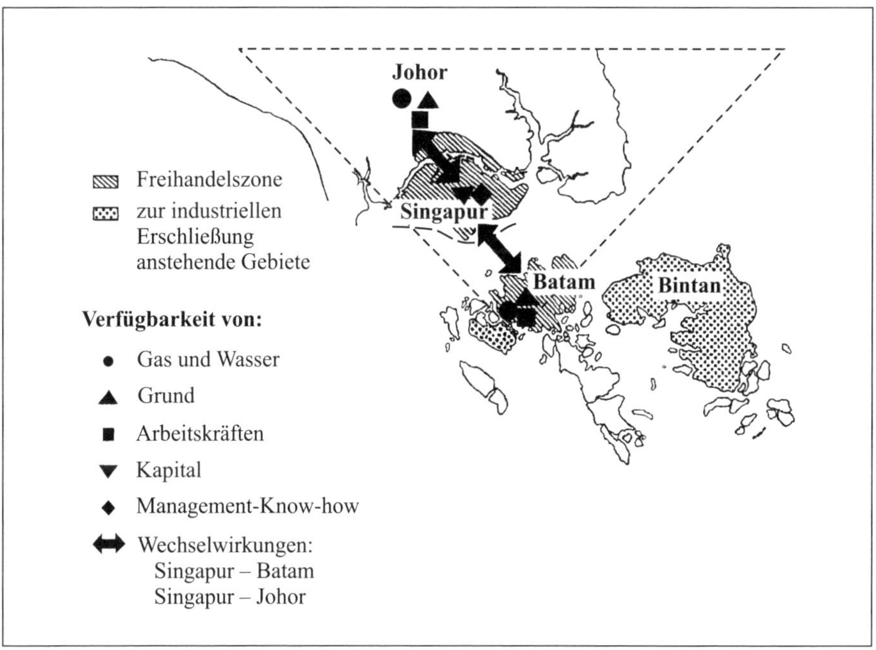

Lösungsvorschlag

1.1 Malaysia liegt etwa zwischen 2°–6° n. Br. Diese Lage bestimmt Klima und Vegetation. Beständig hohe Niederschläge und tropisch heiße Temperaturen ergeben die weite Verbreitung von tropischen Regenwäldern bzw. Bergwäldern. Diese können forstwirtschaftlich genutzt werden und liefern die Grundlage für holzverarbeitende Industrie und Holzexporte. Bei Vorhandensein von Schwemmlandebenen bestehen gute Voraussetzungen für Reisanbau und die Anlage von tropischen Dauerkulturen wie z. B. Kautschuk, Kakao oder Ölpalmen. Malaysia besitzt daneben umfangreiche Vorkommen an Bodenschätzen wie Zinn und Eisenerz, die entweder exportiert werden oder zum Aufbau einer Grundstoffindustrie dienen. Vor allem die Erdöllagerstätten sind für Malaysia wichtig, da dadurch nicht nur der relativ geringe Eigenbedarf gedeckt werden kann, sondern auch hohe Deviseneinnahmen über den Export erzielt werden können.
Die Lage in den Tropen, die langen Küsten und die ursprünglichen Naturlandschaften machen Malaysia zu einem attraktiven Ziel für Regional- und Ferntouristen. Dabei spielen die Herkunftsländer Singapur und Japan, aber auch USA und Europa die größte Rolle.
Das naturräumliche Potenzial Singapurs kann sich aufgrund der geringen Fläche des Stadtstaates eigentlich nur auf die Lagegunst beziehen, da Bodenschätze für den Aufbau von Grundstoffindustrie fehlen und auch landwirtschaftliche Inwertsetzung mangels Fläche keine Rolle spielt.
Von der Lage her bietet Singapur allerdings hervorragende Voraussetzungen. Es liegt an der Südspitze der Halbinsel Malakka an einer vielbefahrenen Wasserstraße, die den Indischen Ozean mit dem Südchinesischen Meer verbindet und at günstige Bedingungen für eine Hafenanlage. So entwickelte sich hier ein ganz wichtiger Umschlagplatz, der später in die Entstehung weiterverarbeitender Industrie und bedeutender Dienstleistungsunternehmen mündete. (BE 12)

1.2 Singapur zeigt die typischen sozioökonomischen Merkmale, die für den Aufstieg zu einem Schwellenland gegeben sein müssen. Es hat durch seine charakteristische Altersstruktur einen hohen Anteil Jugendlicher, damit ein großes Arbeitskräftereservoir, das mit niedrigen Löhnen und langen Arbeitszeiten zufrieden ist. Verstärkend wirkt hier der Einfluss des Konfuzianismus, der den Leistungs- und Bildungswillen betont. Durch die autoritäre Staatsführung ist es möglich, alle politischen Entscheidungen einer positiven Wirtschaftsentwicklung unterzuordnen. Der Markt ist streng reguliert, Gewerkschaften haben kaum Einfluss.
Darüber hinaus verfügt Singapur über eine sehr gute Infrastruktur, die es der früheren britischen Kolonialzeit verdankt. Die Verwaltung ist effektiv organisiert und sorgt mit strengen Anordnungen und Gesetzen für einen reibungslosen Ablauf von Alltag und Wirtschaftsleben. (BE 6)

2.1 Die Darstellung über die Entwicklung der Exporte Malaysias von 1979 bis 1995 zeigt die anfangs überragende Bedeutung der Rohstoffe. Daneben sind noch die Prozentsätze einfacher Industrieprodukte wie Textilien für diesen Zeitraum erwähnenswert. Das entspricht der typischen Wirtschaftsstruktur eines Entwicklungslandes. Allmählich versucht man dann, von den Rohstoffexporten mit seinen schwankenden Weltmarktpreisen unabhängiger zu werden. Der Export wird diversifiziert, neben Rohstoffen spielen Mineralöl und Produkte des Maschinen- und Fahrzeugbaus eine steigende Rolle. Ab Ende der 1980er-Jahre gewinnt zunehmend eine höherwertige Industrieproduktion an Bedeutung zu Lasten des Rohstoffanteils.

Dieser Weg entspricht der Wachstumsstrategie mit einer eindeutigen zeitlichen Phasenstruktur der Wirtschaftsentwicklung. In der 1. Phase (bis 1980) dominieren arbeitsintensive Produkte wie Textilien für den Binnenmarkt, die dann in einer 2. Phase (bis 1985) zusammen mit Rohstoffen den Großteil der Exporte stellen. Die 3. Phase (bis ca. 1987) wird charakterisiert durch Erzeugnisse mittlerer Technologie wie Autos und Maschinen. Auch hier wieder überwiegt zunächst die Produktion für den Binnenmarkt, in der 4. Phase (bis 1989) weitet sich die Herstellung dieser Produkte auf den Export aus. Schließlich können in der 5. Phase Erzeugnisse hoher Technologie produziert werden, die dann in der 6. Phase (etwa ab 1991) einen wichtigen Bestandteil des Exports darstellen. (BE 10)

2.2 Die Industrieparks in West-Malaysia sind nicht gleichmäßig verteilt, sondern konzentrieren sich auf die Küstenbereiche und dabei besonders auf die Regionen um die großen Städte Kuala Lumpur, Georgetown, Kuantan und Johor Bahru, das in direkter Nachbarschaft zu Singapur liegt.
Begründen kann man diese Verteilung mit den Vorteilen, die diese Lagen mit sich bringen. Hier ist die entsprechende Infrastruktur schon vorhanden, man verfügt über Platz für Gewerbeansiedlungen und kann auf qualifizierte Arbeitskräfte zurückgreifen. Natürlich kann man hier auch die Agglomerationsvorteile bereits bestehender Wirtschaftsstandorte nutzen und Fühlungsvorteile (z. B. gemeinsame Rechenzentren oder Labore) ausbauen. Für Johor Bahru gilt darüber hinaus, dass die grenzüberschreitende Zusammenarbeit mit Singapur vielfältige Möglichkeiten eröffnet.
Für Schwellenländer bieten solche Industrieparks die Möglichkeit, ausländische Investoren mit attraktiven Bedingungen anzulocken. Dies bringt den Vorteil, dass das Know-how aus den Industrieländern transferiert wird und neben den parkeigenen Vorteilen (Nähe zu Forschungseinrichtungen, problemlose Zusammenarbeit vieler Betriebe und Arbeitsplätze in zukunftsträchtigen Branchen) für weiteren Aufschwung sorgt.
Industrieparks bieten also für die eigene Industrie günstige Voraussetzungen durch Konzentration und Rationalisierung und sind außerdem attraktive Ansatzpunkte für die Zusammenarbeit mit dem Ausland. (BE 12)

3.1 An dem Wachstumsdreieck Singapur-Batam-Johor sind die Staaten Indonesien, Malaysia und Singapur beteiligt. Die aus der Karte erkennbaren Vorteile ergeben sich aus der unterschiedlichen Verfügbarkeit einzelner Standortfaktoren. Singapur kann sowohl in Batam als auch Johor von den dortigen Ressourcen Gas und Wasser, von den billigen Arbeitskräften sowie von dem Grund und Boden, der in Singapur extrem knapp ist, profitieren. Damit können flächen- oder arbeitskraftintensive Produktionen ausgelagert werden. Stattdessen kann man sich dann in Singapur stärker auf Forschung und Dienstleistung konzentrieren.
Batam und Johor gewinnen Vorteile für die eigene wirtschaftliche Entwicklung und neue Arbeitsplätze, wenn Singapur Produktionen auslagert. Das Kapital und Management aus Singapur könnten starke Impulse auslösen. Die Zusammenarbeit ermöglicht auch die Nutzung der ausgebauten Infrastruktur Singapurs einschließlich des Dienstleistungssektors und der Vermarktungsstrukturen. Dadurch kann man den Absatz steigern und gleichzeitig ausländischen Investoren einen hervorragenden Standort mit den oben geschilderten Vorteilen anbieten. (BE 10)

3.2 In den 1970er-Jahren war Hongkong noch britische Kronkolonie und hatte für den Süden der Volksrepublik China vor allem dadurch Bedeutung, dass in seiner Nähe die beiden Sonderwirtschaftszonen Shenzhen und Zhuhai geschaffen wurden. Dadurch entwickelten sich vielfältige wirtschaftliche Beziehungen. Hongkong verlagerte z. B. lohnkostenintensive Produktionen in die Sonderwirtschaftszonen, diese wiederum vermarkteten ihre Waren über Hongkong. Die Sonderwirtschaftszonen stellten damals das marktwirtschaftliche Versuchsfeld für die spätere Umgestaltung der gesamten Volkswirtschaft der Volksrepublik China dar. Daher hatte Hongkong nicht nur eine wirtschaftlich wichtige Vorbildfunktion, sondern bildete auch politisch einen bedeutsamen Faktor. Die gesamte südchinesische Region wurde auf die im Jahr 1997 bevorstehende politische Integration Hongkongs in die Volksrepublik China vorbereitet. Seit diesem Zeitpunkt haben sich natürlich die wirtschaftlichen Verflechtungen stark ausgeweitet. Hongkong mit seinem umfangreichen Dienstleistungsangebot hat nun einen weiten Ergänzungsraum, die früheren Sonderwirtschaftszonen haben sich auf die Produktion hochwertiger Güter umgestellt und die arbeitsintensive Produktion ist in benachbarte Gebiete abgewandert.

Insgesamt muss man Hongkong aufgrund seiner früheren Sonderstellung und der wichtigen Verbindungen in das chinesische Umland sowohl politisch als auch wirtschaftlich eine stärkere Bedeutung für Südchina zuschreiben als Singapur für das IMS-GT. (BE 10)

Grundkurs Erdkunde (Bayern): Abiturprüfung 2004 – Aufgabe I: Frankreich

1 Naturraum

1.1 Ordnen Sie die Daten in Anlage I.1 den französischen Klimastationen Caen, Biarritz und Nîmes zu, indem Sie die Niederschlagsverhältnisse erklären!

1.2 Im Herbst 2003 verwüsteten Überschwemmungen große Gebiete entlang der Rhône im Süden Frankreichs.
Erläutern Sie anthropogene Ursachen, die zu der Hochwasserkatastrophe im Bereich der Rhône führten! (18 BE)

2 Industrieller Wandel

2.1 Anlage I.2 zeigt Veränderungen in der Wirtschaftsstruktur der Region Nord-Pas-de-Calais im Norden Frankreichs.
Beschreiben und begründen Sie die für eine altindustrialisierte Region typischen Entwicklungen!

2.2 Seit den 50er-Jahren des letzten Jahrhunderts haben über 4 000 große Industrieunternehmen ihre Fertigung aus Paris in das Umland oder weiter entfernte Regionen verlagert, während die Hauptverwaltungen ihren Standort in der Hauptstadt behalten haben.
Legen Sie Gründe für diese Standortspaltung dar und erläutern Sie die Auswirkungen der Verlagerung auf die Standorte! (22 BE)

3 Fremdenverkehr

3.1 Anlage I.3 zeigt die Bedeutung des Fremdenverkehrs in den verschiedenen Regionen Frankreichs.
Erarbeiten Sie ein einfaches räumliches Muster der Verteilung des Fremdenverkehrs! Beschreiben Sie die jeweils typische Fremdenverkehrsform in den drei führenden Tourismusregionen Frankreichs!

3.2 Erörtern Sie Chancen und Risiken, die sich aus einer Zunahme des Fremdenverkehrs in touristisch wenig erschlossenen Regionen ergeben können! (20 BE)

(60 BE)

Anlage I.1:
Niederschlagsverhältnisse ausgewählter französischer Klimastationen

Station A

	J	F	M	A	M	J	J	A	S	O	N	D	Jahr
MN	59	64	61	52	60	42	25	45	73	116	70	67	734

Station B

	J	F	M	A	M	J	J	A	S	O	N	D	Jahr
MN	56	45	44	44	51	49	50	52	58	69	71	63	652

Station C

	J	F	M	A	M	J	J	A	S	O	N	D	Jahr
MN	125	115	85	90	110	100	90	125	140	165	160	170	1 475

MN: mittlerer Niederschlag in mm

Anlage I.2:
Beschäftigte in ausgewählten Industriezweigen in der Region Nord-Pas-de-Calais

	Textilindustrie	**Stahlindustrie**	**Steinkohlebergbau**
1962	150 000	42 000 *	117 400
1994	50 000	16 000	0
2000	26 500	keine Angabe	0

* 1960

Anlage I.3:
Bedeutung des Fremdenverkehrs in den französischen Regionen (Nummern ohne Rahmen) im Jahr 2000 (Anteil der Regionen in Prozent an der Gesamtzahl der Übernachtungen in Frankreich)

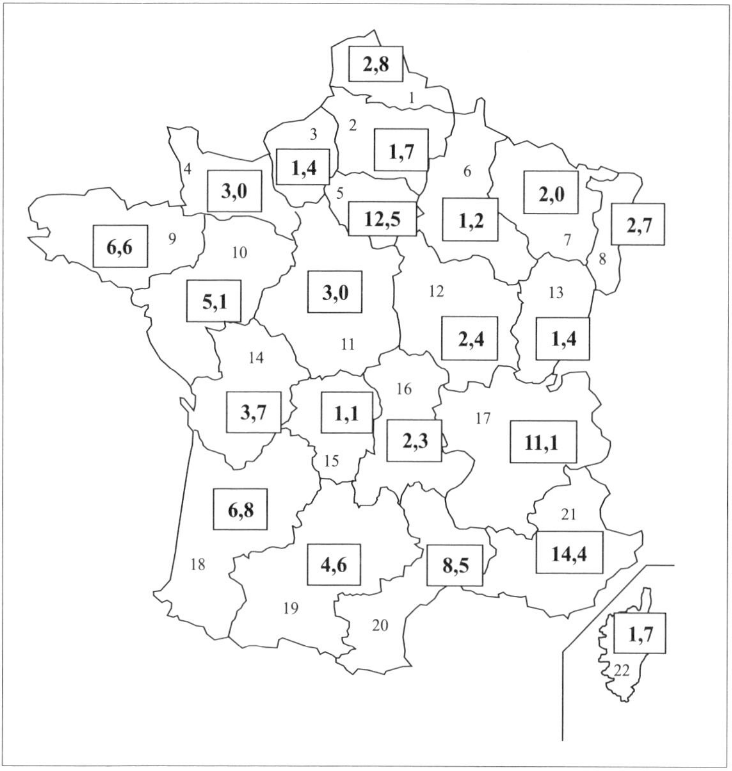

Die Regionen Frankreichs

1 Nord-Pas-de-Calais	9 Bretagne	17 Rhône – Alpes
2 Picardie	10 Pays de la Loire	18 Aquitaine
3 Haute-Normandie	11 Centre	19 Pyrénées
4 Basse-Normandie	12 Bourgogne	20 Languedoc – Roussillon
5 Ile-de-France	13 Franche – Comté	21 Provence – Alpes – Côte d'Azur
6 Champagne – Ardenne	14 Poitou – Charentes	
7 Lorraine	15 Limousin	22 Corse
8 Alsace	16 Auvergne	

Lösungsvorschlag

1.1 Die Niederschlagsverhältnisse der drei in der Anlage angeführten französischen Klimastationen unterscheiden sich in ihrer Gesamtsumme der jährlichen Niederschläge sowie der jahreszeitlichen Verteilung.

Station A hat eine mittlere jährliche Niederschlagsmenge von 734 mm sowie ein ausgeprägtes sommerliches Minimum. Das Maximum liegt im Herbst. Winter und Frühjahr zeigen demgegenüber leicht reduzierte Niederschläge.
Diese Merkmale deuten auf ein mediterran beeinflusstes Klima hin, im vorliegenden Fall also auf die Station Nîmes. Im Sommer liegt Nîmes aufgrund der Nordverlagerung der Klimagürtel unter dem Einfluss der trockenen Luftmassen der randtropischen Hochdruckzellen. Mit der herbstlichen Südverlagerung des Zenitstandes der Sonne und der entsprechenden Verschiebung der Windgürtel gerät Nîmes in den Einflussbereich der feuchten Luftmassen der Westwindzone. Allerdings werden die Auswirkungen auf die Niederschläge durch die Leelage zu den Cevennen gemäßigt.

Die Station B hat den geringsten Jahresniederschlag und auch die niedrigste jährliche Schwankung. Dieser ausgeglichene Niederschlagsgang lässt sich durch einen ganzjährig gleichen Westwindeinfluss erklären; die Niederschlagssumme muss allerdings durch eine lokale Leelage reduziert sein. Das trifft auf die Station Caen zu, die im Lee der Halbinsel Cotentin liegt und ganzjährig dem Westwindeinfluss ausgesetzt ist.

Bei Station C liegen die höchsten Jahresniederschläge mit einem Maximum im Winter, besitzen aber auch im Sommer noch hohe Werte. Das weist auf Biarritz hin mit seiner Lage an der Atlantikküste und der Nordwestabdachung der Pyrenäen. Dadurch erhöhen sich die durch atlantische Westwinde hervorgerufenen umfangreichen Niederschläge noch um den Steigungsregen. Das winterliche Maximum wird bei gleich bleibender Windrichtung durch die stärkere Abkühlung der Luftmassen über Land verursacht.
(BE 10)

1.2 Häufig liegen die Ursachen für Hochwasserkatastrophen im Bereich von Flüssen in übermäßigen Eingriffen des Menschen in natürliche Kreisläufe.
So können bei diesem Beispiel der Rhône-Überschwemmungen Rodungen im Bereich der Cevennen oder Westalpen dazu geführt haben, dass die Wasserspeicherfähigkeit des Bodens abnahm und das Wasser oberflächlich mit verstärkter Erosionstätigkeit abfloss. In ähnlicher Weise wirkt die Ausweitung landwirtschaftlicher Nutzflächen, bei der der Boden verdichtet und ebenfalls die Wasserspeicherfähigkeit reduziert wird. Bei der Rhône selbst kann der Mensch in den natürlichen Flusslauf durch Kanalisierung eingegriffen haben, wodurch der Flussquerschnitt verschmälert wurde und sich die Fließgeschwindigkeit erhöhte. Insbesondere bei Starkregen wirkt dies sehr nachteilig.
Schließlich wirkt sich auch die Anlage von Infrastrukturen (Straßen, Siedlungen etc.) mit ihrer Flächenversiegelung erhöhend auf den Oberflächenabfluss aus. Dies ist besonders gefährlich, wenn solche Maßnahmen in Überflutungsräumen des Flusses sowie seines Einzugsbereiches geschehen. (BE 8)

2.1 Die Anlage zeigt die Entwicklung der Beschäftigtenzahlen in der Textil- und Stahlindustrie sowie im Steinkohlebergbau in der Region Nord-Pas-de-Calais von 1962–2000. Alle drei Industriezweige weisen einen hohen Rückgang auf, der im Falle des Steinkohlebergbaus sogar die völlige Aufgabe bedeutete.
Der Rückgang der Beschäftigtenzahl in der lohnintensiven Textilindustrie lässt sich hauptsächlich mit Rationalisierungsmaßnahmen und der Verlagerung der Produktion in Billiglohnländer erklären.
Bei der Stahlproduktion muss man die Auswirkungen der Stahlkrise seit ca. 1965 berücksichtigen. Die Nachfrage reduzierte sich stark, Stahl konnte durch andere, günstigere Werkstoffe ersetzt werden. Die Standortgunst veränderte sich durch das zunehmende Recycling von Schrott. Neue Stahllieferländer mit günstigeren Voraussetzungen wie Australien und Brasilien liefen den altindustrialisierten Regionen den Rang ab.
Ähnliches spielte sich beim Steinkohlebergbau ab. Hier wurde Kohle durch andere Energieträger, vor allem Öl und Gas, ersetzt bzw. wo sie noch gebraucht wurde, durch billigere Importkohle ersetzt. Der Verbrauch ging stark zurück, auch weil die Hüttenindustrie infolge modernerer Techniken einen geringeren Kohlebedarf hatte.
(BE 10)

2.2 Die Verlagerung von Fertigungen aus einer Großstadt wie Paris hinaus in das Umland hat fast immer etwas mit den dortigen Kostenvorteilen zu tun. Der Grund und Boden ist, auch für eventuelle Betriebserweiterungen, billiger und das Lohnniveau ist häufig günstiger. Darüber hinaus kann man meist noch von staatlichen Krediten und Beihilfen profitieren, die für Dezentralisierungsmaßnahmen gewährt werden.
Die Hauptverwaltungen behalten demgegenüber meist ihren Standort in der Großstadt, weil hier bei den hoch qualifizierten Stellen z. B. Lohnvorteile im Umland nicht realisiert werden können. Ausschlaggebender sind in diesem Fall die Fühlungsvorteile durch die Nähe zu Behörden und öffentlichen Einrichtungen sowie die besser ausgebaute Infrastruktur. Führungskräfte werden eher durch den hohen Wohn- und Freizeitwert der Hauptstadt angelockt sowie im Fall von Paris von dessen äußerst hohem Imagewert.

Diese Standortspaltung hat auf beide Teilstandorte sehr unterschiedliche Auswirkungen. Paris verliert zwar Arbeitsplätze im Niedriglohnbereich, verringert aber auch seine durch Emissionen bei der Fertigung hervorgerufenen Umweltbelastungen. Die frei gewordenen Flächen können für neue, attraktive Funktionen oder auch als Grün- und Freizeitflächen genutzt werden. Das Transportaufkommen wird reduziert und das Stadtbild schöner, zumal sich das Steueraufkommen aufgrund der verbleibenden hochwertigen Arbeitsplätze kaum verringert und die Einnahmen für Infrastrukturverbesserungen für eine geringere Anzahl von Leuten verwendet werden können.
Das Umland erhält dagegen neue Arbeitsplätze, wodurch die Abwanderung verringert wird. Die Kaufkraft steigt und langfristig kann so die Infrastruktur verbessert werden. Dadurch werden regionale Disparitäten allmählich abgebaut, sodass eine erwünschte Angleichung der Lebensbedingungen ermöglicht wird.
Allerdings sollte man auch die negativen Aspekte und Risiken erwähnen. Die Qualität der Arbeitsplätze kann nicht mit der in Paris konkurrieren, sodass es zu einer scharfen Auslese mit sehr ungünstigen Konsequenzen, vielleicht sogar im sozialen Bereich, kommen kann. Große verbaute Flächen mit unter Umständen hoher Umweltbelastung werden geschaffen, auch das Verkehrsaufkommen zwischen Stadt und Umland wird eher größer werden, da die Verbindungen innerhalb der Unternehmen aufrecht erhalten bleiben müssen und weiterhin viele Dienstleistungen in Paris von den Umlandbewohnern in Anspruch genommen werden. (BE 12)

3.1 Das räumliche Muster der Verteilung des Fremdenverkehrs ergibt drei Bereiche, in denen sich der Tourismus konzentriert: Die Küstenbereiche am Mittelmeer, Paris und die Alpen.

Darauf folgen in ihrer Bedeutung für den Fremdenverkehr die Küstenregionen am Atlantik, während die übrigen Gebiete, vor allem der altindustrialisierte Norden und das Zentralmassiv nur geringen Anteil am Fremdenverkehr haben. Entsprechend den drei Hauptregionen haben sich auch drei typische Fremdenverkehrsformen herausgebildet. In den Küstenbereichen am Mittelmeer ist aufgrund des mediterranen Klimas und der attraktiven Küstenlandschaften der Badetourismus am stärksten ausgeprägt. Hier hat sich im Zusammenhang mit historischen Stätten und dem kulturellen Angebot der mondänen Küstenorte neben dem Sommertourismus auch der Wintertourismus stark entwickelt. Entsprechende Bedeutung hat in Paris der Städtetourismus erlangt, der von den vielen Sehenswürdigkeiten und dem kulturellen Angebot der überragenden Metropole profitiert. Ergänzend steigert Paris seine Tourismuszahlen durch seine Stellung als Einkaufs- und Geschäftszentrum.
Die Alpen verdanken die hohen Touristenzahlen ihrer attraktiven Naturausstattung. Im Sommer überwiegt Wander- und Bergsteigertourismus, im Winter Skitourismus.

(BE 10)

3.2 Einer touristisch bisher wenig erschlossenen Region eröffnen sich bei Zunahme des Fremdenverkehrs Chancen für Arbeitsplätze im Tourismussektor selbst sowie auch in angrenzenden Dienstleistungsbereichen und in der Bauwirtschaft. Dadurch können die Einkommensstruktur und damit auch das Steueraufkommen gesteigert werden, was sich in höheren Investitionen für die Infrastruktur niederschlagen kann. Diese Einrichtungen kommen nicht nur den Touristen, sondern auch den Einheimischen zugute. Steigende Touristenzahlen bedeuten auch größere Möglichkeiten für die lokale Landwirtschaft, ihre Produkte zur Versorgung der Touristen zu verkaufen.
Voraussetzung für eine Zunahme des Fremdenverkehrs ist allerdings auch das Angebot attraktiver Unterkünfte, Verkehrserschließung und sonstiger touristischer Infrastruktur, was nur bei erheblichen Investitionsvorleistungen möglich ist, die durchaus mit Risiken verbunden sind. Tourismus ist konjunkturabhängig und bei Monostrukturen sehr krisenanfällig. Meist ist auch nur saisonal Beschäftigung möglich.
Das Landschaftsbild kann gestört werden durch Zersiedelung, die Verkehrs- und Umweltbelastung steigt und auch die Einheimischen müssen die steigenden Lebenshaltungskosten und Bodenpreise tragen. (BE 10)

Grundkurs Erdkunde (Bayern): Abiturprüfung 2004 – Aufgabe II: Russland – Naturpotenzial und Raumentwicklung

1 Boden und landwirtschaftliche Nutzung

1.1 Legen Sie den Einfluss von Klima und Vegetation auf die Entstehung eines Podsols dar!

1.2 Beschreiben und erklären Sie mithilfe geeigneter Atlaskarten die landwirtschaftliche Nutzung entlang 40° östlicher Länge zwischen Weißem Meer und Kaukasus! (18 BE)

2 Bevölkerung

2.1 Arbeiten Sie aus Anlage II.1 Kennzeichen der natürlichen Bevölkerungsbewegung in Russland seit 1985 heraus und begründen Sie diese.

2.2 1928 wurde Sangar 350 km nördlich von Jakutsk als Steinkohlebergbausiedlung gegründet. 1989 zählte der Ort 10 100 Einwohner. Anlage II.2 zeigt die Wanderungsbilanz dieses Ortes von 1980 bis 1999.
Beschreiben Sie die erkennbare Entwicklung und erklären Sie die wesentlichen Ursachen dafür! (20 BE)

3 Verkehr in Sibirien

3.1 Beschreiben und erläutern Sie unter Einbeziehung der Anlage II.3 wesentliche Merkmale der unterschiedlichen Erschließung Russlands östlich des Urals durch die Eisenbahn!

3.2 Erörtern Sie unter Berücksichtigung von Anlage II.3 die Frage, ob sich der nördliche Seeweg in der Zukunft zu einer bedeutenden Wirtschaftsroute entwickeln könnte! (22 BE)

(60 BE)

Anlage II.1:
Geburten- und Sterberate in Russland (1985–2001)

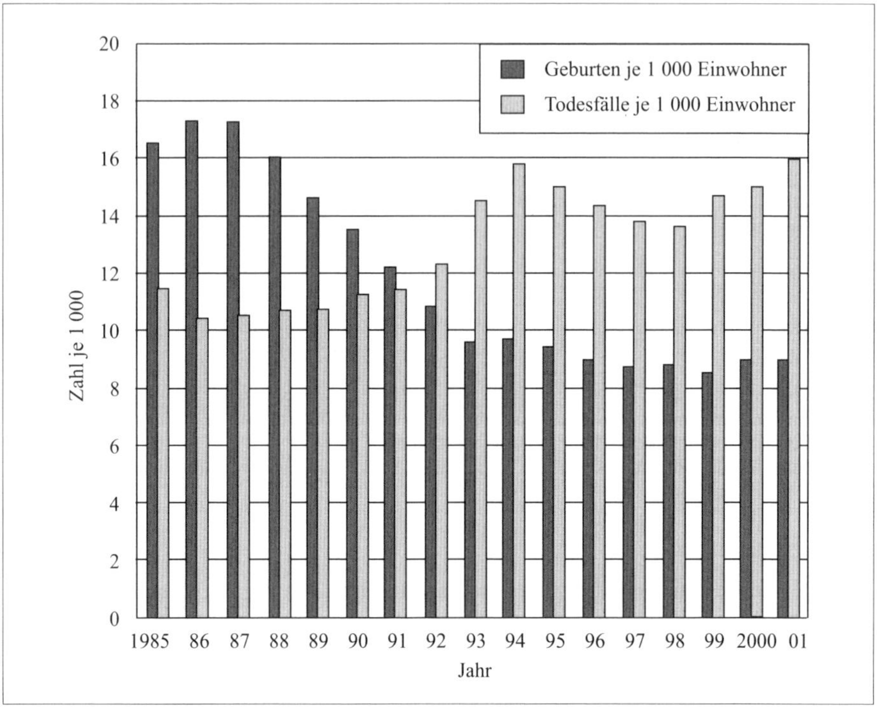

Anlage II.2:
Migrationsbilanz des Ortes Sangar (von 1980 bis 1999)

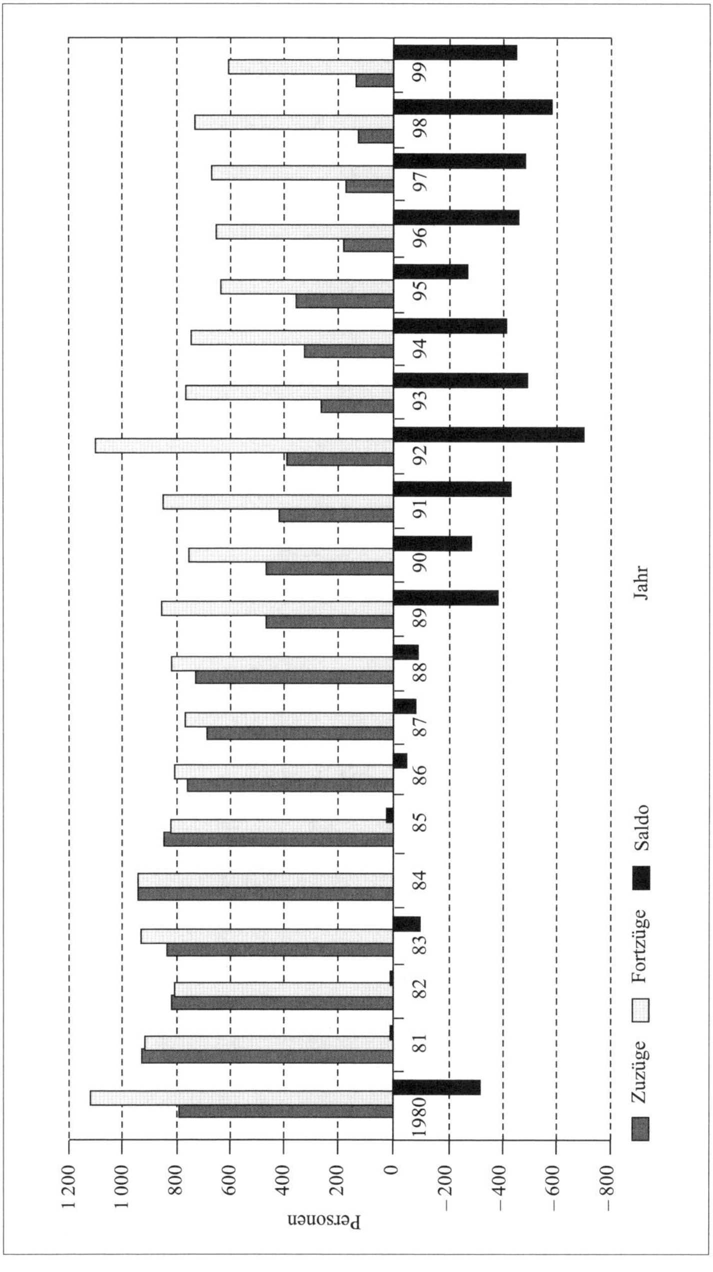

Anlage II.3:
Verkehrswege in Russland östlich des Urals: Der nördliche Seeweg und die Bahnlinien

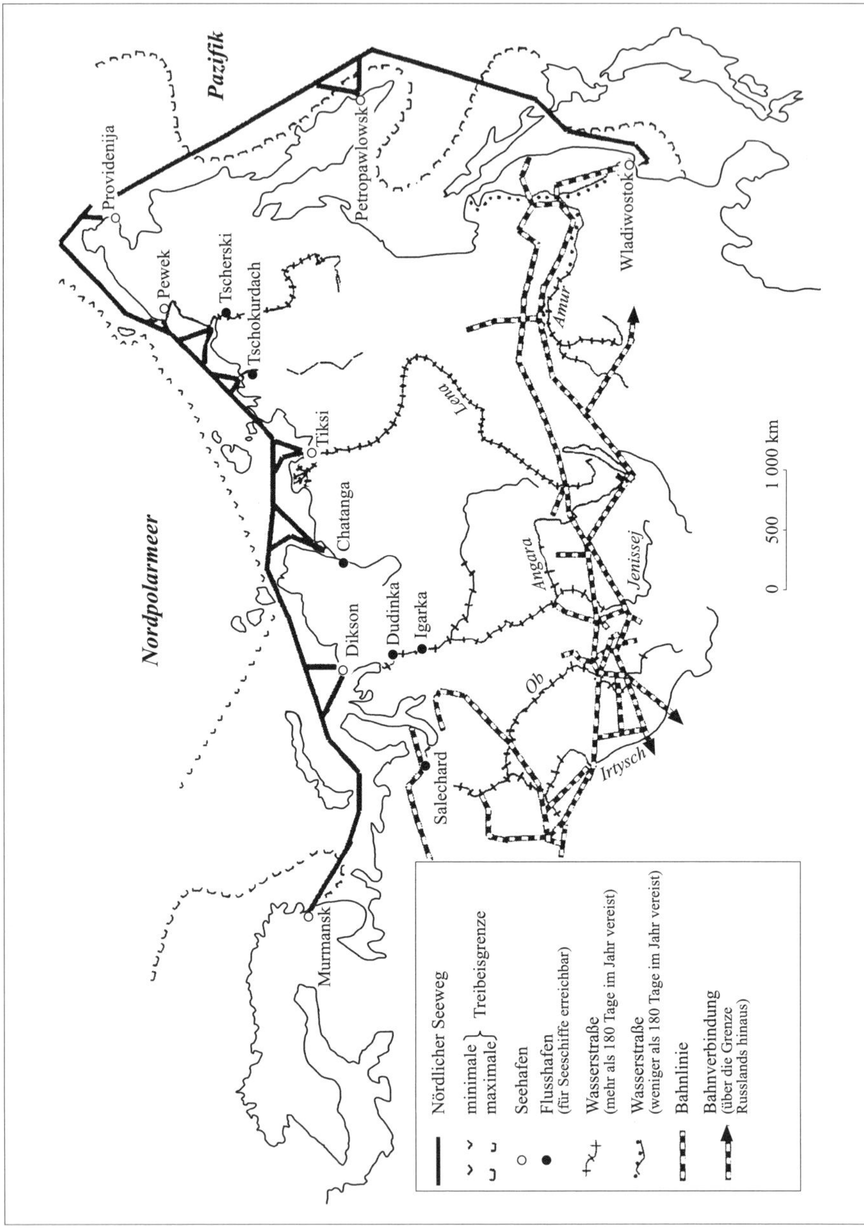

Lösungsvorschlag

1.1 Podsol ist ein saurer, nährstoffarmer und ausgewaschener Bodentyp, der auch als Bleicherde bezeichnet wird. Er entsteht überwiegend unter Nadelwäldern und Heiden aus wasserdurchlässigen, silikatreichen Gesteinen in kühlgemäßigten, stark humiden Klimabereichen.
Der Nadelwald liefert eine säurehaltige Rohhumusauflage, die wegen der niedrigen Temperaturen und der langen Frostperiode nur langsam abgebaut wird und daher relativ mächtig ist. Bei hohen Niederschlägen werden die oberen Bodenhorizonte stark ausgewaschen (grauer Eluvialhorizont). Mit dem abwärts gerichteten Bodenwasserstrom werden freigesetzte Metallionen in Verbindung mit organischen Stoffen in tiefere Bodenbereiche verlagert. In diesem Illuvialhorizont werden mit steigendem pH-Wert zunächst organische Stoffe angereichert (humose Schwarzfärbung) und darunter Metallionen durch Oxidation ausgefällt (rotgelbe Färbung). Diese können durch Verhärtung den so genannten „Ortstein" bilden. Die Podsolierung d. h. die Verwitterung und die intensiven Auswaschungs- und Verlagerungsvorgänge führen zu dem charakteristischen nährstoffarmen und sauren Bodentyp. (BE 8)

1.2 Die landwirtschaftliche Nutzung entlang dem 40. Längengrad östlicher Länge kann man aufgrund der unterschiedlichen Klima- und Bodenbedingungen grob in drei Bereiche einteilen.
Die nördliche Region zwischen dem Weißen Meer und ca. 60° n. Br. bietet sehr schlechte Voraussetzungen für landwirtschaftliche Nutzung. Geringwertiger Tundraboden und eine kurze Vegetationsperiode lassen kaum Ackerbau zu. Allein extensive Viehwirtschaft und selektive Holzentnahme im Taigabereich sind erwähnenswert.
Südlich des 60° n. Br. bis etwa 52° n. Br. schließt sich eine Zone mittlerer Bodengüte und längerer Vegetationsperiode an. Entsprechend nimmt die ackerbauliche Nutzung mit Kartoffeln, Roggen und Gerste zu. Bei lokalen Gunstfaktoren und in Stadtnähe wird neben Weizen auch Obst und Gemüse angebaut.
Der südlichste Bereich zwischen 52° n. Br. und 45° n. Br. zeichnet sich durch sehr guten Schwarzerdeboden und günstige klimatische Bedingungen aus. Die Niederschläge sind ausreichend, die Vegetationsperiode ist aufgrund der höheren Temperaturen deutlich länger. Es wird intensiver Ackerbau betrieben mit Anbau von Weizen, Mais, Zuckerrüben und Sonnenblumen. Auch hier kommt kleinräumig Obst- und Gemüseanbau dazu. (BE 10)

2.1 Aussagen zur natürlichen Bevölkerungsbewegung ergeben sich aus der Gegenüberstellung der Geburten- und Sterberaten ohne Berücksichtigung der Wanderungszahlen.

Im vorliegenden Fall liegen in Russland die Geburtenraten 1985–1987 mit Werten von über 16 Geburten pro 1 000 Einwohner recht hoch, reduzieren sich dann bis 1995 auf etwa 9 pro 1 000, um schließlich bis 2001 um diesen Wert herum zu pendeln.
Die Sterberate liegt von 1985–1990 bei Werten um 11 Todesfälle pro 1 000 Einwohner, steigt dann bis 1994 stark an auf fast 16 pro 1 000, verringert sich bis 1998 wieder auf knapp 14 pro 1 000, um schließlich bis 2001 wieder auf etwa 16 pro 1 000 zu steigen. Bis einschließlich 1991 übertrifft mit allmählich abnehmender Differenz die Geburten- die Sterberate und sorgt für eine Zunahme der Bevölkerungszahl. Seitdem überwiegt die Sterberate, z. T. bis zu 7 pro 1 000, wodurch die Bevölkerungszahl abnimmt.
Begründen kann man diese Daten vorwiegend mit der wirtschaftlichen Entwicklung Russlands. In den 80ern und zu Beginn der 90er führt der wirtschaftliche Niedergang zum

Trend zur Kleinfamilie, also zum Geburtenrückgang, um das geringe wirtschaftliche Niveau überhaupt halten zu können. Arbeitslosigkeit und hohe Lebenshaltungskosten verschlechtern die Grundversorgung der Bevölkerung und erhöhen die Sterberate. Seit Mitte der 90er-Jahre stagnieren die Geburtenraten, da von staatlicher Seite Maßnahmen ergriffen worden sind, um die wirtschaftliche Situation von Familien mit Kindern zu verbessern. Die hohen Sterberaten halten allerdings weiter an, da sich die medizinische Versorgung nicht verbessert und es großen Teilen der Bevölkerung nicht möglich ist, einen gesundheitlich und finanziell gesicherten Lebensstandard zu erreichen.

(BE 10)

2.2 Die Migrationsbilanz von Sangar zwischen 1980 und 1999 lässt sich in zwei Phasen untergliedern.
Die erste Phase reicht von 1980–1988 und ist gekennzeichnet durch hohe Zuzüge bei gleichzeitig hohen Fortzügen. Die Bilanz ist in dieser Zeit weitgehend ausgeglichen. Die Zuzüge resultieren aus dem umfangreichen Steinkohleabbau, für den viele Arbeitskräfte benötigt wurden. Um das zu sichern, griff der Staat damals mit Vergünstigungen und Fördermaßnahmen unterstützend ein. Er konnte aber dennoch nicht verhindern, dass Arbeitskräfte, sobald ihr Vertrag beendet war, die Stadt wieder verließen, da hier im Norden Sibiriens die Arbeitsbedingungen extrem schlimm waren. Nicht nur die Kälte machte den Arbeitern zu schaffen, sondern auch die Isolation und die mangelhafte Infrastruktur. Da auch die Lebenshaltungskosten überdurchschnittlich hoch waren – fast alle Lebensmittel mussten über große Entfernungen mühsam und teuer transportiert werden – betrachteten die meisten Arbeitskräfte ihre Beschäftigung in Sangar nur als Gelegenheit, schnell viel Geld zu verdienen und dann so bald wie möglich wieder fortzuziehen.

In der zweite Phase von 1989–1999 wurden die Zuzüge immer geringer, während die Fortzüge weiterhin relativ hoch blieben. Das führte zu einer ausgeprägten negativen Wanderungsbilanz. Die stark zurückgehende Zahl an Zuzügen war bedingt durch den gesamtwirtschaftlichen Niedergang Russlands, den damit verbundenen Wegfall staatlicher Subventionen, den Verlust von Arbeitsplätzen und den Bedeutungsrückgang des Steinkohlebergbaus allgemein. Da die negativen Arbeitsbedingungen aber bestehen blieben, zogen nicht nur die wenigen neuen Arbeitskräfte bald wieder fort, sondern auch ein beträchtlicher Teil der längerfristigen Einwohnerschaft Sangars. (BE 10)

3.1 Russland östlich des Urals ist sehr ungleichmäßig durch die Eisenbahn erschlossen. Im klimatisch begünstigten Süden besteht eine durchgehende West-Ost-Verbindung, durch die Sibirien und der Pazifik mit dem wirtschaftlichen Kernraum in Europa verbunden ist. Von dieser Hauptstrecke aus gibt es kurze Stichbahnen nach Norden und Süden, die Lagerstätten erschließen und periphere Räume anbinden. Demgegenüber ist der Norden weitgehend unerschlossen, da er klimatisch benachteiligt und relativ siedlungsfeindlich ist. Die extrem tiefen Temperaturen in Zusammenhang mit den Permafrostböden und sommerlich durch oberflächliches Auftauen entstehenden ausgedehnten Sumpfgebieten bringen fast unlösbare technische Probleme für den Bahnbau mit sich. Lediglich im südwestlichen Teil Sibiriens hat sich so etwas wie ein Eisenbahnnetz entwickelt, das die wirtschaftlichen Schwerpunkte miteinander verbindet sowie Rohstofflagerstätten an Industrieansiedlungen anschließt.
Insgesamt ist die Erschließung Russlands östlich des Urals durch die Eisenbahn sehr dünn und hauptsächlich auf die Gebiete mit Rohstoffen und Klimagunst beschränkt.

(BE 10)

3.2 Der Nördliche Seeweg führt von Murmansk durch das Nordpolarmeer und die asiatischen Küstengewässer des Pazifik bis nach Wladiwostok. Problematisch ist, dass diese Route zum großen Teil jenseits der Treibeisgrenze liegt und ganzjährig nur durch den kostenintensiven Einsatz von Eisbrechern freigehalten werden kann. Daher wird gegenwärtig dieser Seeweg auch fast nur im Sommer genutzt, zumal die Entfernungen sehr groß und damit die Fahrtzeiten extrem lang sind. Falls die globale Erwärmung die Treibeisgrenze weiter nach Norden verlagert, könnte zukünftig u. U. eine ganzjährige Nutzung ohne Eisbrecher möglich werden. Voraussetzung ist, dass die wirtschaftliche Erschließung Nordsibiriens intensiviert wird und die Bevölkerungsdichte steigt. Nur dann würde sich eine höhere Verkehrsspannung entwickeln, die sich in der Nachfrage nach größeren Transportkapazitäten niederschlagen würde.

Natürlich müsste sich der Nördliche Seeweg dann gegen konkurrierende Verkehrsträger wie Pipeline und Eisenbahn durchsetzen. Er hätte jedoch den Vorteil, dass Schifffahrt bei großen Entfernungen kostengünstiger transportieren kann. Außerdem besteht über viele Seehäfen und Flusshäfen, die für Seeschiffe erreichbar sind, eine gute Anbindung an das Hinterland.

Ob sich die Gründe für oder diejenigen gegen eine verstärkte Nutzung mehr durchsetzen werden, hängt weitgehend von der wirtschaftlichen Entwicklung Russlands und der intensiven Erschließung Sibiriens ab. Nur bei ausreichend großen, kontinuierlich anfallenden Transportmengen würde sich die Frage der erhöhten Nutzung des Nördlichen Seeweges überhaupt stellen. Bleibt es jedoch beim gegenwärtigen wirtschaftlichen Entwicklungsstand, ist die Nachfrage nach Schiffstransporten, die große Entfernungen überbrücken, zu gering und zum großen Teil anderen Verkehrsträgern wie der Pipeline unterlegen. (BE 12)

Grundkurs Erdkunde (Bayern): Abiturprüfung 2004 – Aufgabe III: Peru – Beispiel eines andinen Landes

1 Naturraum und Bevölkerung

1.1 Anlage III.1 zeigt die Daten der Klimastationen Puerto Maldonado und Lima. Ordnen Sie die Klimadaten den entsprechenden Stationen zu, indem Sie die jeweiligen Temperatur- und Niederschlagsverhältnisse beschreiben und erklären!

1.2 Erläutern Sie unter Zuhilfenahme geeigneter Atlaskarten die in Anlage III.2 erkennbare Bevölkerungsverteilung in Peru! (20 BE)

2 Landwirtschaft

In der zweiten Hälfte des 20. Jahrhunderts wurden in vielen Andenstaaten Agrarreformen durchgeführt.

2.1 Charakterisieren Sie ausgehend von Anlage III.3 die traditionelle Besitzstruktur in der peruanischen Landwirtschaft vor dem Beginn der Agrarreform! Stellen Sie zwei Problemfelder dar, die sich aus dieser Besitzstruktur ergaben.

2.2 Legen Sie zwei Maßnahmen zur Steigerung der Agrarproduktion in Peru dar und setzen Sie sich kritisch mit der Möglichkeit der Umsetzung dieser Maßnahmen auseinander! (20 BE)

3 Verkehrsprojekt „Transoceanica“

3.1 Zeigen Sie ausgehend von Anlage III.4 raumplanerische Überlegungen und wirtschaftliche Erwartungen auf, die Peru und Brasilien mit diesem Projekt verfolgen!

3.2 Erläutern Sie drei naturräumliche Hemmnisse, die den Bau und den Unterhalt transandiner Straßenverbindungen erschweren! (20 BE)

(60 BE)

Anlage III.1:
Klimatabellen ausgewählter Stationen in Peru

Station A

	J	F	M	A	M	J	J	A	S	O	N	D	Jahr
MT	21,5	22,3	21,9	20,1	17,8	16,0	15,3	15,1	15,4	16,3	17,7	19,4	18,2
MN	1,2	0,4	0,6	0,1	0,5	0,8	2,0	2,3	1,2	0,4	0,1	0,4	10,0

Station B

	J	F	M	A	M	J	J	A	S	O	N	D	Jahr
MT	26,0	26,0	25,5	25,5	25,0	23,0	23,0	25,0	26,0	26,0	26,5	26,0	25,3
MN	262	271	289	118	119	54	55	53	97	140	173	296	1 927

MT: mittlere Temperatur in °C MN: mittlerer Niederschlag in mm

Anlage III.2:
Bevölkerungsverteilung in den Regionen Perus

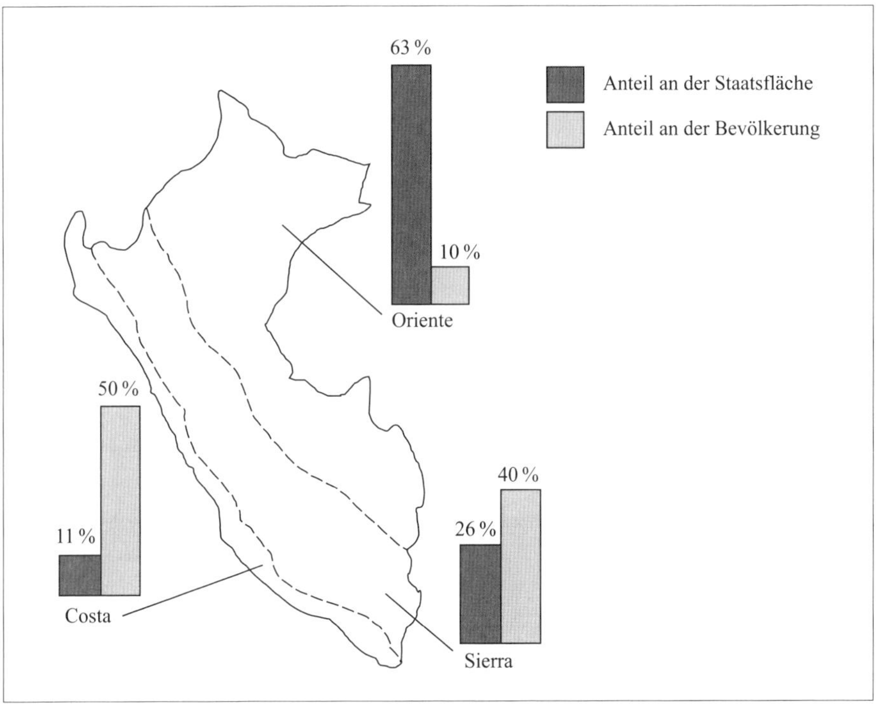

Anlage III.3:
Bodenbesitzverhältnisse in der peruanischen Landwirtschaft im Jahre 1963 (vor der Agrarreform)

Betriebsgrößengruppe	Anzahl der Betriebe		Gesamtbetriebsfläche	
	absolut	in Prozent	in 1 000 ha	in Prozent
unter 20 ha	774 071	95,8	1826	11,1
20 bis unter 100 ha	23 374	2,9	926	5,6
100 bis unter 500 ha	7 374	0,9	1460	8,9
500 bis unter 1 000 ha	1 415	0,2	963	5,9
ab 1 000 ha	1 985	0,2	11 257	68,5

Anlage III.4:
Verlauf der geplanten „Transoceanica“

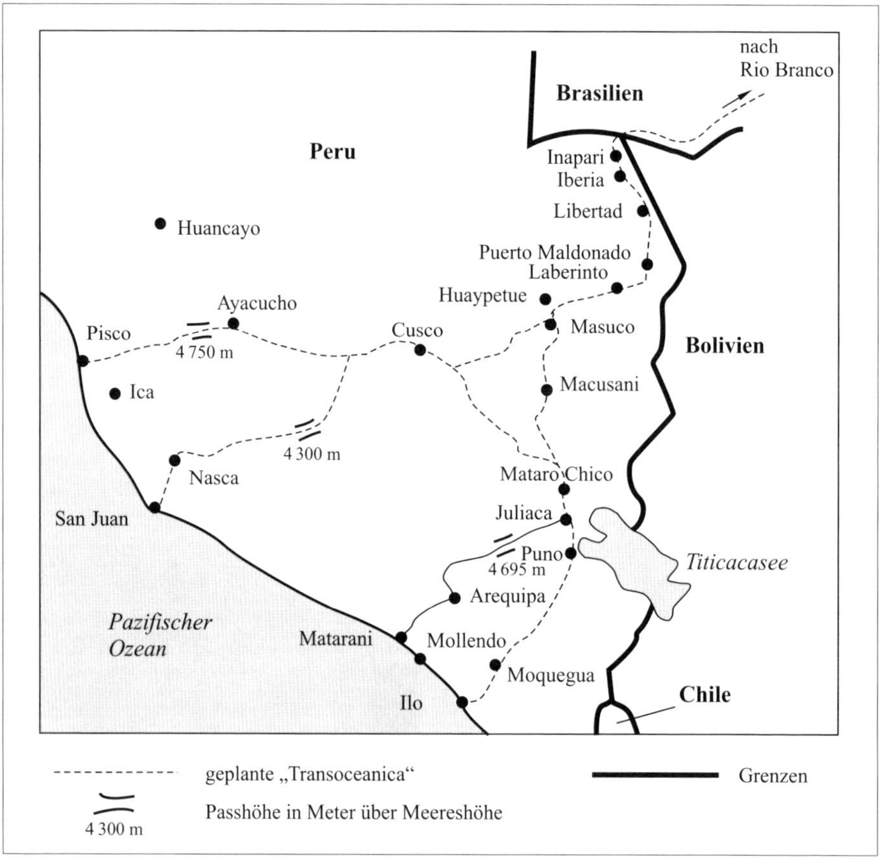

Lösungsvorschlag

1.1 Die Station A hat ganzjährig hohe Temperaturen mit einem Maximum im Februar von 22,3 °C und einem Minimum im August von 15,1 °C. Damit beträgt die Temperaturamplitude nur 7,2 °C, die mittlere Jahrestemperatur 18,2 °C. Die für die Tropen relativ geringen Durchschnittstemperaturen weisen auf den Einfluss einer kalten Meeresströmung hin. Daher muss die Station auf der Südhalbkugel im tropischen Bereich an der Pazifikküste liegen. Die Niederschläge sind ganzjährig extrem gering mit 0,1–2,3 mm pro Monat und 10,0 mm Jahresniederschlag. Die Station befindet sich im vollariden Bereich. Damit kommt von den beiden vorgegebenen Klimastationen nur Lima in Frage. Die Stadt liegt in der Küstenwüste, die dadurch entstanden ist, dass die feuchten Luftmassen des Pazifiks bereits über dem Meer durch den kalten Humboldtstrom zum Abregnen gebracht werden, sodass trotz vorherrschenden Westwinds die flachen Küstenbereiche kaum mehr Niederschläge abbekommen. Erst weiter im Osten erhöhen sich durch weitere Abkühlung der Luftmassen und den daraus folgenden Steigungsregen am Westrand der Anden die Niederschläge wieder.

Bei der Station B liegen die Temperaturen mit 23,0–26,5 °C ganzjährig deutlich höher als in Lima, was auch bei der Jahresdurchschnittstemperatur von 25,3 °C ablesbar ist. Die Temperaturamplitude beträgt nur 3,5 °C. Damit muss die Station in den inneren Tropen der Südhalbkugel östlich der Anden liegen, denn die peruanischen Stationen westlich der Anden haben höhere Temperaturamplituden und niedrigere Winterwerte. Es handelt sich also um Puerto Maldonado.
Aufschlussreich sind die von Oktober bis Mai sehr hohen Niederschläge von monatlich weit über 100 mm, denen von Juni bis September deutlich geringere – wenn auch noch zwischen 50–100 mm liegende – Regenmengen gegenüberstehen. Erklärbar ist diese Verteilung dadurch, dass Puerto Maldonado im Juni bis September unter dem trockenen, weil aus dem Landesinneren wehenden, Einfluss des Südostpassates steht, während es in den übrigen Monaten den Konvektionsniederschlägen im Bereich der ITC ausgesetzt ist, die durch die Randlage zu den Anden noch zusätzlich gesteigert werden.

(BE 10)

1.2 Das Staatsgebiet Perus wird in beiliegender Darstellung von Westen nach Osten auf die drei Regionen Costa, Sierra und Oriente aufgeteilt.

„Costa", also die Küstenregion, hat nur einen Anteil von 11 % an der Staatsfläche, ist aber mit 50 % an der Gesamtbevölkerungszahl beteiligt. D. h. diese relativ kleine und schmale Region ist dicht besiedelt und für die Bevölkerung weitaus am attraktivsten. Das liegt an der, teilweise noch aus der Kolonialzeit stammenden, guten Infrastruktur mit einem ausgebauten Verkehrsnetz und einer Reihe von großen Küsten- und Hafenstädten, die sich im Laufe der Zeit zu Industriestandorten und Anziehungspunkten für die Bevölkerung entwickelt haben. Dies gilt insbesondere für Lima, das das alles überstrahlende Ziel für Arbeit suchende Zuwanderer und die überragende Metropole und Hauptstadt geworden ist. Daneben haben sich in der Costa auch eine Reihe von Bewässerungsoasen mit intensiver Landwirtschaft gebildet, die die günstigen Voraussetzungen für künstliche Bewässerung entlang der Flüsse und an der westlichen Andenabdachung nutzen. Auch sie sind relativ dicht besiedelt.

Die mittlere Region „Sierra" weist mit 26 % Flächenanteil und 40 % Bevölkerungsanteil eine gemäßigte Bevölkerungsdichte auf. Sie stellt den traditionellen Siedlungsraum der Inka-Hochkultur dar. Es herrschen größtenteils klimatisch günstige Bedingungen vor, sodass hier seit langer Zeit das landwirtschaftliche Hauptgebiet, vorwiegend mit Viehzucht, liegt. Bei entsprechenden Vorkommen haben sich örtlich kleinere Zentren mit Bodenschatz-Ausbeutung wie z. B. Silber, Blei und Zink bei Cerro de Pasco oder Puno entwickelt. Während zur Inkazeit die Sierra das Hauptsiedlungsgebiet war, ist es heute Abwanderungsgebiet, da die Landwirtschaft sehr unrentabel ist und den meisten Einwohnern keine gesicherte Zukunft bieten kann.

Die dritte Region „Oriente" umfasst im östlichen Bereich Perus den tropischen Regenwald. Dieses Gebiet ist mit 63 % Flächenanteil am größten, weist jedoch mit nur 10 % Bevölkerungsanteil den geringsten Wert auf. Es ist also sehr dünn besiedelt. Das hängt mit den sehr ungünstigen Lebensbedingungen zusammen. Große Luftfeuchtigkeit und hohe Temperaturen begünstigen die Ausbreitung von Tropen-Krankheiten. Der tropische Boden verliert rasch seine Ertragsfähigkeit und ist daher für die Landwirtschaft schlecht geeignet. Die infrastrukturelle Erschließung ist mit Ausnahme von Gebieten mit lokalen Rohstoffvorkommen sehr mangelhaft, sodass sich eine wirtschaftliche Entwicklung und damit Grundlage höherer Bevölkerungszahlen nicht entfalten konnte. (BE 10)

2.1 Die traditionelle Besitzstruktur in der peruanischen Landwirtschaft zeigt bei der Anzahl der Betriebe mit 95,8 % die überragende Stellung der Kleinbetriebe unter 20 ha. Je größer die Betriebsflächen werden, desto geringer wird die Anzahl der Betriebe, Ausnahme sind die Betriebe über 1 000 ha, die mit 0,2 % den gleichen Prozentwert erreichen wie die nächst niedrigere Betriebsgrößengruppe.
Ein ganz anderes Bild ergibt sich, wenn man die Gesamtbetriebsfläche auf die einzelnen Betriebsgrößengruppen verteilt. Hier erreichen die Kleinbetriebe trotz dominierender Anzahl nur 11,1 %. Die mittleren Betriebe liegen zwischen 5 bis 9 %, haben also nur eine geringe Bedeutung. Eindeutig beherrschend sind die wenigen Großbetriebe, die 68,5 % der Gesamtbetriebsfläche einnehmen.
Es gibt also in der peruanischen Landwirtschaft auf der einen Seite extrem viele Kleinbetriebe, die insgesamt aber nur einen geringen Anteil an der Gesamtbetriebsfläche haben, auf der anderen Seite relativ wenige Großbetriebe, die jedoch über zwei Drittel der Gesamtbetriebsfläche verfügen.
Diese dualistische Landverteilung stammt in ihren Wurzeln noch aus der Kolonialzeit. Die Großbetriebe sind vorwiegend auf extensive Viehzucht mit rentenkapitalistischer Wirtschaftsweise ausgerichtet, während den Kleinbetrieben wegen mangelndem Kapital meist nur Subsistenzwirtschaft übrig bleibt.
Diese Besitzstruktur bringt viele Schwierigkeiten mit sich. Ein traditionelles Problemfeld ist die Gefahr sozialer Spannungen aufgrund der ungerechten Besitzverteilung und vielfältiger Abhängigkeiten der Kleinbauern und Pächter von den Großgrundbesitzern. Eine weitere Schwierigkeit liegt in der Abwanderung der Kleinbauern aus den ländlichen Gebieten in die Städte, da sie nicht konkurrenzfähig mit den Großbetrieben sind und keine Perspektiven mehr in der Landwirtschaft sehen.
Die Großbetriebe wiederum haben meist eine unproduktive Wirtschaftsweise, da ihnen die billigen Landarbeiter in großer Zahl zur Verfügung stehen und sie deshalb nur wenig in Maschinen und Rationalisierung investieren. So ist die Agrarproduktion insgesamt niedrig und reicht mitunter nicht einmal für die Grundversorgung der Bevölkerung aus.
(BE 12)

2.2 In der zweiten Hälfte des 20. Jahrhunderts sind, wie der Vorspann der Frage ja bereits andeutet, viele Agrarreformen durchgeführt worden, die allerdings alle nur sehr mäßige Erfolge mit sich brachten.
So hat man z. B. Großgrundbesitzer enteignet und das Land an Kleinbauern verteilt. Denen fehlte jedoch das nötige Know-how und das Kapital, um diese Flächen rentabel bewirtschaften zu können. Sie gerieten daher über Kredite und auch politischen Druck

schnell wieder in Abhängigkeiten zu den ehemaligen Großgrundbesitzern, die sich aufgrund ihrer größeren Macht und des stärkeren Einflusses durchsetzen konnten und schließlich meist wieder über ihren früheren Besitz verfügten. Auch bei genossenschaftlicher Bewirtschaftung war aus den gleichen Gründen die Entwicklung ähnlich.
Weitere Projekte bezogen sich auf Neuerschließung landwirtschaftlicher Nutzflächen durch Anlage künstlicher Bewässerungssysteme im Küstenbereich. Das erforderte hohen Kapitaleinsatz, der meist nur mit ausländischen Entwicklungshilfeprojekten aufgebracht werden konnte. Daher blieben derartige Projekte nur lokal begrenzt und kamen nach Beendigung des Hilfsprogramms häufig in Schwierigkeiten, da auch der Unterhalt der Bewässerungsanlagen mit hohen Kosten und Expertenarbeit verbunden ist. (BE 8)

3.1 Das Projekt der „Transoceanica" umfasst den Bau eines Straßensystems von Brasilien auf mehreren Strecken bis zur pazifischen Küste Perus. Beide Staaten verbinden mit diesem Bau die Hoffnung auf Verbesserung der Handelsbeziehungen zwischen ihren Ländern sowie die Erschließung neuer Märkte. Brasilien erhält darüber hinaus durch die Anbindung an peruanische Pazifikhäfen die Möglichkeit, seine Exportwirtschaft in den asiatisch-pazifischen Raum zu erweitern. Entlang der neuen Straßen erhofft man sich neue Siedlungsimpulse, durch die der Bevölkerungsdruck auf die Küstenregionen gemildert werden könnte. Die peripheren Räume der Anden und des Amazonastieflandes könnten durch diese Verkehrserschließung aufgewertet werden und unter Umständen auch hinsichtlich der landwirtschaftlichen Nutzung, der Holzwirtschaft sowie auch der Bodenschatz-Ausbeutung verbessert werden.
Dadurch sowie durch die Bauarbeiten und den Unterhalt der Straßen könnten Arbeitsplätze entstehen, die die gegenwärtig bestehende Landflucht eindämmen könnten.
(BE 10)

3.2 Da sich die Frage auf den Bau und Unterhalt transandiner Straßenverbindungen bezieht, sollte man Hemmnisse, die für das Amazonastiefland typisch sind, nicht erwähnen.

In den Anden hat der Straßenbau besonders mit Steigungen, Schluchten, Pässen und der Überwindung von Gebirgszügen Probleme. Diese sind nur durch sehr aufwändige und teure Baumaßnahmen zu lösen. Dazu gehören Brücken, Untertunnelungen und umfangreiche Straßenbefestigungs- und -sicherungsmaßnahmen. Gesteigert wird der Aufwand noch durch die z. T. extreme Höhenlage und die hohe Reliefenergie, durch die über Verwitterung, Erosion und Hangrutschungen gefährliche Situationen entstehen können. Dies gilt während der Baumaßnahme für Arbeitskräfte und Maschinen, später für Fahrer und Fahrzeuge.
Da die Anden zu den jungen Faltengebirgen gehören, sind sie tektonisch noch sehr aktiv. Zerstörungen an den Straßenbauwerken durch Erdbeben sind daher nicht auszuschließen.
(BE 10)

Grundkurs Erdkunde (Bayern): Abiturprüfung 2004 – Aufgabe IV: China – Entwicklung eines Großraumes

1 Der Drei-Schluchten-Staudamm

Westlich der Stadt Yichang (Itschang) wird an der Fertigstellung des „Drei-Schluchten-Staudamms" gearbeitet. Nach Abschluss der Bauarbeiten im Jahr 2009 wird der Jangtsekiang auf einer Länge von 600 km aufgestaut sein.

1.1 Erklären Sie die in Anlage IV.1 angegebene jahreszeitliche Wasserführung des Jangtsekiang bei Yichang vor dem Bau des Staudamms!

1.2 Beschreiben Sie Ziele, die die Volksrepublik China mit dem Bau des Damms verfolgt und skizzieren Sie mögliche Bedenken gegen dieses Staudamm-Projekt! (20 BE)

2 Landwirtschaft

2.1 Erläutern Sie die in Anlage IV.2 dargestellten Entwicklungen der chinesischen Landwirtschaft vor dem Hintergrund der seit 1990 bis heute von 1,1 Mrd. auf 1,3 Mrd. angewachsenen Bevölkerungszahl!

2.2 In der Volksrepublik China wird seit Jahrzehnten die landwirtschaftliche Nutzfläche in den Trockenräumen ausgeweitet.
Geben Sie Gründe für diese Entwicklung an und zeigen Sie ökologische Risiken auf, die durch die landwirtschaftliche Nutzung dieser Regionen entstehen können! (18 BE)

3 Weltwirtschaftliche Verflechtungen

3.1 Im Jahr 2003 war China weltweit der größte Empfänger ausländischer Direktinvestitionen.
Legen Sie dar, warum sich auch deutsche Industrie- und Dienstleistungsunternehmen zunehmend in China niederlassen!
Begründen Sie, warum die Provinz Shanghai einer der bevorzugten Standorte ausländischer Investoren ist!

3.2 Charakterisieren Sie mithilfe von Anlage IV.3 die Entwicklung des internationalen Tourismus in China und erörtern Sie seine wirtschaftliche Bedeutung für China! (22 BE)

(60 BE)

Anlage IV.1:
Durchschnittliche Wasserführung des Jangtsekiang bei Yichang vor dem Bau des Drei-Schluchten-Staudamms

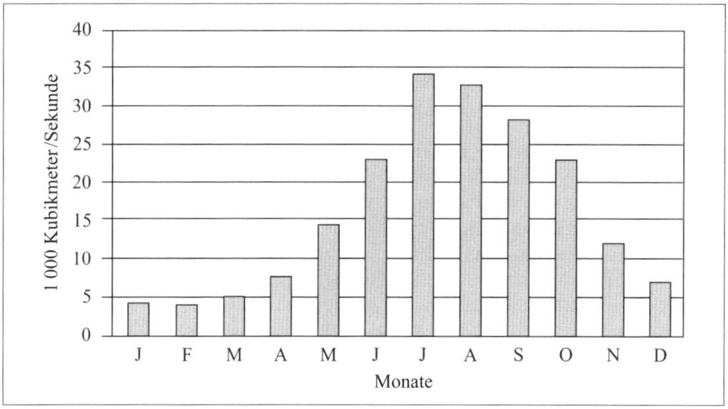

Anlage IV.2:
Strukturdaten ausgewählter landwirtschaftlicher Produkte in der Volksrepublik China

Strukturdaten ausgewählter landwirtschaftlicher Produkte	Jahr 1990	Jahr 2001
Reisanbaufläche (in 1 000 ha)	33 064	28 812
Weizenanbaufläche (in 1 000 ha)	30 753	24 664
Erntemenge von Reis (in 1 000 t)	189 331	177 580
Erntemenge von Weizen (in 1 000 t)	98 229	93 873
Erntemenge von Mais (in 1 000 t)	96 819	114 088
Fleischproduktion (in 1 000 t)	45 840 (1996)	63 339

Anlage IV.3:
Tourismus und Deviseneinnahmen in der Volksrepublik China 1990 und 2000

Jahr	Einreisende (internationale Touristen)			Deviseneinnahmen (Mrd. US-$)	
	gesamt (in 1 000)	Ausländer (in %)	Chinesen aus Taiwan, Macau und Hongkong (in %)	aus dem internationalen Tourismus	aus dem Export von Waren
1990	27 462	6,7	93,3	2,2	62,1
2000	83 444	12,3	87,7	14,3	249,2

Deviseneinnahmen aus dem internationalen Tourismus im Jahr 2000 (Mrd. US-$)			
Küstenregionen	11,8	Inlands- und Grenzregionen	2,5

Lösungsvorschlag

1.1 Die Wasserführung des Jangtsekiang vor dem Bau des Drei-Schluchten-Staudammes zeigt einen charakteristischen Jahresgang. Dieser war übrigens wegen seiner großen Unterschiede einer der Gründe für den Bau des Dammes.
Von Februar bis Juli nimmt die Abflussmenge von ca. 4 000 Kubikmeter/Sekunde auf etwa 34 000 Kubikmeter/Sekunde zu. Dieser enorme Anstieg wird verursacht durch die steigenden Niederschläge, die in dem großen Einzugsbereich des Jangtsekiang durch den Sommermonsun fallen und die Schneeschmelze im Hochgebirge, die mit gewisser zeitlicher Verzögerung ab Mai/Juni zusätzliche Wassermengen liefert.
Von Juli bis Februar nimmt die Abflussmenge wieder bis zum Ausgangswert ab. Die Niederschläge sind geringer geworden, da nicht mehr der Monsun vorherrscht, sondern die Hauptwindrichtung vom zentralasiatischen Hoch nach Süden dominiert, die trockene Luftmassen mit sich bringt. Niederschläge im Hochgebirge des Oberlaufes werden als Schnee gespeichert und reduzieren die Wasserführung.
Trotz den sehr großen Unterschieden zwischen Februar und Juli sollte berücksichtigt werden, dass auch in den Monaten mit der geringsten Wasserführung die Abflussmengen aufgrund der gewaltigen Größe des Einzugsgebietes noch beträchtlich sind. Die Monate mit der größten Wasserführung liegen dagegen bereits an der Grenze zu potenziellen Hochwasserkatastrophen, die dann drohen, wenn aufgrund besonderer Wetterlagen die Niederschläge überdurchschnittlich ansteigen. (BE 8)

1.2 Mit dem Bau des Drei-Schluchten-Staudammes verfolgt die Volksrepublik China die gleichen Ziele wie sie beim Bau anderer großer Staudämme, wie beispielsweise dem Assuan-Staudamm, angestrebt wurden.
An erster Stelle steht der Ausgleich der jahreszeitlich sehr unterschiedlichen Wasserführung (vgl. Frage 1.1!) und damit die Verhinderung der sommerlichen Hochwasserkatastrophen durch Rückstau. Dadurch erreicht man auch eine ganzjährig gleichmäßige Wasserführung, die der regelmäßigen Binnenschifffahrt zugute kommt. Ebenso wichtig ist der durch Nutzung der Wasserkraft produzierte Strom, der einerseits für den steigenden Energiebedarf Chinas sehr bedeutsam ist, andererseits auch die Grundlage für neue Industrieanlagen in der Nähe des Staudammes bildet. Dadurch könnten neue Arbeitsplätze geschaffen werden, wie das im Übrigen auch während der langen Bauphase durch die Arbeiten am Staudamm der Fall ist. Yichang könnte so der Ansatzpunkt für einen dynamischen wirtschaftlichen Entwicklungsimpuls werden, der auch in die Umgebung ausstrahlt und regionale Disparitäten vermindern kann.
Allerdings gibt es viele Skeptiker, die die Erreichbarkeit dieser Ziele in Frage stellen und Bedenken gegen dieses Projekt haben. Staudämme waren bisher kaum Ansatzpunkte umfangreicher Industrieansiedlungen und so einer positiven Landesentwicklung. Man musste im Gegenteil die Überflutung wertvoller Siedlungsflächen in Kauf nehmen und eine große Anzahl von Menschen umsiedeln. Durch den Staudamm wurde die Fließgeschwindigkeit verändert, was sich sowohl oberhalb als auch unterhalb des Staudammes massiv auf das Ökosystem auswirkt. Verringerte Fließgeschwindigkeit im Bereich des Stausees führt zu einer schnellen Ablagerung und Verlandung durch die im Fluss mitgeführten Sedimente. Die erhöhte Geschwindigkeit im Unterlauf bewirkt häufig Seitenerosion an den Flussufern, Tiefenerosion im Flussbett und Veränderungen im Mündungsbereich. Befürchtet wird auch, dass Erdbeben in dieser tektonisch instabilen Gegend zu Dammbrüchen führen können oder das regionale Klima durch Änderungen der Verdunstungsverhältnisse beeinflusst werden könnte. Denn Stauseen in der Größenordnung des Jangtsekiang-Stausees bilden eine so große zusätzliche Wasserfläche, dass erhöhte Verdunstungswerte zu erwarten sind. (BE 12)

2.1 In der Volksrepublik China hat sich von 1990–2001 ein tief greifender Strukturwandel in der Landwirtschaft vollzogen. Die Reis- und die Weizenanbauflächen sind um 12,8 % bzw. 19,8 % reduziert worden. Gleichzeitig ist die Erntemenge bei Reis nur um 6,2 % und bei Weizen um 4,4 % zurückgegangen (Berechnungsgrundlage sind die in der Anlage IV.2 angegebenen Absolutzahlen). Das bedeutet, dass die Hektarerträge durch Intensivierung und Rationalisierung auf den verringerten Flächen zugenommen haben. Die Erträge konnte man durch besseres Saatgut, Einsatz von Düngemitteln und vor allem künstliche Bewässerung erhöhen. Die restlichen Flächen wurden entweder mit anderen Produkten bebaut oder zugunsten infrastruktureller Maßnahmen aus der landwirtschaftlichen Produktion genommen.

Wenn man die steigende Bevölkerungszahl berücksichtigt, dann ergibt sich pro Kopf eine deutlich verringerte Getreideproduktion. Das heißt allerdings nicht, dass dadurch die Nahrungsmittelversorgung der Bevölkerung in Frage gestellt wäre. Es bedeutet eher, dass sich die Ernährungsgewohnheiten geändert haben und sich die Landwirtschaft dem angepasst hat. Das zeigen die starken Zunahmen von Fleischproduktion und Mais als Futtergrundlage für die Viehwirtschaft.
Da die Bevölkerungszahl von 1990 bis heute um ca. 18 % zugenommen hat, die Fleischproduktion sich von 1996 bis 2001 aber bereits um über 38 % gesteigert hat, ist die Tendenz eindeutig: Weniger Reis und Weizen, dafür aber mehr Fleisch pro Kopf!
(BE 9)

2.2 Die Ausweitung der landwirtschaftlichen Nutzfläche in die Trockenräume hinein hat nicht, wie die Strukturdaten zur Frage 2.1 zeigen, die Erweiterung der Reis- und Weizenanbauflächen zum Ziel, sondern die Vergrößerung der Weideflächen, um die Fleischproduktion zu erhöhen und so der gestiegenen Nachfrage der wachsenden Bevölkerung nachzukommen. Da extensive Weidewirtschaft durchaus auch ungünstigere natürliche Bedingungen verträgt, ist deren Erweiterung in die Trockenräume hinein möglich. Man versucht natürlich dennoch, über Bewässerung die Voraussetzungen zu verbessern, sodass kleinräumig Ackerbau möglich ist. Ein weiterer Vorteil im Westen ist, dass nicht wie im landwirtschaftlich sicher besser geeigneten Osten eine Flächenkonkurrenz mit Siedlungs- und Verkehrsnutzung besteht.
Ökologische Risiken sind dadurch vorhanden, dass ein an und für sich ungeeignetes Gebiet nun landwirtschaftlich genutzt wird. In der Steppe könnte durch Überweidung die Grasnarbe zerstört werden. Oder es könnte bei Starkwinden der nach der Ernte brachliegende Boden ausgeweht werden. Schließlich besteht sogar die Gefahr, dass bei den seltenen, aber heftigen Regenfällen Hanglagen erodieren. Des Weiteren ist es nicht auszuschließen, dass bei Bewässerungsprojekten der Grundwasserspiegel absinkt oder sogar größere Flächen versalzen, wenn z. B. nicht sachgerecht entwässert wird. (BE 9)

3.1 China mit seinem rasant wachsenden Markt und den steigenden Bedürfnissen seiner großen Bevölkerung bietet auch deutschen Industrie- und Dienstleistungsunternehmen gute Chancen. Es geht nicht nur darum, einen Zugang zum chinesischen Binnenmarkt zu bekommen, um die wachsende Käuferschicht mit eigenen Produkten zu versorgen. Mindestens ebenso wichtig ist es auch, durch eine Niederlassung in China mit niedrigen Arbeitskosten und geringen Steuern die Produktionskosten zu senken. Außerdem erspart man sich Einfuhrzölle sowie andere Handelshemmnisse und kann lokale Vertriebsnetze nutzen. Schließlich ist es von China aus mit den dort hergestellten Industrieprodukten möglich, leichter in den pazifischen und ostasiatischen Wirtschaftsraum zu exportieren.

Innerhalb Chinas ist die Standortgunst natürlich sehr unterschiedlich. Als besonders günstig hat sich für ausländische Investoren die Provinz Shanghai erwiesen. Das hängt mit deren besonderen Vorteilen als Wirtschaftsstandort zusammen. Shanghai besitzt eine hervorragende Verkehrslage im Mündungsbereich des Jangtsekiang mit sehr guten Verbindungen ins Hinterland über Fluss, Straße und Eisenbahn. Der Hafen ist leistungsfähig und hat eine eigene Freihandelszone. So haben sich hier zahlreiche chinesische und internationale Unternehmen aus den unterschiedlichsten Branchen niedergelassen und durch vielfältige Verflechtungen als Zulieferer oder Abnehmer hohe Agglomerationsvorteile geschaffen. Entsprechend hat sich das Image von Shanghai entwickelt und weitere Firmen angezogen. Fast zwangsläufig zogen viele Banken und Versicherungen nach, sodass Shanghai heute auch ein wichtiges Finanzzentrum ist. Über die Stadt hinaus haben sich in der Umgebung auch lohn- und flächenintensive Branchen niedergelassen, die die niedrigeren Grundstücks- und Lohnkosten nutzen.

(BE 11)

3.2 Von 1990 bis 2000 hat sich die Zahl der internationalen Touristen etwa verdreifacht. Der Anteil der Ausländer daran hat sich zwar auf 12,3 % fast verdoppelt, er ist aber dennoch gegenüber dem Anteil von Chinesen aus Taiwan, Macau und Hongkong, der von 93 % auf 87 % gesunken ist, relativ gering.

Die aus diesem internationalen Tourismus gewonnenen Deviseneinnahmen haben sich im gleichen Zeitraum mehr als versechsfacht. Das bedeutet, dass pro Tourist Devisen in etwa doppelter Höhe eingenommen wurden. Dennoch erreichen die Deviseneinnahmen aus dem internationalen Tourismus im Jahr 1990 nur ca. 3,5 % (2,2 Mrd. US-$ von 62,1 Mrd. US-$), im Jahr 2000 immerhin 5,7 % (14,3 Mrd. US-$ von 249,2 Mrd. US-$) der Einnahmen aus dem Export von Waren. Die Tendenz der wirtschaftlichen Bedeutung des Tourismus für China zeigt also leicht aufwärts. Das gilt besonders für die attraktiveren und infrastrukturell besser erschlossenen Küstenregionen, die gegenüber den Inlandsregionen im Jahr 2000 fast fünffach höhere Deviseneinnahmen hatten. Um die Bedeutung des Tourismus noch weiter zu steigern, ist jedoch dringend der Aufbau einer modernen touristischen Infrastruktur nötig. Dann könnten tatsächlich Arbeitsplätze in nennenswerter Zahl geschaffen werden und zusätzliche Einkommensmöglichkeiten entstehen. Gemindert werden diese positiven Effekte durch die Konzentration des internationalen Tourismus auf die Küstenregionen und damit die Verstärkung regionaler Disparitäten. Auch schöpfen vermutlich ausländische Touristikunternehmen einen beträchtlichen Teil der möglichen Zusatzeinnahmen für sich ab, sodass auch dadurch die positive Wirkung auf die chinesische Wirtschaft abgeschwächt wird. (BE 11)

Grundkurs Erdkunde (Bayern): Abiturprüfung 2005 – Aufgabe I: Westeuropa

1 Sonnenscheindauer und Landwirtschaft

1.1 Arbeiten Sie Gemeinsamkeiten und Unterschiede im Jahresgang der Sonnenscheindauer von Oban (Schottland), Kalmar (Schweden) und Bordeaux (Frankreich) in Anlage I.1 heraus und begründen Sie diese!

1.2 Skizzieren Sie die agrarische Nutzung in den Regionen Oban, Kalmar und Bordeaux und prüfen Sie die Bedeutung des Faktors Sonnenscheindauer für die Landwirtschaft in diesen Räumen! (20 BE)

2 Verkehrsverbindungen in Europa

2.1 Beschreiben und erklären Sie anhand von Anlage I.2, wie sich die Fahrtzeiten der Eisenbahnverbindungen London – München und London – Neapel zwischen 1991 und 2001 verändert haben!

2.2 Im Jahr 2000 wurde eine Straßen- und Bahnverbindung über den Großen Belt und den Öresund (Øresund) hergestellt.
Erläutern Sie die Erwartungen, die man mit diesem Verkehrsprojekt verbindet! (20 BE)

3 Wirtschaftliche Entwicklung in Großbritannien

3.1 Fassen Sie die in Anlage I.3 dargestellten Fördergebiete unter wirtschaftsgeographischen Gesichtspunkten in drei Gruppen zusammen und erläutern Sie für jede Gruppe die Ursachen, die zu den wirtschaftlichen Problemen geführt haben!

3.2 Beschreiben Sie die in Anlage I.4 dargestellte Entwicklung der Science Parks und legen Sie mögliche positive Auswirkungen dar, die aus der Gründung solcher Einrichtungen erwachsen können! (20 BE)

(60 BE)

Anlage I.1: Jahresgang der Sonnenscheindauer dreier Stationen in Europa (Sonnenscheindauer in Stunden)

	Oban	Kalmar	Bordeaux
Januar	35	38	81
Februar	66	60	103
März	103	126	174
April	142	180	210
Mai	197	261	229
Juni	178	285	253
Juli	137	281	262
August	135	246	243
September	108	183	195
Oktober	70	103	158
November	43	42	84
Dezember	27	28	60

Anlage I.2: Vergleich der Fahrtzeiten von/nach London auf der Schiene 1991 und 2001

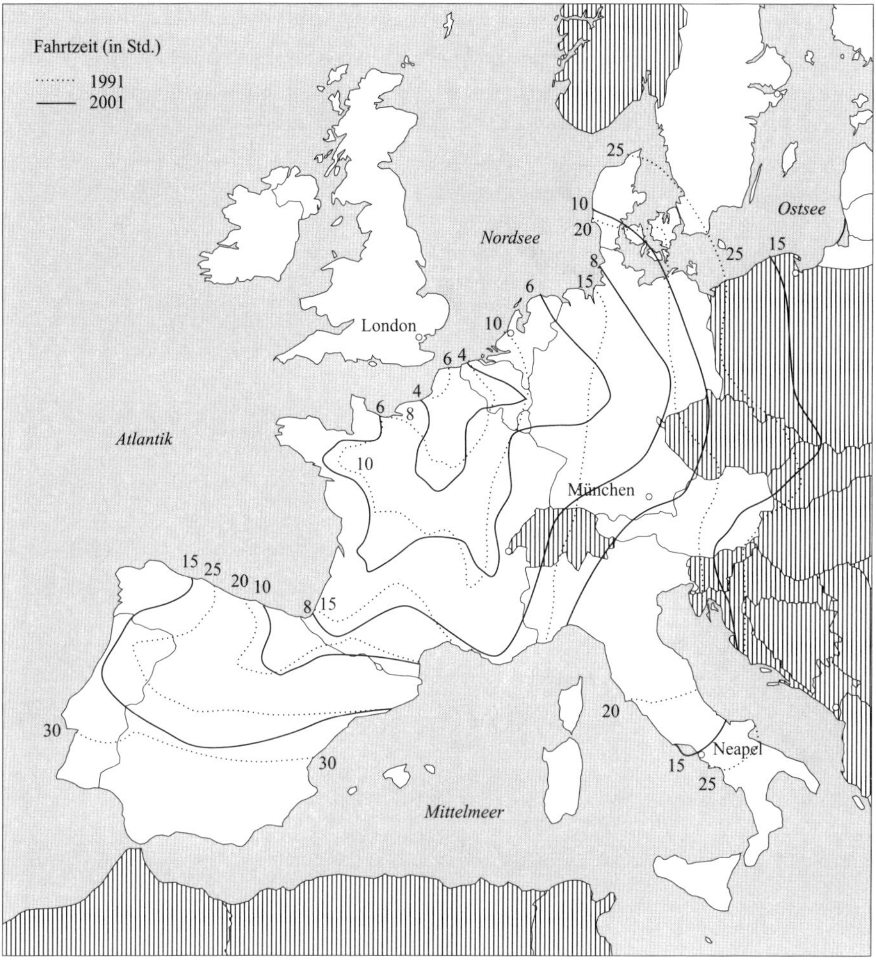

Anlage I.3: Fördergebiete in Großbritannien

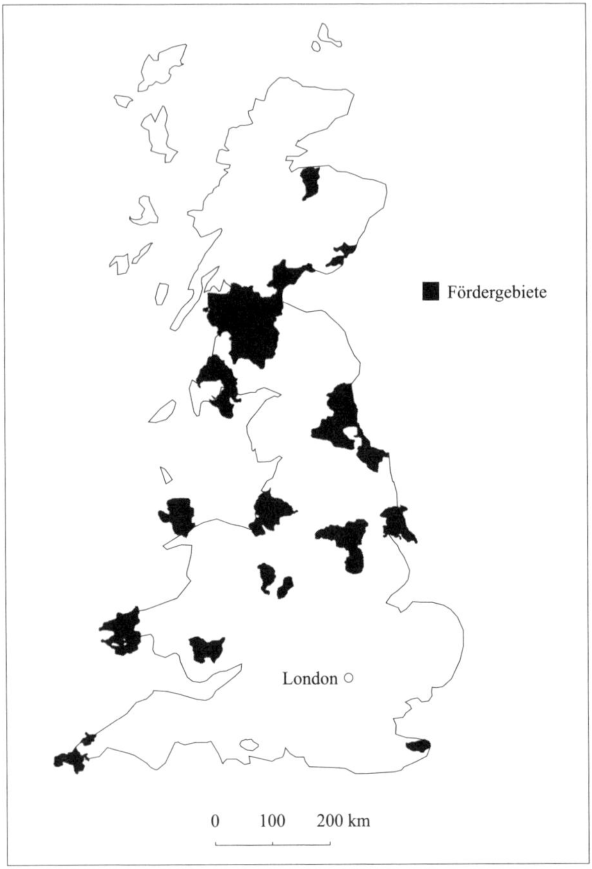

Anlage I.4: Science Parks in Großbritannien

Science Parks sind hochwertige Gewerbeimmobilien für Unternehmensneugründungen, kleine Unternehmen und überregionale oder multinationale Unternehmen. Vorteile sind die Anbindung an eine Universität oder andere Forschungseinrichtung, das Angebot an Gemeinschaftsdienstleistungen sowie Förderung des Technologietransfers. Die Mehrzahl der Science Parks ging aus Partnerschaften zwischen Universitäten, Kommunalbehörden und Regierungsagenturen hervor. Ende der 80er-Jahre verfügten die meisten der damals 46 britischen Universitäten bereits über einen Science Park. 1988 wurde erstmals ein Science Park an einem außeruniversitären Forschungs- und Entwicklungszentrum eröffnet.

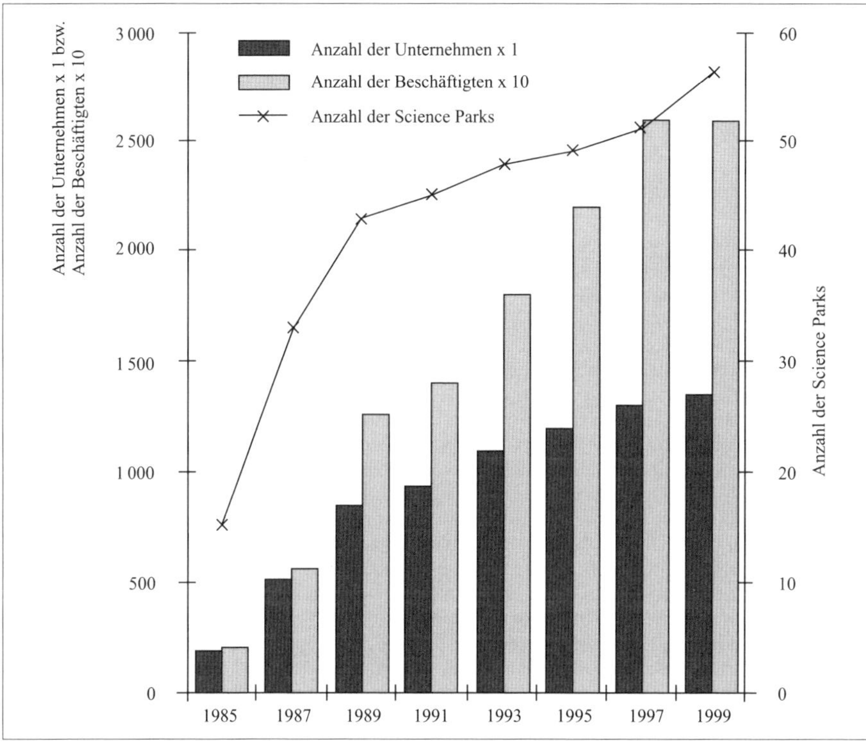

Quellenverzeichnis

Eigler, F.: Der Kanaltunnel. In: geographie heute, Heft 189, 2001, S. 37.

Heineberg, H.: Großbritannien: Wirtschafts- und Raumentwicklung im „Post-Thatcherismus". In: Geographische Rundschau, Heft 1, 2000, S. 10.

Liefner, I. (Hrsg.): Große Exkursion Großbritannien 2001. In: Hannoversche Geographische Arbeitsmaterialien, Band 26, 2002, S. 45.

Müller, M. J.: Handbuch ausgewählter Klimastationen der Erde. 4. verbesserte Auflage, Trier 1987, S. 18, 29, 67.

Pleiner, W.: Neue Wege zwischen Dänemark und Schweden. In: geographie heute, Heft 189, 2001, S. 14.

Lösungsvorschlag

1.1 Ganz allgemein ist die Sonnenscheindauer an einem bestimmten Ort von der Breitenlage, der Jahreszeit und lokalen Einflüssen wie häufiger Bewölkung oder überwiegender Hochdrucklage abhängig.
Im vorliegenden Fall ist bei allen drei angegebenen Stationen ein deutlicher jahreszeitlicher Unterschied feststellbar. Die höchsten Werte werden jeweils in den Sommermonaten erreicht, die niedrigsten im Dezember/Januar. Begründen lässt sich das mit den kurzen winterlichen Taglängen bzw. der langen Tagdauer im Sommer, die sich dann in unterschiedlich langer Sonnenscheindauer niederschlagen.
Da alle drei Stationen in den gemäßigten Breiten der nördlichen Halbkugel liegen, sind die Taglängenschwankungen recht ausgeprägt, auch wenn in Kalmar als der nördlichsten und östlichsten Station deutlich die größte Amplitude vorherrscht. Denn allgemein gilt: Je nördlicher eine Station auf der nördlichen Halbkugel liegt, desto ausgeprägter ist die Amplitude. Den beiden Stationen Kalmar und Bordeaux ist noch gemeinsam, dass sie ihr Maximum im Zeitraum um die Sommersonnenwende haben. Kalmar hat zu dieser Zeit aufgrund seiner Leelage an der schwedischen Ostseeküste bei vorherrschenden Westwinden nur eine sehr geringe Bewölkung, Bordeaux profitiert von seiner relativ südlichen Lage, die verstärkten Hochdruckeinfluss bewirkt.
Unterschiede bestehen vor allem in der absoluten Höhe der Sonnenscheindauer. Bordeaux hat im Winter die vergleichsweise höchsten Werte und erreicht auch im Sommer fast das Niveau von Kalmar, während es Oban in allen Monaten weit hinter sich lässt. Erklärbar ist dies dadurch, dass das Klima von Bordeaux während des ganzen Jahres – im Sommer mehr, im Winter weniger – von den subtropischen Hochdruckeinflüssen bestimmt wird. Oban mit seiner exponierten Nordwest-Luvlage am Atlantik hat während des ganzen Jahres bei vorherrschenden Westwinden einen hohen Bewölkungsgrad und damit eine relativ geringe Sonnenscheindauer. Besonders bemerkbar macht sich dies gegenüber den anderen Stationen in den Sommermonaten, wenn die Verdunstung des sich erwärmenden Atlantiks stark steigt.
Kalmar weist im Sommer die höchsten Werte auf, während es im Winter fast die geringen Werte von Oban erreicht. Grund ist die Leelage mit absteigender Luftbewegung und Wolkenauflösung vor allem in den Sommermonaten. Im Winter macht sich dagegen die geringe Taglänge aufgrund der nördlichen Lage bemerkbar. (BE 10)

1.2 Oban besitzt, wie die Anlage ausweist, eine jährlich relativ geringe Sonnenscheindauer. Daher hat sich dort die Landwirtschaft auf Viehhaltung spezialisiert, da Weiden nicht unbedingt hohe Sonnenscheinwerte benötigen. Ackerbau ist kaum vorhanden, da neben der ungenügenden Sonnenscheindauer auch die große Reliefenergie, die hohen Niederschläge und die ungünstigen Podsol- und Moorböden limitierend wirken.
In Kalmar herrscht dagegen vielfältiger Ackerbau vor. Die Sonnenscheindauer ist vor allem in den Sommermonaten hoch, verstärkt das Pflanzenwachstum und sorgt für eine relativ lange Vegetationsperiode. Diesen Gunstfaktoren entsprechen auch die Parabraunerden, die niedrige Reliefenergie und die geringen Niederschläge, die vor allem für den Anbau von Hackfrüchten günstig sind.
Die Gegend um Bordeaux mit ihrer durchgehend relativ hohen Sonnenscheindauer wird dominiert vom Weinbau, der vor allem während der Reifezeit hohe Temperaturen und damit viel Sonnenschein benötigt. Demgegenüber hat der Ackerbau aufgrund der geringwertigen Podsolböden kaum Bedeutung. (BE 10)

2.1 Im Jahr 1991 benötigte man für die Strecke München–London etwa 17 Stunden Fahrtzeit. Dies hat sich bis zum Jahr 2001 auf ca. 9 Stunden reduziert, also fast halbiert. Entscheidend für diese Verkürzung dürfte die zwischenzeitliche Inbetriebnahme des Eurotunnels und der Ausbau des Hochgeschwindigkeitsnetzes der Eisenbahnen in Deutschland, Frankreich und Belgien sein.
Von Neapel nach London ist für den gleichen Zeitraum zwar auch eine Verkürzung der Fahrtzeiten festzustellen. Diese ist aber von 23 Stunden auf etwa 15 Stunden bedeutend geringer, nämlich nur 35 %, als bei der Strecke München–London. Das hat damit zu tun, dass das italienische Hochgeschwindigkeitsnetz sich noch im Ausbau befindet und keine durchgehend hohen Geschwindigkeiten erlaubt. Es ist daher egal, ob man die Fahrtroute über Nizza mit Anschluss an das französische Netz wählt oder die Route über die Schweiz und Deutschland, bei der der Alpentransit mit vielen Steigungen, Kurven und Langsamfahrtstrecken noch zusätzlich zeitraubend wirkt. Bei beiden Strecken ist der Erfolg in der Zeitverkürzung nicht annähernd so groß wie bei der Strecke München–London, obwohl natürlich auch bei Neapel–London der Eurotunnel und die außerhalb Italiens liegenden Hochgeschwindigkeitsstrecken genutzt werden können.
(BE 10)

2.2 Dänemark und Schweden erhoffen sich von den beiden Verkehrsprojekten eine Steigerung der Leistungsfähigkeit ihrer Verkehrsnetze. Die beiden Brücken ersetzen bzw. ergänzen den langsamen Fährverkehr und verkürzen damit die Fahrtzeiten vor allem zum Ballungsraum Kopenhagen. In erster Linie gilt dies für den innerdänischen Verkehr. Ein wesentlicher Aspekt ist aber auch die damit verbundene Verbesserung der Bedingungen für das stark steigende Verkehrs- und Handelsaufkommen aus dem übrigen EU-Raum. Hier fehlte bisher eine leistungsfähige Nord-Süd-Verbindung. Durch die neuen Verkehrsverbindungen dürfte nicht nur der Großraum Kopenhagen-Malmö wirtschaftlich profitieren, sondern auch die übrigen Landesteile Dänemarks und auch Südschwedens, die über die verbesserte verkehrsmäßige Anbindung große Vorteile haben. Das gilt vor allem für Pendler nach Kopenhagen, aber auch die Erreichbarkeit z. B. des internationalen Flughafens bei Kopenhagen wurde deutlich günstiger.
Daneben erzielt man durch den Transitverkehr noch beträchtliche Mauteinnahmen und erhöht die Verkehrssicherheit. Denn der bisherige intensive Fährverkehr kreuzte und behinderte die Hauptschifffahrtslinien durch den Großen Belt.
Insgesamt sind die Erwartungen fast mit denen beim Bau des Eurotunnels vergleichbar und entsprechen den Anforderungen des zusammenwachsenden Europas, das auf leistungsfähige Verkehrsverbindungen angewiesen ist. Ausdruck der aktuellen Verkehrspolitik ist dabei, dass man nicht nur auf verbesserte Straßenverbindungen Wert gelegt hat, sondern auch die Bahnstrecken mit einbezogen hat. (BE 10)

3.1 Die Fördergebiete lassen sich folgendermaßen gruppieren: Eine Gruppe umfasst die altindustrialisierten Räume mit Montan- und Textilindustrie. Dazu zählen Birmingham, Sheffield, Leeds und der Großraum um Glasgow.
Eine zweite Gruppe fasst die Industriestädte an den Küsten wie Liverpool, Hull und Sunderland zusammen.
Zur dritten Gruppe zählen alle gering industrialisierten, peripheren Passivräume wie z. B. Cornwall und Südwales.

Die wirtschaftlichen Probleme der ersten Gruppe liegen sicher im Bedeutungsverlust der dort angesiedelten Industrie. Die Nachfrage in der Eisen- und Stahlindustrie sowie auch in der Textilindustrie ist aufgrund wesentlich billigerer ausländischer Konkurrenz und Substitution stark gesunken. Die Produkte sind auf dem Weltmarkt nicht mehr konkurrenzfähig. Die Produktionskosten in diesen altindustrialisierten Räumen sind hoch, die Attraktivität für moderne Neuansiedlungen gering und die Infrastruktur z. T. veraltet.
Die zweite Gruppe leidet unter der allgemeinen Krise der Werftindustrie. Auch hier sind die Voraussetzungen gegenüber billiger produzierenden Ländern aufgrund des Kostendrucks und z. T. veralteter Anlagen sehr ungünstig. Dazu kommt noch, dass die Welthandelsströme sich im Laufe der Zeit verlagert haben und die englischen Gebiete heute abseitig liegen.
Die Ursachen der Probleme der dritten Gruppe liegen in deren peripherer Lage und der schlechten Anbindung an die Kernräume. Dadurch hat sich hier keine nennenswerte Industrie angesiedelt, die wirtschaftliche Entwicklung blieb zurück und es zeigen sich heute alle Merkmale eines Passivraumes: Abwanderung, hohe Arbeitslosigkeit, unzureichende Infrastruktur und kaum Investitionsbereitschaft. (BE 10)

3.2 Die Anzahl der Science Parks stieg von 1985 bis 1989 von 15 auf 45 sehr stark an. Seitdem hat sich der weitere Anstieg bis 1999 auf 55 Science Parks etwas verlangsamt. Vergleichbar verlief die Entwicklung bei der Anzahl der beteiligten Unternehmen. Bei den Beschäftigtenzahlen ist ein gleichmäßigerer, stärkerer Anstieg feststellbar, der erst ab 1997 in eine Stagnation übergeht. Dadurch hat sich die Struktur der Unternehmen im Laufe der Zeit stark verändert. Während 1985 noch bei insgesamt ca. 200 beteiligten Unternehmen die Gesamtzahl der dort Beschäftigten bei etwa 2 300 lag, also pro Betrieb ungefähr 10 Beschäftigte, liegt das Verhältnis „Zahl der Unternehmen" zu „Anzahl der Beschäftigten" 1999 bei 1:20. In absoluten Zahlen bedeutet das, dass in ca. 1 300 Unternehmen über 26 000 Beschäftigte arbeiten.
Science Parks sind für Unternehmen besonders vorteilhaft, die aus der Anbindung dieser Gewerbeimmobilien an Universitäten und Forschungseinrichtungen Vorteile ziehen können. Die positiven Auswirkungen beziehen sich vor allem auf die Schaffung neuer, hochwertiger Arbeitsplätze. Nicht nur die betroffenen Unternehmen selbst sind daran beteiligt, sondern über Zulieferer und Folgegründungen auch Betriebe der umgebenden Region. Dadurch wird die Wirtschaftsleistung insgesamt erhöht, das Standortimage verbessert und gut ausgebildete Arbeitskräfte angezogen. Da es sich meist um unterschiedlichste Betriebe aus dem High-Tech-Bereich mit weltweitem Absatzmarkt handelt, wird die Krisenanfälligkeit reduziert. Ein zusätzlicher positiver Aspekt ist, dass solche Unternehmen kaum Umweltbelastungen mit sich bringen, sodass Freizeitwert und Attraktivität der Region erhalten bleiben. (BE 10)

Grundkurs Erdkunde (Bayern): Abiturprüfung 2005 – Aufgabe II: Nordamerika

1 Klima

1.1 Ordnen Sie die drei Klimadiagramme in Anlage II.1 den Stationen Ottawa (Ontario, Kanada), Walla Walla (Washington, USA) und Portland (Oregon, USA) zu, indem Sie die typischen Klimamerkmale herausarbeiten!

1.2 Erklären Sie, warum im Gebiet um Walla Walla hauptsächlich Weizen angebaut und im Gebiet um Ottawa verstärkt Milchviehhaltung betrieben wird! (20 BE)

2 Industrie und Bevölkerung

2.1 Stellen Sie begründet die in Anlage II.2 aufgezeigte Entwicklung bei den Arbeitsplätzen in den USA im Bereich der Industrie dar!

2.2 Die Gemeinden Los Gatos, Stanford und Gilroy liegen im Silicon Valley (Santa Clara County, Kalifornien).
Erläutern Sie die Sozialstruktur dieser Gemeinden anhand von Anlage II.3. (20 BE)

3 Städte im Wandel

3.1 Beschreiben und begründen Sie die in Anlage II.4 dargestellte Bevölkerungsentwicklung von Chicago und Los Angeles!

3.2 Einige US-amerikanische Großstädte haben mit dem Aufbau leistungsfähiger Straßenbahnsysteme begonnen.
Erörtern Sie die mit einer solchen infrastrukturellen Maßnahme verbundenen Chancen und Probleme! (20 BE)

(60 BE)

Anlage II.1: Klimadiagramme nordamerikanischer Stationen

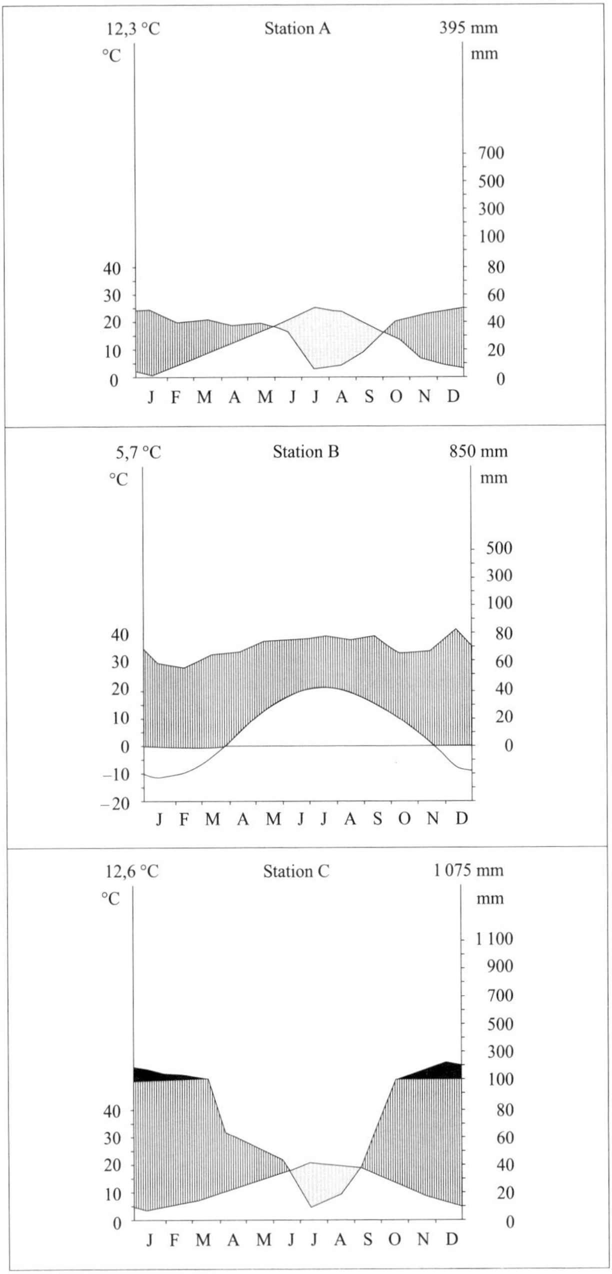

Anlage II.2: Veränderung bei den industriellen Arbeitsplätzen in den USA 1993 – 2002

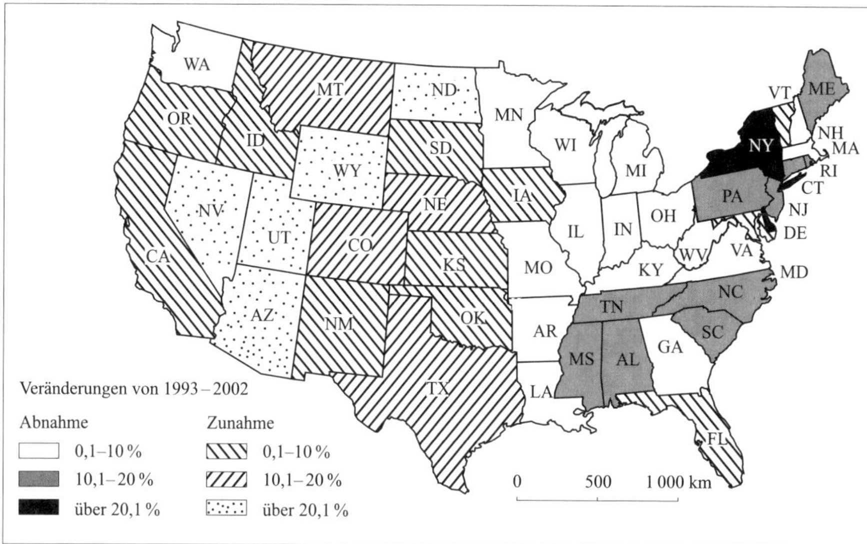

Anlage II.3: Daten zur Bevölkerung dreier kalifornischer Gemeinden

	Los Gatos	Stanford	Gilroy
Alter (in %)			
< 15 Jahre	18	6	28
15 – 24 Jahre	8	59	15
25 – 34 Jahre	13	20	16
35 – 44 Jahre	18	4	16
45 – 59 Jahre	23	5	16
≥ 60 Jahre	20	6	9
Haushaltseinkommen (in %)			
< 15 000 $/Jahr	6	20	8
15 000 – 35 000 $/Jahr	9	24	16
35 001 – 75 000 $/Jahr	25	25	36
75 001 – 150 000 $/Jahr	30	16	33
> 150 000 $/Jahr	30	15	7
Haushaltsgröße (Personen)	2,33	2,22	3,46
Bildung von Einwohnern älter als 25 Jahre (in %)			
kein Sekundarschulabschluss *	4	1	30
Sekundarschulabschluss *	37	4	51
Hochschulabschluss	59	95	19

* high school diploma, Voraussetzung für ein Studium

Anlage II.4: Bevölkerungsentwicklung von Chicago* und Los Angeles**

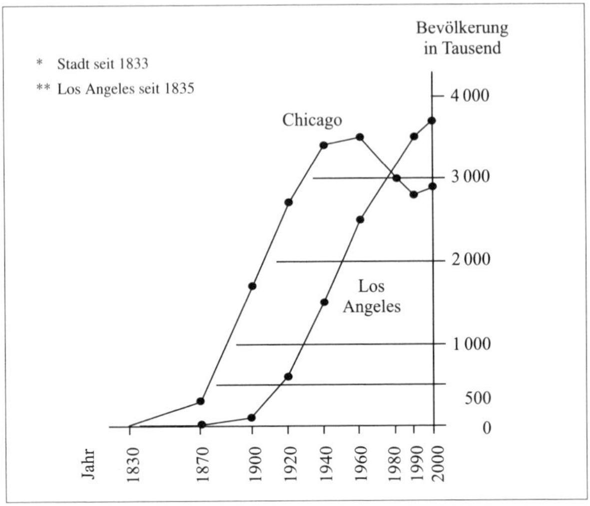

Quellenverzeichnis

Hahn, B.: New York, Chicago, Los Angeles – Global Cities im Wettbewerb. In: Geographische Rundschau, Heft 4, 2004, S. 14.

Stark-Verlag: Unterrichts-Materialien Erdkunde: Die USA im Wandel, S. 50, 51 (ggf. auch noch 80). Originalquelle laut Stark: Statistical Abstracts of the United States 1992 und 2002; eigener Kartenentwurf des Autors.

Klimaprogramm des Schroedelverlags (Literaturangabe vgl. Madagaskar)

http://censtats.census.gov/pub/Profiles.shtml

Lösungsvorschlag

1.1 Ein wichtiges Merkmal der Station A ist, dass sie mit 395 mm Niederschlag pro Jahr den weitaus geringsten Wert aller drei Stationen aufweist. Die jahreszeitliche Verteilung zeigt ein sommerliches Minimum, das zwischen Ende Mai und Anfang Oktober zu vier ariden Monaten führt. In den restlichen Monaten fallen jeweils nur knapp über 40 mm Niederschlag. Die Temperaturamplitude ist mit 24° relativ hoch, die Temperaturen liegen zwischen 1° im Januar und 25° im Juli. Diese Daten weisen auf ein gemäßigt kontinentales Klima hin und müssen daher Walla Walla zugeordnet werden, das im Osten der Kaskadenkette liegt, welche die Meereseinflüsse bei vorherrschendem Westwind weitgehend abhält. Die sommerliche Trockenheit und die hohen Temperaturen resultieren aus den subtropischen Hochdruckzellen. Die Leelage in einem intramontanen Becken senkt die insgesamt geringen Niederschläge noch weiter ab.
Station B hat mit ca. 80 mm pro Monat durchgehend gemäßigt hohe Niederschläge. Die Temperaturamplitude erreicht mit 30° einen sehr hohen Wert mit den Extremen –10° im Dezember/Januar und +20° im Juli. Damit muss die Station B Ottawa sein, das seine durch die Temperaturwerte ausgewiesene Kontinentalität vor allem den kalten Wintern mit arktischen Luftmassen aus dem Bereich der Hudsonbai verdankt. Dem entspricht nicht ganz die kontinuierliche Humidität, die ihre Erklärung aber im Einfluss feuchter atlantischer Luftmassen sowie der Nähe zu den Großen Seen findet.
Die Station C weist die Besonderheit extrem unterschiedlicher Niederschläge im Jahresgang auf. Die Sommermonate sind arid und haben etwa 10–30 mm Niederschlag, die Monate Oktober bis März haben dagegen mit jeweils über 100 mm Niederschlag sehr hohe Werte, sodass als Jahressumme die recht hohe Zahl von 1 075 mm erreicht wird. Die Temperaturen liegen relativ gleichmäßig zwischen 5° und 20° und erreichen mit 12,6° Jahresdurchschnittstemperatur den höchsten Wert der drei Stationen. Dieser klimatischen Charakteristik entspricht Portland mit seinem maritimen Klima, dem Regen bringenden Westwind, der Lage im Luv der Kaskadenkette und dem Einfluss des subtropischen Hochs im Sommer mit dem Vorherrschen küstenparalleler Winde.
(BE 12)

1.2 Walla Walla liegt in einem großflächigen, kaum reliefierten intramontanen Becken, das günstige Voraussetzungen für den Einsatz großer landwirtschaftlicher Maschinen bietet. Da auch das gemäßigt kontinentale Klima mit ausreichenden Niederschlägen und relativ hohen Sommertemperaturen und die fruchtbaren Braunerden den Getreideanbau begünstigen, haben sich hier sehr rationell arbeitende, hoch integrierte Agrarbetriebe speziell für den Weizenanbau entwickelt. Die notwendige Verkehrsinfrastruktur für den Abtransport der Ernte ist durch das leistungsfähige Eisenbahnsystem gegeben.
Ottawa dagegen liegt in der Nähe des ehemaligen „dairy-belts“. Hier hat sich traditionell, verursacht durch die Wirtschaftsweise in den Herkunftsländern der Einwanderer, Milchwirtschaft entwickelt. Das stark reliefierte Gelände hat sich für großflächigen Ackerbau nicht geeignet, wohl aber für Grünlandwirtschaft. Die ganzjährig hohen Niederschläge, die für Getreideanbau ungünstig wären, und die milden Sommertemperaturen das Graswachstum fördern. Milchwirtschaft benötigt einen nahen Absatzmarkt, der hier in idealer Weise durch die Ballungsräume in Südostkanada bzw. im Nordosten der USA gegeben ist.
(BE 8)

2.1 Die Entwicklung der Arbeitsplätze im Bereich der Industrie zwischen 1993 und 2002 zeigt mit wenigen Ausnahmen ein eindeutiges Muster. Der gesamte Osten – etwa östlich des Mississippi – ist von Abnahmen betroffen, der Westen dagegen konnte fast durchgehend Zunahmen verzeichnen. Ausnahme im Westen ist lediglich Washington mit einer leichten Abnahme, während im Osten Florida, Maryland und Vermont geringe Zunahmen hatten.
Die deutlichste Negativentwicklung im Osten hatten die östlichen Gebiete des „Manufacturing Belts" und Teilbereiche des „Alten Südens". Am positivsten im Westen entwickelten sich die Rocky-Mountains-Staaten.
Entsprechend diesem klaren Muster sind auch die Gründe für diese Entwicklung relativ eindeutig.
Der größte Teil des Ostens leidet seit mehreren Jahrzehnten unter dem Niedergang der alten Industriezweige wie Eisen, Stahl und Maschinen auf der Energiebasis von Kohle und der Verlagerung der Standortvorteile in den „Sun-Belt", der modernere Energie wie Öl und Gas, einen hohen Freizeitwert, geringere Umweltschutzauflagen und höhere staatliche Unterstützung bietet. Dadurch haben sich hier attraktive und zukunftsträchtige Firmen vor allem aus dem High-Tech-Bereich angesiedelt. Dieser industrielle Strukturwandel ist entscheidend für die regional unterschiedliche Entwicklung. Dabei ist bedeutsam, dass die Wettbewerbsvorteile der Südstaaten z. B. durch geringere Lohnkosten allmählich immer geringer werden. Der Westen dagegen weist bei den industriellen Arbeitsplätzen besonders hohe Steigerungsraten auf, weil die absoluten Ausgangswerte 1993 noch sehr niedrig lagen. (BE 10)

2.2 Die drei kalifornischen Gemeinden zeigen bei den angeführten sozialen Merkmalen deutliche Unterschiede.
Los Gatos hat den höchsten Anteil an den mittleren und älteren Altersgruppen, hat eine recht geringe durchschnittliche Haushaltsgröße und ein ziemlich hohes Bildungsniveau. Das schlägt sich in einem gegenüber den beiden anderen Gemeinden weit höheren Haushaltseinkommen nieder. Los Gatos ist also wohl ein Ort für überwiegend wohlhabende Ältere mit guter Bildung und beruflichem Erfolg, deren Kinder bereits erwachsen und weggezogen sind.
Stanford lässt sich dagegen charakterisieren durch seinen hohen Anteil an jungen Leuten mit sehr hohem Bildungsabschluss und noch recht geringem Haushaltseinkommen. Zu diesem typischen Bild einer Universitätsstadt passt auch die kleine durchschnittliche Haushaltsgröße, die durch die vielen Studentenwohnungen geprägt wird. Für den geringen Anteil an älterer Bevölkerung ist ein sehr guter Bildungsstand und ein überdurchschnittlich hohes Einkommen typisch.
In gewisser Weise das Gegenteil von Stanford ist Gilroy. Hier überwiegen bei großen Haushalten die mittleren Einkommensschichten. Der Anteil an Kindern und Jugendlichen ist groß, das Bildungsniveau liegt im mittleren Bereich. Offensichtlich ist Gilroy ein bevorzugter Wohnort für Mittelschichtfamilien mit einer gegenüber den beiden anderen angeführten Gemeinden überproportional großen Kinderzahl bzw. Haushaltsgröße. (BE 10)

3.1 Chicago hat ab 1830 bis 1870 der Einwohnerzahl nach zunächst langsam zugenommen. Dann setzte bis 1940 ein sehr starker Bevölkerungsanstieg ein, der sich bis 1960 wieder verlangsamte und schließlich bis 1990 sogar ins Negative verkehrte. Erst im letzten Jahrzehnt 1990 bis 2000 ist wieder ein leichter Anstieg zu beobachten.
Erklärbar ist diese Entwicklung mit dem Zuzug europäischer Einwanderer bis etwa 1870. Chicago bot durch seine Lage am Michigansee und seine günstigen Verkehrsverbindungen einen hervorragenden Standort. Anschließend entwickelte sich hier eine vielfältige Industrie – Getreide, Fleischproduktion, Stahl, Maschinen, Fahrzeuge –, die

einen ungeheuren Bedarf an billigen Arbeitskräften hatte. Daher stieg die Bevölkerungszahl bis 1940 steil an. Die nächste zeitliche Phase bis 1960 wurde geprägt durch geringeren Arbeitskräftebedarf bei gesteigerter Rationalisierung der Produktion. Dies mündete von 1960 bis 1990 sogar in einen Rückgang der Bevölkerungszahl, der durch die Stahlkrise und immer deutlichere Agglomerationsnachteile hervorgerufen wurde. Die letzte, wieder leicht positive Phase bis 2000 beweist den gelungenen Strukturwandel der Region.
Los Angeles hat bis 1870 kaum Bevölkerungszuwachs zu verzeichnen. Es lag an der für die damalige Zeit ungünstigen, Europa abgewandten Westküste und hatte auch klimatische Nachteile, die für Einwanderer abschreckend wirkten. Bis 1900 änderte sich diese Tendenz nur leicht ins Positive. Durch die Nachwirkungen des Goldrausches und die Anbindung an die transkontinentale Eisenbahnstrecke stieg die Bevölkerungszahl geringfügig an. Seither ist bis 1990 ein stetiges starkes Bevölkerungswachstum zu verzeichnen. Die Pazifikküste rückte als Gegenküste zu Japan und China stärker in den Mittelpunkt. Zunächst siedelten sich Öl- und Filmindustrie, später Elektronik- und Computerindustrie an und ganz allgemein verlagerte sich die wirtschaftliche Aktivität in den Westen. Das wurde noch unterstützt durch staatliche Förderung, z. B. für das Militär, und die stetige Zuwanderung billiger Arbeitskräfte aus dem asiatischen und lateinamerikanischen Raum. Der Norden und Osten der USA stagnierten, der Westen und Süden dominierten wirtschaftlich.
Erst ab 1990 macht sich eine leichte Verlangsamung bemerkbar. Allmählich wachsen die Agglomerationsnachteile. Auch die Krise der New Economy hat zu diesem etwas verringerten Bevölkerungsanstieg beigetragen. (BE 12)

3.2 Die Einführung eines Straßenbahnsystems in einer amerikanischen Stadt ist so ungewöhnlich, dass schon sehr gute Gründe für eine solche Maßnahme sprechen müssen. Zweifellos entscheidend ist die Eindämmung der immer größer werdenden Probleme, die durch den absolut vorherrschenden Individualverkehr hervorgerufen werden. Diese Schwierigkeiten beziehen sich auf Umweltbelastung, tägliche Staus, hohe Energieverschwendung und Unfallgefahren. Da Straßenbahnen linienhaft wirken, erhofft man sich durch ihren Bau eine Konzentration der Neubautätigkeit entlang den Verkehrsachsen und damit eine Reduzierung des gewaltigen Flächenwachstums der Städte. Die Innenstadtbezirke könnten aufgewertet, die durch die Straßenbahn versorgten Stadtteile z. T. autofrei und die zentralen Funktionen der Städte könnten wieder attraktiver werden.
Gegenüber dem Bau von U-Bahnen sind die Baukosten für Straßenbahnen günstiger, auch wenn die große Flächenausdehnung der Städte und die notwendige Anbindung der z. T. weit entfernten Wohngebiete an die Stadtzentren hohe Aufwendungen erfordern.
Problematisch dürfte die Akzeptanz durch die Bevölkerung werden. Diese ist traditionell an die Vorteile der individuellen Mobilität gewöhnt und dürfte nicht ohne weiteres auf öffentliche Verkehrsmittel umsteigen. Erschwerend kommt noch hinzu, dass die von Einfamilienhäusern dominierten Suburbs riesige Flächen einnehmen und die dadurch niedrige Einwohnerdichte die Inanspruchnahme der Straßenbahnen verringert.
Erfolg versprechend scheint das Projekt nur für den Fall zu sein, dass die Nachteile des Individualverkehrs zu gravierend werden. Dabei würden die Aussichten sicher verbessert werden, wenn dieses System subventioniert würde, sodass billige Fahrpreise locken würden und dennoch eine Rentabilität erreicht würde. (BE 8)

Grundkurs Erdkunde (Bayern): Abiturprüfung 2005 – Aufgabe III: Raumstrukturen in Nordafrika

1 Hydrologische Verhältnisse und Landwirtschaft

1.1 Begründen Sie unter Zuhilfenahme geeigneter Atlaskarten die in Anlage III.1 erkennbare räumliche Verteilung der Niederschläge in Marokko entlang der Profillinie AB und zeigen Sie dabei den Zusammenhang zwischen den Niederschlagsverhältnissen und der landwirtschaftlichen Nutzung auf!

1.2 Im Bereich der Kufra-Oasen (vgl. Anlage III.2) sollten in den 1970er Jahren 50 000 ha Land durch Bewässerung neu erschlossen werden.
Stellen Sie die Voraussetzungen zur Durchführung dieses Projektes dar und erläutern Sie, welche Erwartungen der libysche Staat damit verbunden hat!

1.3 Heute stagniert die Neulanderschließung in den Wüsten Libyens und das Wasser wird in andere Regionen Libyens geleitet.
Legen Sie unter Einbeziehung der Anlage III.2 und geeigneter Atlaskarten mögliche Gründe für diesen Strategiewechsel dar! (30 BE)

2 Wirtschaftliche Strukturen

2.1 Ordnen Sie unter Verwendung geeigneter Atlaskarten die Staaten Algerien, Tunesien und Pakistan den Ländern A, B und C der Anlage III.3 begründet zu und erläutern Sie, ob der Anteil der Wirtschaftssektoren am Bruttoinlandsprodukt (BIP) ein geeigneter Indikator zur Beurteilung des Entwicklungsstandes eines Landes ist!

2.2 Beschreiben und erklären Sie die unterschiedlichen Entwicklungen bei den in Anlage III.4 aufgezeigten Touristenankünften in Ägypten, Tunesien und Italien!

2.3 Viele Staaten in Nordafrika fördern seit einigen Jahren den Wüstentourismus. Bewerten Sie diese Maßnahme! (30 BE)

(60 BE)

Anlage III.1: Durchschnittliche Jahresniederschläge in Marokko

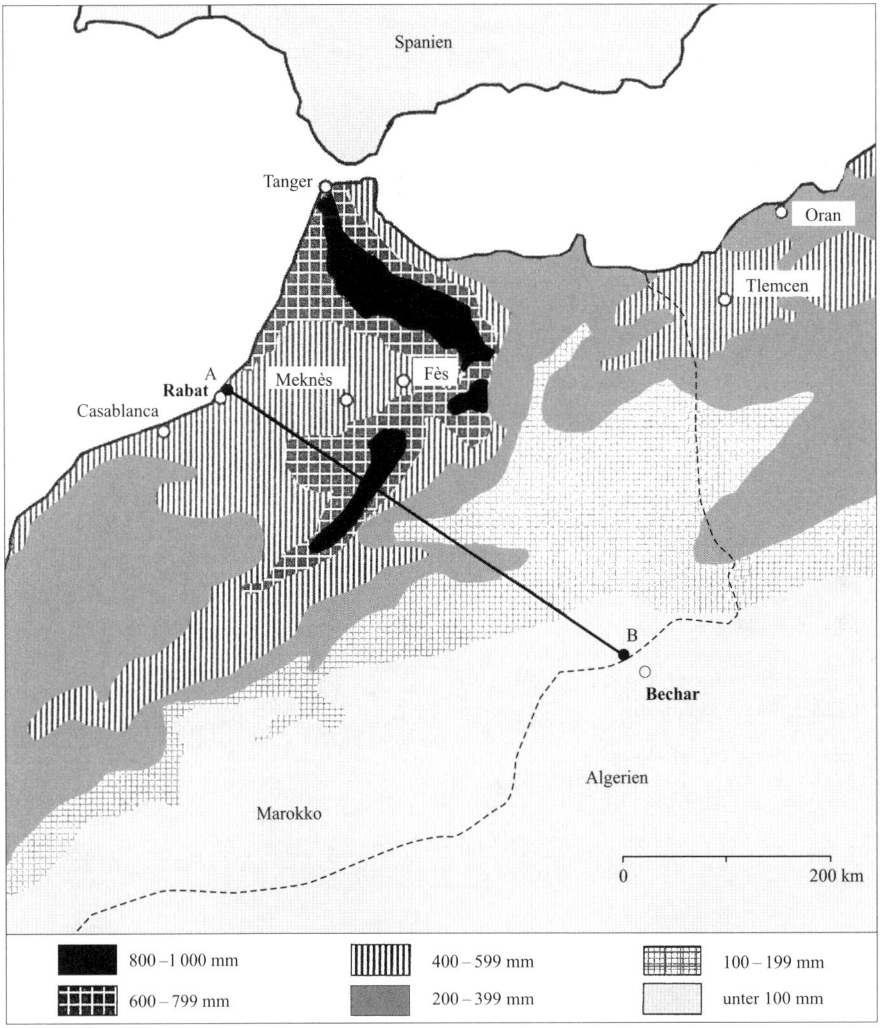

Anlage III.2: Wasserüberleitung in Libyen – Das „Great Man Made River"-Projekt

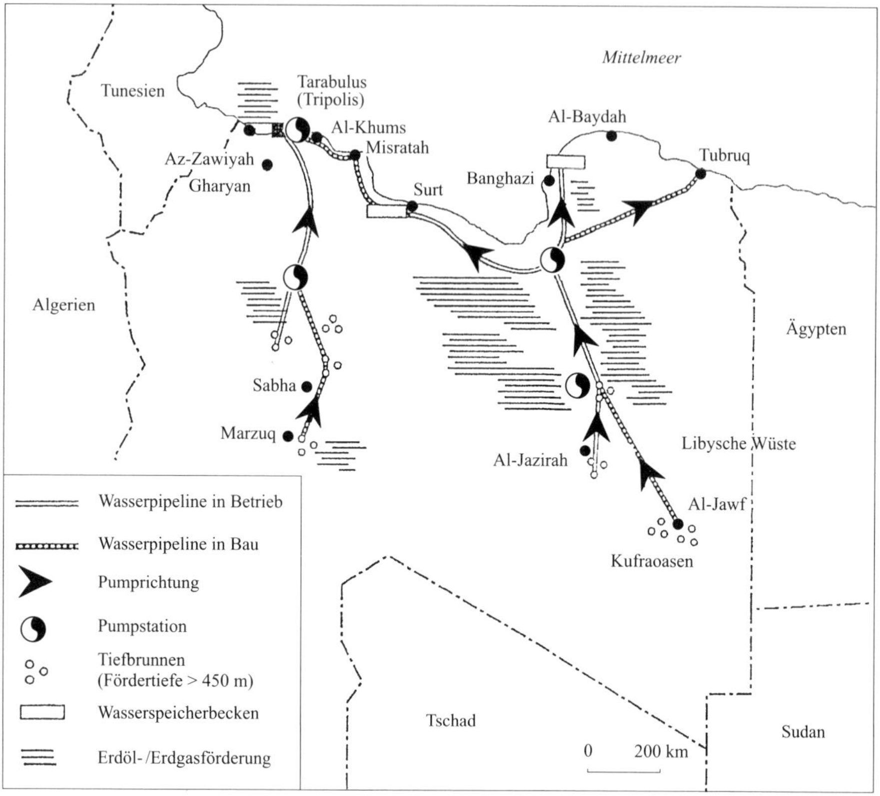

Anlage III.3: Zusammensetzung des Bruttoinlandsprodukts (BIP) ausgewählter Staaten im Jahr 2003

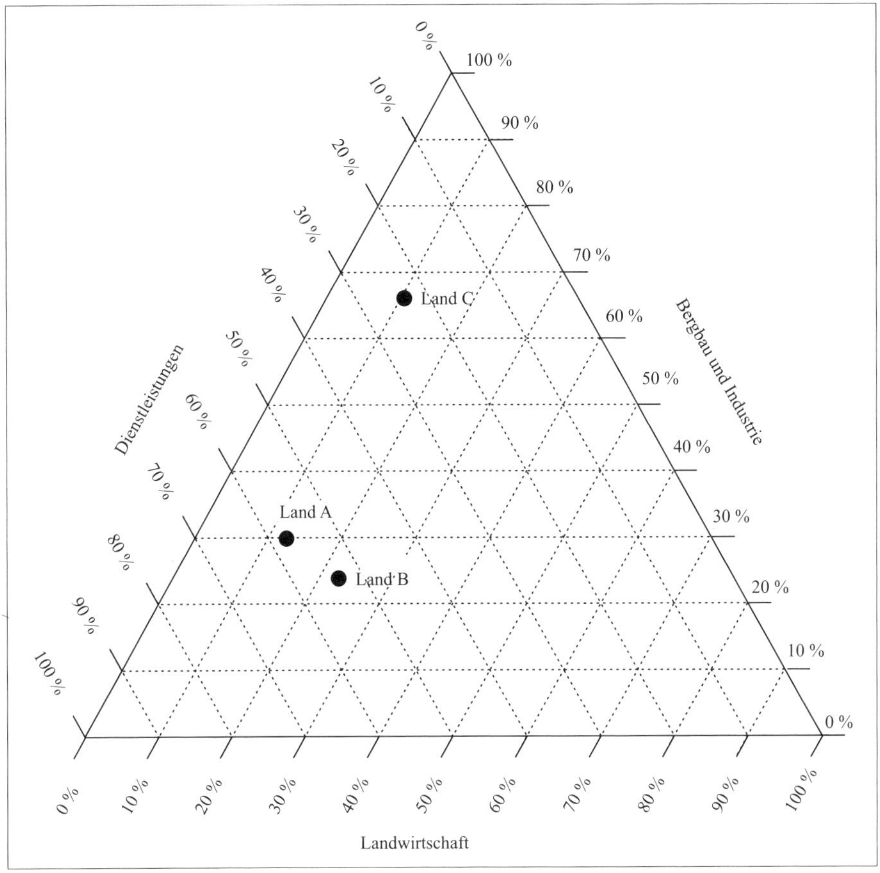

Anlage III.4: Touristenankünfte in ausgewählten Mittelmeeranrainerstaaten im Zeitraum zwischen 1980 und 2000 (Index 1980 = 100 %)

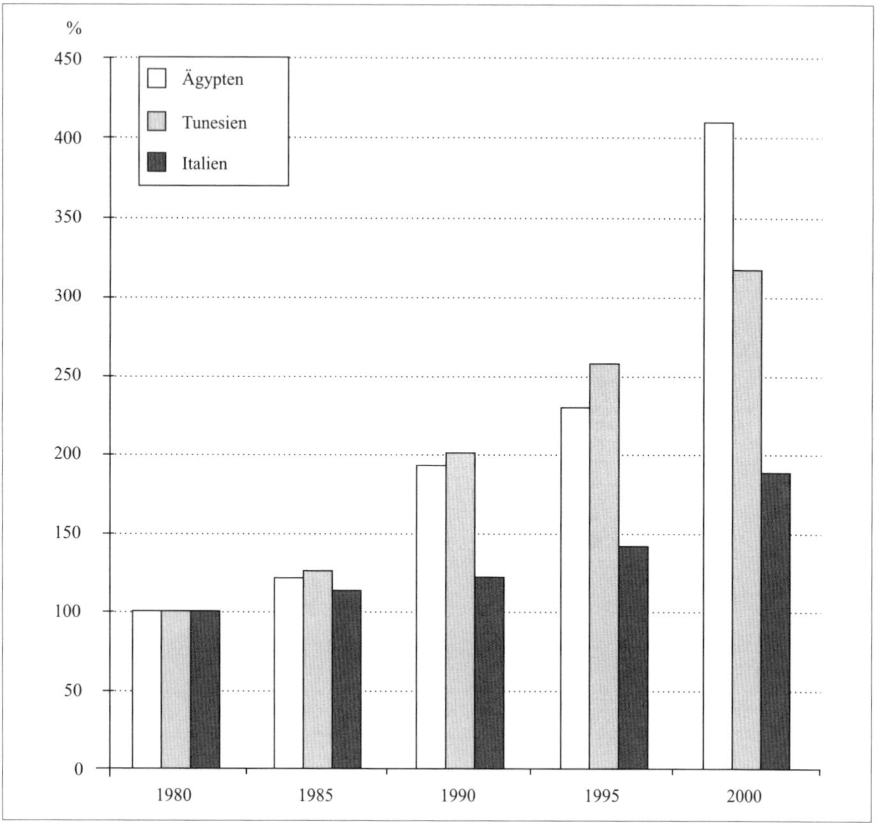

Quellenverzeichnis

Jungfer, E.: Wasserressourcen, Wassererschließung und Wasserknappheit im Maghreb. In: Geographische Rundschau, Heft 2, 1990, S. 65.

o. V.: Unterrichtsstunde aktualisiert – Libyen. In: Geographie aktuell, Heft 5, 2002, S. 41.

http://www.worldbank.org

http://www.um.es/dp-geografia/turismo/n2/Cuadernos-1.pdf

Lösungsvorschlag

1.1 Die Profillinie führt von Rabat am Atlantik über den Hohen Atlas bis nach Bechar am nordwestlichen Rand der Sahara.
Rabat mit seinen 400 bis 600 mm Jahresniederschlag unterliegt dem mediterranen Klimaregime mit sommerlicher Trockenheit aufgrund des subtropischen Hochs und Winterregen durch die Südverschiebung der Westwindzone. Die Lage direkt am Atlantik erhöht dabei etwas die Regenmenge. Landeinwärts steigen mit zunehmender Geländehöhe auch die Niederschläge, die als Steigungsregen fallen, bis schließlich im Hohen Atlas bei ca. 3 500 m Höhe mit 800 bis 1 000 mm das Maximum erreicht wird.
Im Lee des Gebirges reduziert sich nach Südosten hin die Regenmenge und erreicht am Endpunkt Bechar nur noch Werte unter 100 mm. Hier wirken die subtropischen Hochdruckzellen fast das ganze Jahr über und verlängern entsprechend die Trockenperiode.
Gemäß den Niederschlagsverhältnissen verändert sich auch die landwirtschaftliche Nutzung. Der Küstenbereich erlaubt Regenfeldbau mit Getreide sowie etwas Obst- und Weinbau. Der Anstieg zum Atlasgebirge bietet zwar günstige Niederschlagsverhältnisse, ist aber aufgrund des Reliefs weitgehend ungeeignet für Ackerbau. Daher herrscht hier subtropischer Wald, unterbrochen von gelegentlicher Weidewirtschaft vor. Südöstlich des Atlas schließt sich punktuell Oasenwirtschaft mit Dattelpalmen sowie extensive Viehhaltung in Form von Nomadismus als eine der Trockenheit angepasste Wirtschaftsform an. (BE 10)

1.2 Voraussetzung für das Projekt Wassergewinnung im Bereich der Kufra-Oasen war die Anbohrung des fossilen Grundwassers in über 450 m Tiefe durch die Anlage von Tiefbrunnen. Dazu benötigte man eine aufwändige Bohrtechnologie sowie teure Brunnen- und Bewässerungsanlagen. Nachdem das vorhandene, tief liegende Grundwasser nur verbraucht werden kann und sich nicht wieder auffüllt, war klar, dass das gesamte Projekt nur für einen absehbaren Zeitraum angelegt war. Dennoch wollte man das enorme Kapital, das man über Deviseneinnahmen aus dem Erdölexport bekam, einsetzen, um dieses Prestige-Projekt durchführen zu können.
Aus den angeführten Gründen wird ersichtlich, dass dieses ganze Vorhaben hauptsächlich politisch begründet war. Weder ökonomisch noch ökologisch lassen sich sinnvolle Argumente dafür anführen. Der libysche Staat erwartete sich, ohne fundierte Untersuchungen anzustellen, eine Ausweitung der landwirtschaftlichen Bewässerungsflächen und damit eine Steigerung der Nahrungsmittelproduktion. Das sollte dazu beitragen, sich von Importen unabhängig zu machen. Außerdem sollten neue Siedlungen geschaffen und Nomaden dort sesshaft gemacht werden. Langfristig sollte damit die Basis gelegt werden für eine Diversifizierung der Wirtschaftsstruktur und neue Arbeitsplätze, die auch nach der Zeit der Erdölausbeutung Bestand haben sollten.
Diese Ziele waren jedoch sehr unrealistisch und wurden nach einigen Jahren auch aufgegeben. (BE 10)

1.3 Der Strategiewechsel bezieht sich darauf, dass das bei den Kufra-Oasen gewonnene Wasser nicht mehr zur Neulanderschließung in den Wüsten Libyens eingesetzt wird, sondern z. B. über das „Great Man Made River“-Projekt in die traditionellen Anbaugebiete im Norden transportiert wird. Damit bleibt zwar das Problem der Ausbeutung der fossilen Grundwasservorräte, aber das gewonnene Wasser wird jetzt effizienter eingesetzt. Die nördlichen Küstengebiete haben weitaus günstigere klimatische und pedologische Bedingungen für eine landwirtschaftliche Nutzung. Die ursprünglich geplanten Wüstenfarmen wären so weit von den Verbraucherzentren entfernt gewesen, dass die Transportkostenbelastung der Produkte erheblich gewesen wäre. Außerdem kann das in die Küstenregion geleitete Wasser neben Bewässerungszwecken auch zur Verbesserung

der Trinkwasserversorgung für die dort konzentrierte Bevölkerung genutzt werden. Dadurch können die Grundwasservorräte im Norden geschont und, wenigstens mittelfristig, auf teure Meerwasserentsalzungsanlagen und Speicherbecken verzichtet werden. Schließlich werden die Probleme, insbesondere die Versalzungsgefahr, die bei Bewässerungsprojekten im vollariden Klima zwangsläufig auftreten, vermieden. Und man muss sich nicht den Schwierigkeiten bei der Anwerbung qualifizierter Arbeitskräfte stellen, die lieber in der gut bezahlten Erdölwirtschaft arbeiten als unter schwierigen Bedingungen in der Wüste Landwirtschaft zu betreiben.
Aber es bleibt zu bedenken, dass dieser Strategiewechsel nur die Nutzung des gewonnenen Wassers betrifft, nicht aber die weiterhin sehr umstrittene Gewinnung selbst, die eigentlich innerhalb einer langfristigen Planung ebenfalls neu geregelt und damit reduziert werden müsste. (BE 10)

2.1 Um eine sinnvolle Zuordnung der Staaten Algerien, Tunesien und Pakistan zu den im Diagramm angegebenen Ländern A, B und C vornehmen zu können, sollte man zunächst einmal die wichtigsten Merkmale der drei Länder zusammenstellen:
Algerien verfügt über große Rohstoffvorkommen, vor allem Erdöl, und hat auf dieser Basis eine gut ausgebaute Grundstoffindustrie entwickelt.
Wesentliches Merkmal Tunesiens ist die große Bedeutung des Tourismus und damit der hohe Anteil des Dienstleistungssektors.
Pakistan ist vergleichsweise noch am stärksten agrarisch geprägt bei einem geringen Anteil an Industrie.
Vor diesem Hintergrund ist eine Zuordnung relativ einfach:
Das Land A hat einen sehr geringen Anteil an Landwirtschaft und mit 30 % am BIP auch nur wenig Bedeutung bei Bergbau/Industrie. Aber es besitzt mit 60 % am BIP einen sehr ausgeprägten Dienstleistungssektor. Damit muss Land A Tunesien sein.
Beim Land B fällt der mit 22 % am BIP relativ hohe Anteil der Landwirtschaft auf. Bergbau/Industrie erreicht den geringsten Anteil der drei Länder. Daher ist Land B mit Pakistan gleichzusetzen.
Besonderes Merkmal für das Land C ist mit ca. 66 % sein sehr hoher Anteil des Sektors „Bergbau/Industrie" am BIP. Dementsprechend ist der Bereich „Dienstleistungen" mit ca. 23 % recht gering. Land C kann nur Algerien sein.
Der Anteil der Wirtschaftssektoren am BIP kann durchaus ein wichtiger Indikator für die Beurteilung des Entwicklungsstandes eines Landes sein. Ein hoher Anteil am Sektor „Landwirtschaft" weist normalerweise auf einen geringen Entwicklungsstand hin. Mit zunehmender Wirtschaftsentwicklung verschieben sich die Anteile zugunsten der Sektoren „Bergbau/Industrie" und „Dienstleistungen". Der Wohlstand nimmt zu, Industriegüter werden verstärkt produziert und nachgefragt. Als Konsequenz werden immer mehr und qualifiziertere Dienstleistungen erforderlich. Allerdings sind damit höchstens Aussagen über den ökonomischen Entwicklungsstand möglich; soziale und kulturelle Aspekte werden völlig ausgeblendet. Auch ist keine Beurteilung des absoluten Wohlstandsniveaus damit möglich, sodass die Anteile der Sektoren am BIP keinesfalls als alleiniger Indikator für den Entwicklungsstand eines Landes sinnvoll sind.
Außerdem kann die Höhe des Dienstleistungssektors sehr unterschiedlich interpretiert werden. Entweder ist ein hoher Anteil Zeichen von vielen einfachen Dienstleistungen (Schuhputzer, fliegende Händler etc.) eines Entwicklungslandes oder er dokumentiert mannigfache qualitativ sehr hoch stehende Dienstleistungen (Ärzte, Lehrer etc) in einem sehr weit entwickelten Land. (BE 12)

2.2 Zwischen 1980 und 2000 haben sich die Touristenankünfte in allen drei Mittelmeeranrainerstaaten positiv entwickelt. Ägypten hat insgesamt die höchste Steigerungsrate, auch wenn es bis 1995 von Tunesien übertroffen wurde. Eindeutig und durchgehend den geringsten Anstieg verzeichnet Italien.
Ägypten verdankt seinen Bedeutungszuwachs dem zunehmenden Bildungstourismus und der Schaffung neuer touristischer Angebote wie Tauchtourismus am Roten Meer. Insbesondere die Zeit zwischen 1995–2000 brachte hier große Steigerungsraten, als die touristische Infrastruktur am Roten Meer stark ausgebaut wurde und Nilkreuzfahrten sowie Besichtigungsreisen zu den Kulturdenkmälern einen regelrechten Boom erlebten. Es profitierte außerdem wie auch Tunesien vom verbilligten Flugtourismus, der steigenden Nachfrage nach exotischen Urlaubszielen sowie dem Zwang für den Staat, den Tourismus als Devisenquelle zu fördern, da andere wichtige Einnahmequellen wie z. B. Erdöl weitgehend fehlen.
In Tunesien kommt dem Badetourismus große Bedeutung zu. Dafür wurden hohe Investitionen getätigt, um allen Ansprüchen der größtenteils europäischen Touristen gerecht zu werden.
Die Steigerungsraten der beiden nordafrikanischen Länder erscheinen auch deswegen so hoch, weil im Basisjahr 1980 der Tourismus noch weitgehend unterentwickelt war.
Italien besaß demgegenüber bereits 1980 eine große Touristenzahl und hat seitdem etwas von seiner früheren Attraktivität eingebüßt. Das hängt z. T. damit zusammen, dass die alten Touristenziele nicht genügend modernisiert wurden, die Hotelanlagen weder in ihrer Architektur noch ihrer Ausstattung den gegenwärtigen Ansprüchen genügen und ihr Image durch den langjährigen Massentourismus gelitten hat. Da Italien auch bei den Preisen kaum mit den beiden afrikanischen Konkurrenten mithalten kann, werden seine unterdurchschnittlichen Steigerungsraten verständlich. (BE 8)

2.3 In diese Entwicklung der steigenden Nachfrage nach immer exotischeren Urlaubsangeboten passt auch das Aufkommen des sog. Wüstentourismus. Darunter versteht man spezielle Wüstensafaris mit dem Besuch von Oasen, der Betonung von Naturerlebnissen und dem weitgehenden Verzicht auf besonders kostenintensive touristische Einrichtungen. Dennoch sind diese Angebote insbesondere für das zahlungskräftige Publikum gedacht. Man verspricht sich davon zusätzliche Einnahmen durch eine Erhöhung der Touristenzahlen und eine Verlängerung der durchschnittlichen Aufenthaltsdauer. Da diese Safaris Ganzjahresangebote sind, kann man die Saison gleichmäßiger über das Jahr verteilen und damit größere Arbeitsplatzeffekte erzielen. Die besuchten Wüstengebiete sind meist strukturschwache Regionen, sodass der Abwanderungsdruck durch diese Projekte verringert wird. Oasen können als Übernachtungsorte oder durch Vermarktung ihrer Produkte wieder belebt werden. Die Investitionskosten sind relativ gering.
Allerdings muss man auch die damit verbundenen Probleme sehen. Es kann zu Nutzungskonflikten kommen, insbesondere bezüglich der knappen Ressource Wasser. Die labilen Ökosysteme können bei intensiver touristischer Nutzung überfordert werden. Schließlich ist fraglich, ob diese Form des Tourismus auf eine hohe Nachfrage trifft und damit die erhofften Effekte erzielt. Denn gerade in den letzten Jahren ist durch Fälle von Geiselnahmen und Terrorangriffen bei Wüstensafaris die Sicherheit der Gäste nicht immer gewährleistet gewesen, sodass Auswirkungen auf die Touristenzahlen zu befürchten sind. (BE 10)

Grundkurs Erdkunde (Bayern): Abiturprüfung 2005 – Aufgabe IV: Japan

1 Naturpotenzial und natürliche Risiken

1.1 Ordnen Sie die Klimastationen in Anlage IV.1 den Städten Pjöngjang und Tokyo zu, indem Sie die jeweiligen Niederschlags- und Temperaturverhältnisse charakterisieren und erläutern!

1.2 Erläutern Sie jeweils zwei natürliche Gunst- und Ungunstfaktoren, welche die landwirtschaftliche Nutzung in Japan beeinflussen! (20 BE)

2 Bedeutung des Exports

2.1 Beschreiben und erläutern Sie anhand der Anlage IV.2 grundlegende Tendenzen im japanischen Außenhandel seit 1980!

2.2 Erläutern Sie ausgehend von Anlage IV.3 wesentliche Entwicklungen in der japanischen Automobilindustrie seit 1950! (22 BE)

3 Bevölkerung

3.1 Im Jahr 2004 lebten in den Agglomerationen Tokyo, Osaka und Nagoya 58,65 Millionen Menschen (ca. 46 % der japanischen Bevölkerung).
Legen Sie Ursachen dieser extremen Bevölkerungsballung dar und beschreiben Sie, welche Folgen sich daraus ergeben!

3.2 Stellen Sie anhand der Anlage IV.4 Unterschiede in der Altersstruktur der beiden dargestellten Ausländergruppen in Japan dar und geben Sie mögliche Ursachen hierfür an! (18 BE)

(60 BE)

Anlage IV.1: Ausgewählte Klimastationen in Ostasien

Station A

	J	F	M	A	M	J	J	A	S	O	N	D	Jahr
MT	3,7	4,3	7,6	13,1	17,6	21,1	25,1	26,4	22,8	16,7	11,3	6,1	14,7
MN	48	73	101	135	131	182	146	147	217	220	101	61	1 562

Station B

	J	F	M	A	M	J	J	A	S	O	N	D	Jahr
MT	−8,1	−4,8	1,7	9,5	15,5	20,6	24,2	24,4	18,9	11,9	3,4	−4,8	9,4
MN	15	11	26	46	67	76	237	228	112	45	41	21	925

MT: mittlere Temperatur in °C MN: mittlerer Niederschlag in mm

Anlage IV.2: Veränderungen der fünf wichtigsten Warengruppen beim Import und Export Japans im Zeitraum zwischen 1980 und 2000

Export (in Mrd. Yen)

1980		1990		2000	
Total	**29 382**	**Total**	**41 457**	**Total**	**51 654**
Kraftfahrzeuge	17,9 %	Kraftfahrzeuge	17,8 %	Kraftfahrzeuge	13,4 %
Eisen und Stahl	11,9 %	Büromaschinen und Computer	7,2 %	Halbleiter und Elektronikteile	8,9 %
Schiffe	3,6 %	Halbleiter und Elektronikteile	4,7 %	Büromaschinen und Computer	5,8 %
Wissenschaftliche & optische Geräte	3,5 %	Videogeräte	4,5 %	Wissenschaftliche & optische Geräte	5,1 %
Metallwaren	3,0 %	Eisen und Stahl	4,4 %	Kraftfahrzeug-zulieferteile	3,6 %

Import (in Mrd. Yen)

1980		1990		2000	
Total	**31 995**	**Total**	**33 855**	**Total**	**40 938**
Rohöl	37,5 %	Rohöl	13,2 %	Rohöl	11,8 %
Holz	5,0 %	Textilien	5,5 %	Büromaschinen und Computer	7,1 %
Rohölprodukte	3,6 %	Fischprodukte	4,5 %	Halbleiter und Elektronikteile	5,2 %
Nichteisenmetalle	3,2 %	Nichteisenmetalle	4,2 %	Textilien	4,5 %
Erdgas	3,2 %	Rohölprodukte	4,1 %	Fischprodukte	4,0 %

Anlage IV.3: Fahrzeugproduktion japanischer Unternehmen

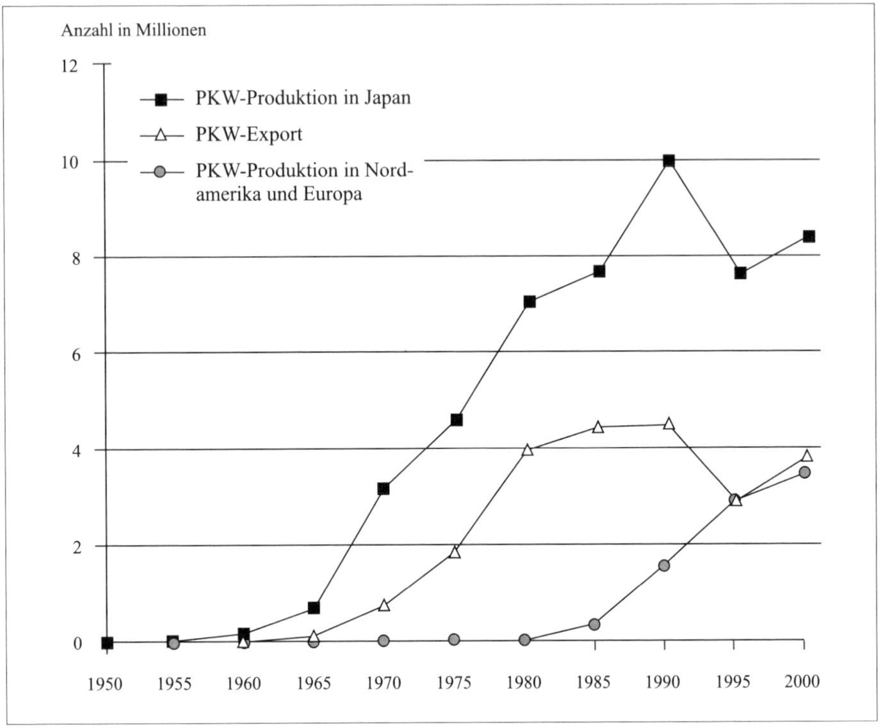

Anlage IV.4: Altersstruktur ausgewählter Ausländergruppen im Jahr 2000

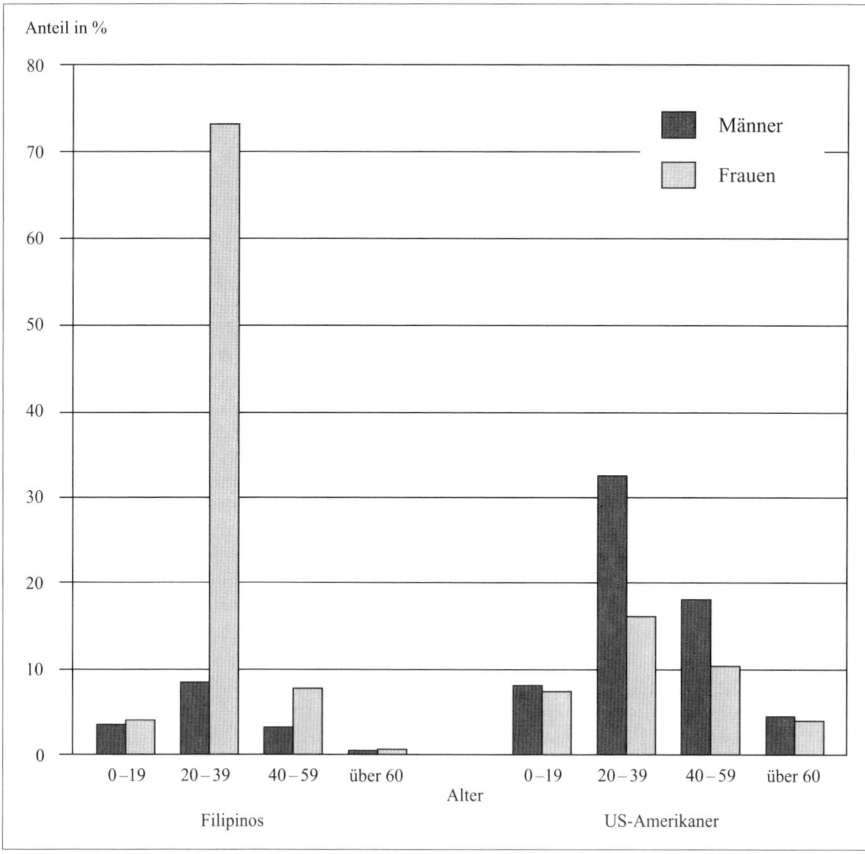

Quellenverzeichnis

Flüchter, W. und K. Yamamoto: Ausländische Zuwanderer in Japan. In: Geographische Rundschau, Heft 6, 2002, S. 12–17.

Müller, M. J.: Handbuch ausgewählter Klimastationen der Erde. 4. verbesserte Auflage, Trier 1987, S. 177, 180.

Ministry of Finance, Japan; Tokyo 2004.

http://www.jama.org

http://www.citypopulation.de/World_d.html

http://www.auswaertiges-amt.de/www/de/laenderinfos

Lösungsvorschlag

1.1 Die Station A hat recht milde Wintertemperaturen und sehr warme Sommer. Die Durchschnittstemperatur liegt hoch, die Jahresamplitude beträgt 22,7 °. Die Niederschläge fallen hauptsächlich im Sommer/Herbst und erreichen mit 1 562 mm einen hohen Jahreswert. Alle Monate sind humid.
Diese Daten treffen auf Tokyo zu, das in den Subtropen liegt und an der Ostküste Japans durch den warmen Kuro-Schio-Strom beeinflusst wird. Der sommerlich vorherrschende Südostmonsun bewirkt die hohen Niederschläge. Im Winter dagegen liegt Tokyo im Leebereich des Nordwestmonsuns und erhält daher deutlich geringere Niederschläge. Auch die gegenüber Pjöngjang etwas südlichere Lage schlägt sich in den durchgehend höheren Temperaturen nieder.
Die Station B hat zwar im Sommer fast vergleichbar hohe Temperaturen wie die Station A, weist aber deutlich tiefere Wintertemperaturen auf. Damit ist auch die Jahresdurchschnittstemperatur viel niedriger und die Jahresamplitude mit 32,5 ° höher. Die Jahresniederschläge sind mit 925 mm eindeutig geringer, erreichen allerdings in den Sommermonaten höhere Werte als Station A. Die Wintermonate sind jedoch viel trockener.
Die Station B ist Pjöngjang, das durch seine Lage an der Westküste Nordkoreas am Gelben Meer dem Einfluss der warmen Meeresströme entzogen ist. Im Sommer sind die Temperaturen wegen der Subtropenlage und der Dominanz des Südwestmonsuns noch recht hoch. Auch die Niederschläge sind in diesen Monaten durch die über das Ostchinesische und Gelbe Meer herangeführten feuchten Luftmassen reichlich. Im Winter aber herrscht der trockene, kalte Nordwind aus Zentralasien vor, der die Temperaturen und die Niederschläge stark reduziert und damit die hohe Jahresamplitude, die stark verringerten Durchschnittstemperaturen und die verminderten Jahresniederschläge verursacht. (BE 10)

1.2 Natürliche Gunstfaktoren im Hinblick auf die landwirtschaftliche Nutzung sind z. B.:
a) klimatische Voraussetzungen (siehe auch Antwort zu 1.1):
Aufgrund der Breitenlage und des Einflusses warmer Meeresströmungen sind die Temperaturen in weiten Teilen des Landes warmgemäßigt. Auch die Niederschläge sind durch die häufig vom Meer kommenden Winde und die Steigungsregen ganzjährig ausreichend für Regenfeldbau.
b) mit Ausnahme der Gebirgsböden weisen die restlichen Teilregionen Japans ausgesprochen fruchtbare Böden auf. Entweder handelt es sich um Schwemmlandböden in den großen Küstenebenen oder um vulkanische Böden, die sich sogar für den Anbau von Sonderkulturen eignen.

Natürliche Ungunstfaktoren sind dagegen z. B. folgende:
a) Naturkatastrophen wie Vulkanausbrüche, Erdbeben, Tsunamis oder Taifune können landwirtschaftliche Nutzflächen zerstören. Auch Starkregenfälle und Überschwemmungen durch die Schneeschmelze sind häufig.
b) Ein weiterer negativer Faktor für die landwirtschaftliche Nutzung ist die Reliefierung des Landes.
Nur etwa 30 % Japans ist großflächig eben, der Rest ist gebirgig und nur mit Einschränkungen und unter großem Aufwand landwirtschaftlich nutzbar. (BE 10)

2.1 Von 1980 bis 2000 hat sich der Gesamtexport Japans recht gleichmäßig um etwa 70 % gesteigert. Die Importe sind im gleichen Zeitraum – von 1980 bis 1990 sehr langsam, von 1990 bis 2000 beschleunigt – nur um ca. 30 % gestiegen. 1980 lag der Wert der Importe noch höher als der der Exporte. Seitdem hat sich wertmäßig in steigendem Maße der Export vor dem Import behauptet.
Prozentual liegt beim Export stets mit allerdings fallenden Werten „Kraftfahrzeuge" eindeutig an erster Stelle. Absolut konnte das Ergebnis von 1980 bis 1990 sogar gesteigert werden, um dann bis 2000 wieder leicht abzusinken. Hier macht sich wohl steigender ausländischer Konkurrenzdruck und auch die Auslagerung der Produktion ins Ausland bemerkbar.
Grundstoff- und weiterverarbeitende Industrien (Eisen und Stahl, Metallwaren, Schiffe) haben deutlich an Bedeutung verloren zugunsten von Industriezweigen mit hohem technologischen Niveau (Büromaschinen und Computer, Halbleiter und Elektronikteile). Hier zeigt sich die Abkehr von rohstoffintensiven Produktionen hin zu wissens- und kapitalintensiver Industrie. Für das rohstoffarme Japan ist das ein absoluter Zwang.
Bei den Importen ist vor allem die Abnahme von Rohöl bemerkenswert, auch wenn es immer noch an erster Stelle steht. Die meisten übrigen Rohstoffe haben ebenfalls an Bedeutung verloren. Grund ist auch hier die Umorientierung der Produktionsbereiche. Entsprechend stark ist der Anteil der hochtechnologischen Produkte angestiegen, die im Ausland billig vorgefertigt, dann importiert, endmontiert und schließlich z. T. wieder exportiert werden. Auch der Bereich „Textilien" hat gewonnen. Ursache ist wohl das hohe Lohnkostenniveau in Japan, das zur Verlagerung der Produktion in Billiglohnländer geführt hat. (BE 12)

2.2 In den 50er-Jahren war die Fahrzeugproduktion japanischer Unternehmen noch nahezu unbedeutend.
Dann stieg sie bis 1990 ohne Unterbrechung auf 10 Millionen an. Entsprechend erhöhte sich der Export bis zum gleichen Jahr auf ca. 4,5 Millionen. Seit 1980 kam noch die stark steigende Produktion japanischer Unternehmen in Nordamerika und Europa dazu, die 1990 bereits 1,5 Millionen erreichte. Ermöglicht wurde dies durch eine steigende Binnennachfrage aufgrund erhöhter Kaufkraft, durch Steigerung der Produktionskapazität, staatliche Fördermaßnahmen sowie Beschränkung der Pkw-Importe. Gleichzeitig verbesserte man die Produktionsbedingungen entscheidend und konnte so dank der globalen Wettbewerbsfähigkeit eine Exportoffensive starten. Die Importbeschränkungen in Europa und USA sowie die Wechselkursschwankungen umging man durch den Aufbau eigener Pkw-Werke dort.
Von 1990 bis 1995 gab es bei der Produktion in Japan und beim Export aufgrund der Asienkrise einen Rückgang, der jedoch durch die weiter zunehmende Produktion in Europa/USA fast ausgeglichen wurde. Seit 1995 wurde der Wachstumskurs dank staatlicher Konjunkturprogramme und steigender internationaler Nachfrage wieder aufgenommen. Bei der gesamten Koordination und Förderung spielte das MITI (Ministry of International Trade and Industry, seit 1999 Wirtschaftsministerium) eine entscheidende Rolle. (BE 10)

3.1 Die drei angegebenen Agglomerationen Tokyo, Osaka und Nagoya liegen in den drei einzigen großen Küstenebenen Japans. Damit befinden sich hier die weitaus günstigsten Siedlungsbedingungen. Die restlichen Landesteile sind gebirgig, weisen z. T. eine hohe Reliefenergie auf und sind daher nicht für große Bevölkerungsballungen geeignet.
Daher hat sich in den drei Küstenebenen nicht nur Landwirtschaft, Industrie und Infrastruktur konzentriert, sondern auch die Bevölkerung. Attraktive Arbeitsplätze sorgten für hohe Wanderungsgewinne aus dem Binnenland, ein großer Geburtenüberschuss, vor allem nach dem Zweiten Weltkrieg, sorgte für weiteren Bevölkerungszuwachs.

Die Bevölkerungsdichte erreichte schließlich so extreme Werte, dass sich gravierende Nachteile daraus entwickelten. Die Städte wuchsen zu riesigen Siedlungskomplexen zusammen und in zunehmendem Maße kamen Nutzungskonflikte auf. Alle Nutzer mit Raumansprüchen konkurrierten miteinander und belasteten die wenigen zur Verfügung stehenden Flächen. Bodenpreise wuchsen ins Unermessliche, die Verkehrsbelastung wurde unerträglich. Umweltschäden aus Emissionen von Industrie, Haushalten und Verkehr wuchsen gewaltig an, zumal in der Zeit bis etwa 1970 das Umweltbewusstsein in Japan nur sehr schwach ausgeprägt war. Auch der Energieverbrauch und das Müllaufkommen stiegen extrem an. (BE 8)

3.2 Die Altersstruktur der beiden dargestellten Ausländergruppen unterscheidet sich deutlich voneinander.
Bei den Filipinos überwiegen mit ca. 85 % Anteil bei weitem die Frauen, wobei die Altersgruppe 20 bis 39 Jahre mit 73 % überragend ist. Auch in den anderen Altersgruppen sind die Frauen in der Überzahl. Grund für diese ungleiche Verteilung ist der Arbeitskräftemangel in Japan in den Bereichen, die besonders von ungelernten weiblichen Arbeitskräften besetzt werden. Dazu gehören schlecht bezahlte Arbeitsplätze in Dienstleistungs- und Handelsbranchen. Die wenigen männlichen Filipinos sind ebenfalls meist im arbeitsfähigen Alter und wohl als ungelernte Arbeitskräfte mit der Hoffnung auf Arbeit in den „New Economy"- Branchen ins Land gekommen.
Bei der Ausländergruppe der US-Amerikaner dominieren dagegen die Männer mit ca. 63 %. Auch hier liegt mit etwa 33 % der größte Anteil in der Altersgruppe der 20- bis 39-Jährigen. Der Anteil der Männer überwiegt in jeder Altersgruppe. Begründen lassen sich diese Merkmale damit, dass zur Behebung des Fachkräftemangels in Japan amerikanische Arbeitskräfte für führende Positionen ins Land kommen. Sie sind also im Gegensatz zu den Filipinos hoch qualifiziert und für Spezialtätigkeiten angeworben worden.
Während kaum noch Filipinos im Alter von über 59 Jahre in Japan bleiben, scheint ein beträchtlicher Anteil der US-Amerikaner nach Beendigung ihrer Arbeitszeit ihren Alterssitz in Japan zu behalten. (BE 10)

Grundkurs Erdkunde (Bayern): Abiturprüfung 2006 – Aufgabe I
Der Alpenraum

1 Naturraum

1.1 Ordnen Sie die Klimadaten in Anlage I.1 den Klimastationen Reschenpass (auch: Reschen-Scheideck) in Südtirol (1 461 m ü. NN) und Monte Cimone im nördlichen Apennin (2 165 m ü. NN) begründet zu, indem Sie die Niederschlags- und Temperaturverhältnisse erklären!

1.2 Legen Sie eingehend dar, warum die Europäische Union die alpine Land- und Forstwirtschaft durch finanzielle Beihilfen für die Bergbauern unterstützt! (20 BE)

2 Tourismus und Verkehr

2.1 Erläutern Sie grundlegende Tendenzen der in Anlage I.2 dargestellten Entwicklungen im Fremdenverkehr Südtirols und legen Sie mögliche sozioökonomische Folgen dar!

2.2 Anlage I.3 zeigt die Bahnstrecke durch den Vinschgau (Südtirol) von Meran nach Mals, die 1990 stillgelegt und im Juni 2005 wieder in Betrieb genommen wurde.
Zeigen Sie mögliche Gründe für die Wiederinbetriebnahme dieser Eisenbahnverbindung auf! (20 BE)

3 Grenzüberschreitende Entwicklungen im Alpenraum

3.1 Beschreiben Sie die erkennbaren Entwicklungen innerhalb des in Anlage I.4 markierten Kartenausschnitts und begründen Sie diese unter Einbeziehung geeigneter Atlaskarten!

3.2 Stellen Sie dar, aus welchen Gründen im Alpenraum die Anlage von Stauseen und Flussregulierungen zunehmend kontrovers diskutiert wird! (20 BE)

(60 BE)

Anlage I.1: Klimastationen

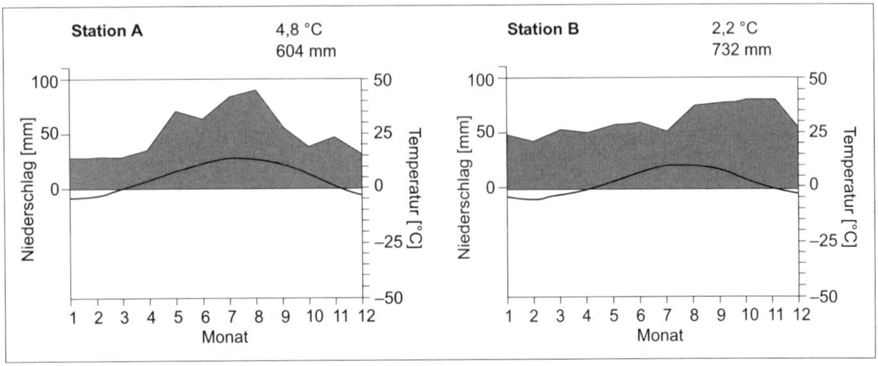

Anlage I.2: Übernachtungen in Beherbergungsbetrieben in Südtirol nach Kategorien – Fremdenverkehrsjahre 1991/1992–2001/2002 (in Tausend)

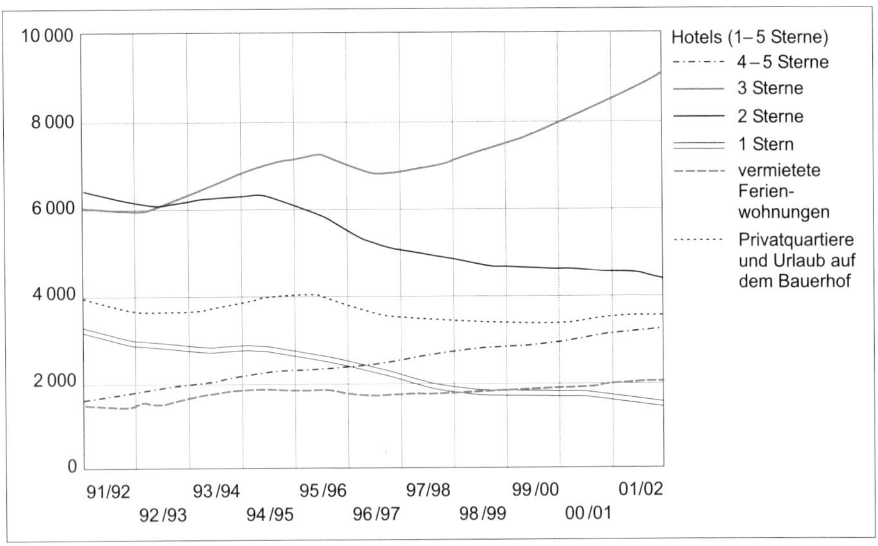

Anlage I.3: Trasse der Vinschgerbahn zwischen Meran und Mals

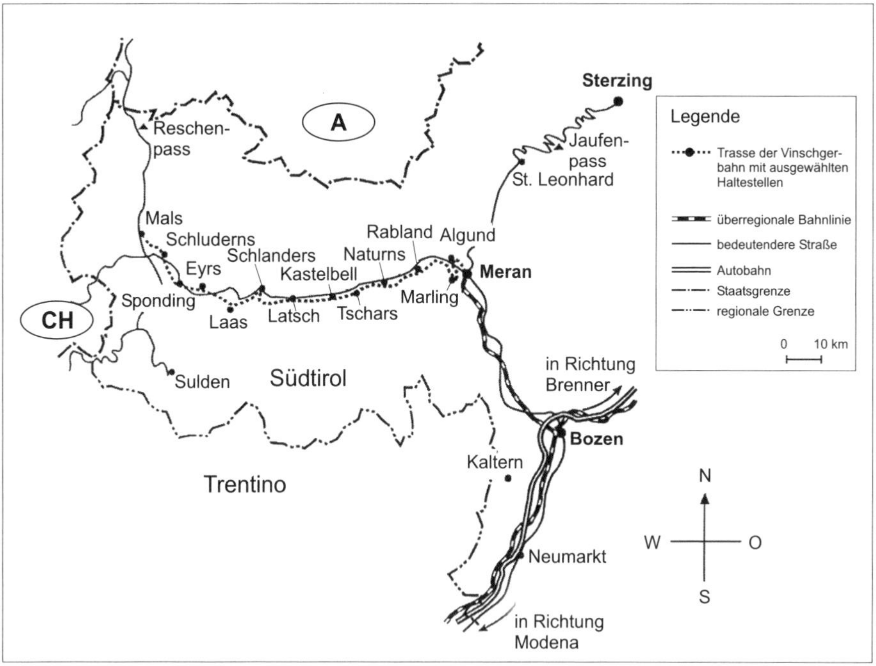

Anlage I.4: Entwicklungen im Alpenraum bis zum Jahr 2000

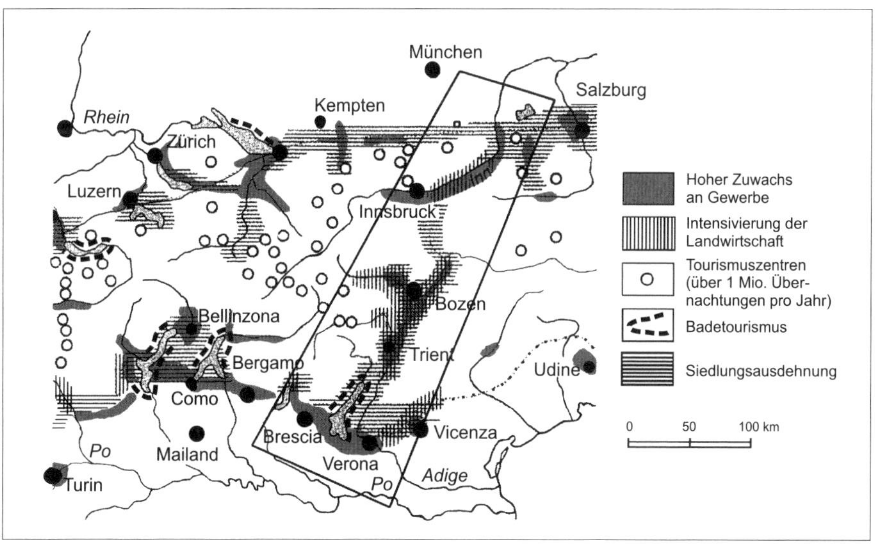

Quellenverzeichnis

ADAC Reiseführer Südtirol, München 2001, 4. Auflage, Umschlaginnenseite hinten
Autonome Provinz Bozen-Südtirol, Landesinstitut für Statistik: Fremdenverkehr in Südtirol Fremdenverkehrsjahr 2002/03. ASTAT Schriftenreihe 109. Bozen 2004, S. 30
Birkenhauer, J.: Alpen 2003: Mythos und Realität. In: Praxis Geographie, Heft 9, 2003, S. 4 ff.
www.klimadiagramme.de (letzter Zugriff am 08.06.06)

Lösungsvorschlag

1.1 *Bei dieser Aufgabe sollen Sie das vorgegebene Material in seinen besonderen Merkmalen erkennen und diese Merkmale ihren Ursachen nach erläutern. Das ermöglicht Ihnen dann, eine sinnvolle regionale Zuordnung zu den angegebenen Stationen vorzunehmen. Zur leichteren Lagebeurteilung sollten Sie entsprechende Atlaskarten benutzen, z. B. Diercke Weltatlas S. 76/77 und S. 104/105.*

Die Station A hat mit 604 mm einen etwas geringeren Jahresniederschlag als die Station B. Im jahreszeitlichen Verlauf kann man ein deutliches Maximum in den Sommermonaten mit bis zu 90 mm/Monat erkennen. Im Winter reduzieren sich die Niederschläge auf ca. 25 mm/Monat. Der Temperaturgang liegt mit einer Jahresamplitude von ca. 20 °C, einem Maximum von 15 °C im Juli und einem Minimum von –5 °C im Januar bei durchgehend relativ hohen Monatswerten im gemäßigten Bereich. Dem entspricht auch die Jahresdurchschnittstemperatur von 4,8 °C.
Die Temperaturwerte deuten auf eine geringe Höhenlage hin, während die hohe Amplitude eine Binnenlage der Station A vermuten lässt. Das relative Niederschlagsmaximum im Sommer wird durch konvektive Niederschläge unter dem Einfluss feuchtwarmer Luftmassen verursacht. Damit kann es sich bei Station A nur um den Reschenpass handeln, dessen zentrale Lage in den Alpen auch den durch Leeeffekte hervorgerufenen geringen Jahresniederschlag erklärt.
Station B erhält dagegen in fast jedem Monat höhere Niederschläge als Station A. Das Niederschlagsmaximum verschiebt sich in den Herbst. Der gesamte Jahresniederschlag liegt mit 732 mm um etwa 20 % höher als bei Station A. Der Temperaturverlauf ist bei niedrigeren Temperaturen insgesamt gleichmäßiger, sodass die Temperaturamplitude mit ca. 15 °C deutlich geringer ausfällt als bei Station A. All diese Daten sprechen für maritimen Einfluss und eine relativ große Höhenlage, wie bei Monte Cimone im nördlichen Apennin gegeben. Der hohe Jahresniederschlag beruht auf der Küstennähe und Luveffekten, während das herbstliche Niederschlagsmaximum seine Erklärung in den dann vorherrschenden Westwinden findet. (BE 10)

1.2 *Der Operator „darlegen“ fordert Sie hier zu einer genauen Aufzählung der Gründe für den angeführten Sachverhalt auf. Eine eigene Bewertung ist nicht gefordert.*

Die EU hat ein starkes Interesse daran, das gefährdete Ökosystem der Alpen zu sichern und diesen benachteiligten Passivraum strukturell und wirtschaftlich zu fördern.
Finanzielle Beihilfen für die Bergbauern helfen dabei, deren Existenzgrundlage zu bewahren und damit für den Erhalt von Arbeitsplätzen in der Landwirtschaft zu sorgen. Dadurch kann die Bewirtschaftung von Almen aufrechterhalten, Lawinen- und Murenabgänge durch Wiederaufforstung reduziert und durch Erhöhung der Wasserhaltefähigkeit der Böden die Hochwassergefahr vermindert werden.

Nur dann, wenn die Abwanderung verringert wird, steht auch in Zukunft noch eine ausreichende Bevölkerungszahl zur Verfügung, um die Infrastruktur zu erhalten und die gewachsene alpine Kulturlandschaft zu schützen. Dies aber ist die Voraussetzung dafür, dass die Alpen ihre touristische Attraktivität behalten, die wiederum die entscheidende Erwerbsquelle für die Mehrzahl der Alpenbewohner ist. (BE 10)

2.1 *Diese Teilaufgabe enthält zwei Operatoren. Zunächst müssen Sie die in der Anlage dargestellten Sachverhalte beschreiben und verdeutlichen. Dann sollen Sie verschiedene Möglichkeiten aufzeigen, welche Konsequenzen die erkannte Entwicklung haben kann.*

Insgesamt ist die Zahl der Übernachtungen in Beherbergungsbetrieben in Südtirol von 1991/92 bis 2001/02 von ca. 23 000 000 auf ca. 23 500 000 nur sehr leicht gestiegen. Stark verändert haben sich dagegen die bevorzugten Kategorien der Beherbergungsbetriebe. Bei den Hotels haben die 3-Sterne-Betriebe mit ca. 50 % den deutlichsten Zuwachs erzielt und lagen 2001/02 mit ca. 9 000 000 Übernachtungen eindeutig an der Spitze. Ebenfalls zugelegt, wenn auch auf einem geringeren absoluten Niveau, haben die 4- und 5-Sterne-Hotels. Die 1- und 2-Sterne-Hotels mussten dagegen deutliche Einbußen hinnehmen. Die Tendenz geht also zu qualitativ hochwertigeren Unterkünften, während Hotels mit geringerem Standard zunehmend weniger konkurrenzfähig werden. Sicher spielt dabei auch eine Rolle, dass in den beschriebenen 10 Jahren viele Hotels der geringeren Kategorie modernisiert und aufgewertet wurden, sodass auch die Anzahl der zur Verfügung stehenden Hotels sich in Richtung höherwertiger Hotels verschoben hat.
Im Bereich der vermieteten Ferienwohnungen, Privatquartiere und beim Urlaub auf dem Bauernhof haben sich keine großen Veränderungen ergeben. Die Stagnation deutet auf feste Stammkundschaft hin, ohne dass man allerdings aufgrund der geringen Attraktivität der einfachen Unterkünfte in nennenswertem Maße neue Kunden dazugewinnen konnte.
Diese genannten Tendenzen können sich darin niederschlagen, dass, um konkurrenzfähig zu bleiben, der Druck zur Verbesserung des Angebots immer größer wird. Nur dann, wenn man mit verstärkten Investitionen die touristische Infrastruktur ausbaut und die steigenden Ansprüche der Touristen bedient, wird man auch zukünftig noch mithalten können.
Im höherwertigen Tourismussegment ist mit steigenden Einnahmen zu rechnen, bei einfacheren Beherbergungsbetrieben wird es dagegen zu Einkommensverlusten kommen. Neue Arbeitsplätze werden primär durch intensivere Gästebetreuung und attraktive Angebote entstehen, während preiswerte, einfache Betriebe mit Umsatzeinbußen und Arbeitsplatzabbau rechnen müssen. (BE 10)

2.2 *Das beigegebene Material I.3 dient nur als erste Information über den Sachverhalt. Die Teilaufgabe erfordert nämlich nicht nur, diesem Material Informationen unter einem bestimmten Gesichtspunkt zu entnehmen, sondern auch, zusätzliche Gründe aus eigenen Kenntnissen anzuführen. Da nicht vorgegeben ist, wie viele solche Gründe Sie nennen sollen, besteht eine Schwierigkeit der Teilaufgabe darin, eine umfassende Anzahl zu finden.*

Die Strecke von Meran nach Mals und weiter zum Reschenpass besaß seit 1990 nur noch eine einzige Straßenverbindung, auf die sich der gesamte Personen- und Güterverkehr konzentrierte.
Die Wiederinbetriebnahme der Eisenbahnverbindung schuf eine alternative Verkehrslinie, die zu einer Verminderung der Straßen-Verkehrsbelastung mit einer Reduzierung der Lärm- und Schadstoffbelastung für Anwohner und Touristen führte. Man verhinder-

te damit, dass neue, leistungsfähigere Straßen gebaut werden mussten, um den umfangreichen Verkehr überhaupt noch bewältigen zu können. Im Gegenteil konnten sogar durch den geringeren Durchgangsverkehr die Ortskerne verkehrsberuhigt und die historische Bausubstanz besser geschützt werden. Fahrrad- und Wanderwege wurden ausgebaut und der Vinschgau konnte im Sinne des „sanften Tourismus“ attraktiver gestaltet werden.
Der öffentliche Nahverkehr für Pendler nach Meran und Bozen wurde so stark verbessert, dass nicht nur der Wohnungsmarkt in den Zentren spürbar entlastet wurde, sondern auch periphere Regionen besser erreichbar wurden und ihrerseits von der verkehrsgünstigen Anbindung an die Zentren profitierten. (BE 10)

3.1 *Die Gliederung der geforderten Antwort ist durch die zwei Operatoren „beschreiben“ und „begründen“ vorgegeben. Sie müssen zunächst die raumspezifischen Sachverhalte der Karte strukturiert darlegen. Anschließend sollen Sie diese Ergebnisse auf ihre Bedingungen und Ursachen hin untersuchen und verständlich machen.*

Der Kartenausschnitt umfasst etwa einen Nord-Süd-Querschnitt durch die Alpen von München/Salzburg im Norden über das Inntal und das Eisack-/Etschtal bis Verona/Brescia im Süden. Es handelt sich um ein durchgehendes Band, das durch Siedlungsausdehnung, hohen Zuwachs an Gewerbe und Intensivierung der Landwirtschaft gekennzeichnet werden kann. Dazu kommt im Bereich des Gardasees noch ausgeprägter Badetourismus. Die großen Tourismuszentren mit über 1 Million Übernachtungen pro Jahr liegen allerdings nur zum kleinen Teil in diesem Gebietsausschnitt, die meisten schließen sich westlich daran an.
Das Gebiet des Kartenausschnittes ist also offensichtlich eine wirtschaftlich sehr dynamische Region zwischen den beiden Ballungsgebieten um München und in der Poebene. Begründen lässt sich dies mit der außergewöhnlichen Verkehrsgunst entlang einer besonderen Leitlinie quer durch die Alpen. Von Norden her erreicht man per Autobahn oder Eisenbahn über das breite Inntal und das Wipptal den Brennerpass, der mit nur 1 371 m Höhe sehr verkehrsgünstig liegt und den problemlosen Übergang nach Süden durch das Eisack- und Etschtal ermöglicht. Wenn auch aufwändige Verkehrsbauten nötig waren, so ist doch die Inn-/Brenner-/Etsch-Linie eine ausgesprochen kurze, fast ideale Verbindung durch ein Gebirge zwischen zwei randlichen Agglomerationsräumen.
Darüber hinaus bestehen in den genannten Tälern der Südseite günstige klimatische Bedingungen, sodass hier Sonderkulturen erfolgreich angebaut werden können.
Schließlich werden diese Entwicklungen noch dadurch beschleunigt, dass die intensive touristische Erschließung der Alpen, die einige Schwerpunkte (z. B. den Gardasee) auch im Bereich des Kartenausschnittes aufweist, solche Verkehrsinfrastrukturen benötigte. (BE 10)

3.2 *Bei dieser Teilaufgabe wird von Ihnen gefordert, dass Sie zu einem Sachverhalt verschiedene Argumente entwickeln und darlegen, warum die eine Argumentationsseite immer mehr an Bedeutung gewinnt.*

Die Anlage von Stauseen und Flussregulierungen in den Alpen wurde über lange Zeit rein positiv gesehen. Man schätzte die Möglichkeit, durch Speicherkraftwerke die Bedarfsspitzen in der Stromversorgung abzudecken, sowie die Fähigkeit, durch die Rückhaltekapazitäten der Stauseen die Gefahr bei Hochwasser zu reduzieren. Dazu dienten auch die Sicherungen der Uferböschungen und die Anlage von Dämmen vor allem gegen Schneeschmelze und Starkregen.

Der Ausbau der Anlagen passte außerdem in das Konzept der Förderung regenerativer Energien, das wegen der Begrenztheit und Umweltproblematik fossiler Energieträger stark unterstützt wurde.
Allmählich zeigen sich jedoch auch immer stärker die negativen Aspekte dieser Entwicklung. Im Bereich der Stauseen wurden Biotope zerstört und ökologisch wertvolle Feuchtgebiete durch Trockenlegung von Flussauen reduziert. Die Flussbegradigungen erhöhten die Fließgeschwindigkeit, sodass Uferzonen stärker von Abtragung bedroht wurden, Hochwasserwellen sich schneller ausbreiteten und damit zu kürzeren Vorwarnzeiten führten. Ökologisch negative Folgen werden also in zunehmendem Maße den positiven Aspekten wie Energiegewinnung und Hochwasserschutz gegenübergestellt.
Ein wesentlicher weiterer negativer Punkt ist, dass sich die großflächigen Wasserbaumaßnahmen nicht etwa, wie erhofft, zu zusätzlichen Anziehungspunkten für Touristen entwickelten, sondern häufig als gravierende Eingriffe in die Naturlandschaft gesehen wurden. Dadurch büßten besonders intensiv umgestaltete Regionen spürbar an touristischer Attraktivität ein. (BE 10)

Grundkurs Erdkunde (Bayern): Abiturprüfung 2006 – Aufgabe II: USA

1 Naturräumliches Potenzial in Alaska

1.1 Ordnen Sie die Daten in Anlage II.1 den Stationen Valdez, Barrow/Kap Barrow und Fairbanks (zur Lage vgl. Anlage II.2) zu, indem Sie die jeweiligen Niederschlagsverhältnisse begründen!

1.2 Bewerten Sie unter Verwendung geeigneter Atlaskarten das naturräumliche Potenzial und die wirtschaftsräumlichen Standortbedingungen für den primären Sektor in Alaska! (20 BE)

2 Erdölwirtschaft

2.1 Anlage II.2 zeigt die Lage der *1002 Area* in Alaska, in der Erdöl entdeckt wurde.
Zeigen Sie Vor- und Nachteile auf, die sich aus der Erschließung dieser Lagerstätte für Alaska ergeben können!

2.2 Erläutern Sie die in Anlage II.3 erkennbaren Entwicklungen in der nordamerikanischen Erdölwirtschaft und stellen Sie die sich daraus ergebenden Folgen für die langfristige Sicherung der Energieversorgung in diesem Raum dar! (20 BE)

3 Bevölkerung und Siedlungsstruktur

3.1 Beschreiben Sie die in Anlage II.4 dargestellte Bevölkerungsentwicklung in den verschiedenen Raumkategorien der USA!

3.2 Anlage II.5 stellt am Beispiel von Verrado/Arizona den neuen Siedlungstyp *Gated Community* vor.
Charakterisieren Sie diesen Siedlungstyp und geben Sie Gründe für die Entstehung dieser neuen Siedlungen an! (20 BE)

(60 BE)

Anlage II.1: Jahresgang des Niederschlags von drei Stationen in Alaska (in mm)

	J	F	M	A	M	J	J	A	S	O	N	D	Jahr
Station A	13	11	12	9	16	36	51	57	24	22	22	23	296
Station B	124	128	101	74	77	79	115	154	220	193	151	133	1 549
Station C	4	4	5	5	4	7	25	23	14	11	6	5	113

Zur Lage von Barrow/Kap Barrow, Fairbanks und Valdez vgl. Anlage II.2

Anlage II.2: Lage der *1002 Area* in Alaska

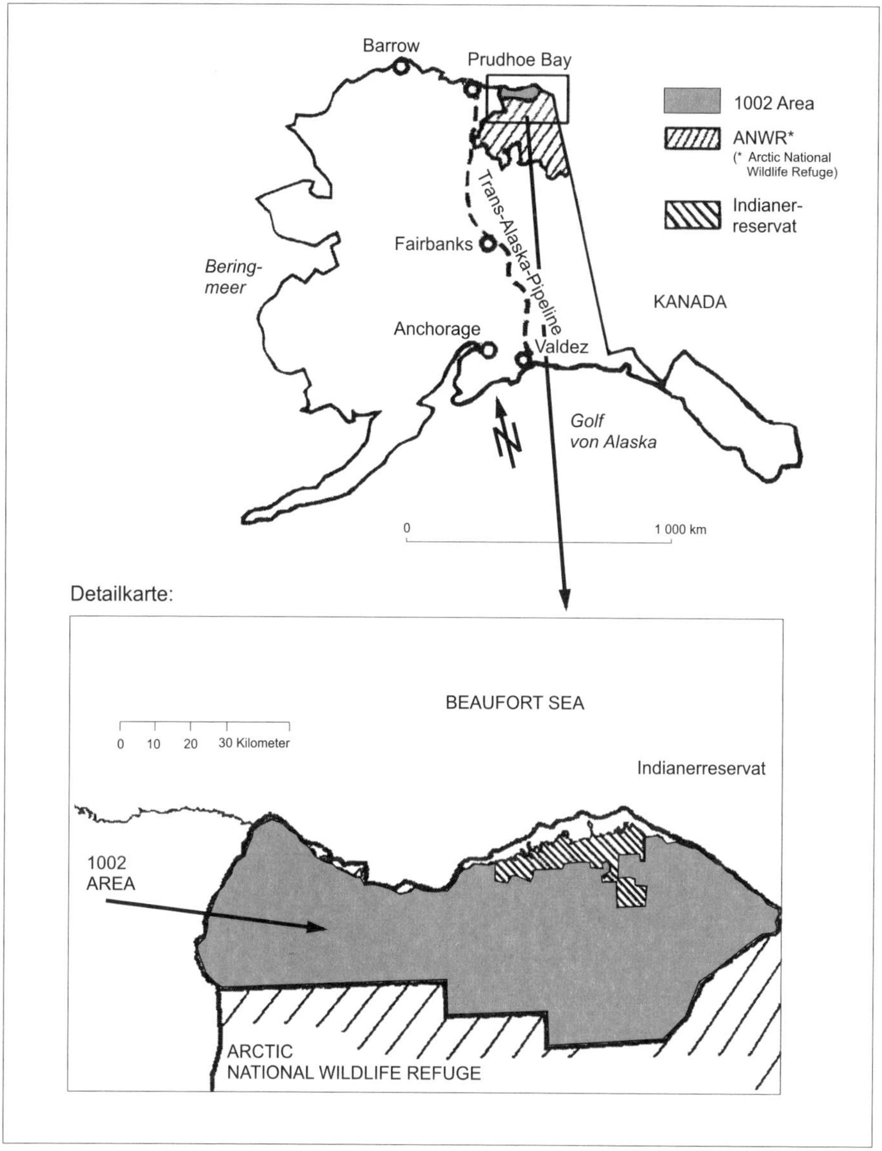

Anlage II.3: Nachgewiesene Erdölreserven, Erdölförderung und Erdölverbrauch in Nordamerika zwischen 1970 und 2004

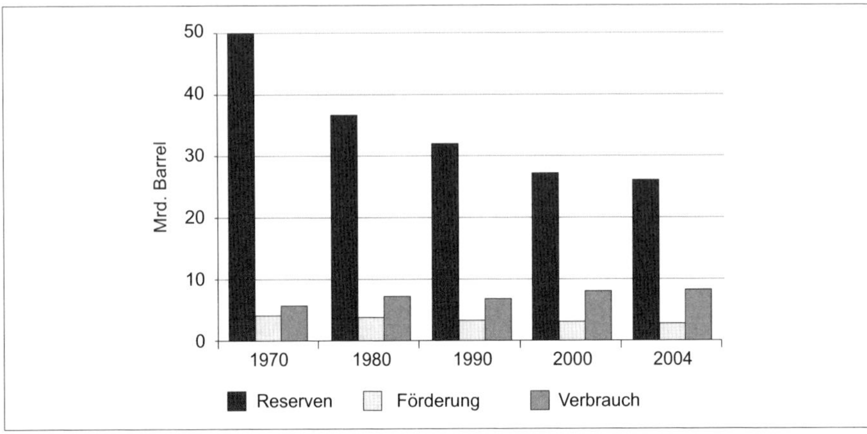

Anlage II.4: USA: Bevölkerungsanteil verschiedener Ethnien in drei Raumkategorien in den Jahren 1980 und 2000

Raumkategorie	ethnische Gruppe	1980	2000
Kernstädte	Einwohner gesamt	**68 000 000**	**85 000 000**
	Weiße	63,9 %	51,4 %
	Hispanics	10,8 %	19,3 %
	Afroamerikaner	22,2 %	21,1 %
	Sonstige	3,1 %	8,2 %
suburbaner Raum	Einwohner gesamt	**101 000 000**	**141 000 000**
	Weiße	86,6 %	74,8 %
	Hispanics	5,4 %	11,2 %
	Afroamerikaner	6,0 %	8,0 %
	Sonstige	2,0 %	6,0 %
ländlicher Raum	Einwohner gesamt	**57 000 000**	**55 000 000**
	Weiße	86,3 %	82,0 %
	Hispanics	3,2 %	5,6 %
	Afroamerikaner	8,7 %	8,5 %
	Sonstige	1,8 %	3,9 %

Anlage II.5: Auszüge aus einer Homepage der Siedlung Verrado in Arizona

- Lage: 25 Meilen westlich des Stadtzentrums von Phoenix in Buckeye, Arizona.
- Grundstücke: Die Preise der großzügig bemessenen Grundstücke liegen zwischen knapp US-$ 100 000 bis US-$ 750 000.
- Immobilien: Verrado bietet verschiedene Unterkunftsmöglichkeiten, von Mietwohnungen und Reihenhäusern bis zu Einfamilienhäusern. Zur Zeit kosten die Häuser zwischen US-$ 300 000 und US-$ 500 000.
- Sicherheit: In der gesamten Gemeinde wird rund um die Uhr patrouilliert und der Zugang zur Wohnanlage wird streng bewacht.
- Gesundheits- und Wellness-Programm: Der Gesundheitsberater von Verrado führt Wellnessprogramme und Immunisierungsprogramme durch. Verrado vermittelt das Gefühl, in einer Kleinstadt zu leben. Es bietet einen der besten Ausblicke auf die atemberaubenden Berge Arizonas. Eingebettet in die White Tank Mountains, 25 Meilen westlich der Innenstadt von Phoenix gelegen, ist dies eine moderne Gemeinde, die ihren Bewohnern 300 Tage Sonnenschein im Jahr bietet. Bei der Planung besann man sich auf traditionelle Baustile. Es gibt eine fußgängerfreundliche Hauptstraße mit angrenzenden Wohnvierteln. Die Straßen werden von Bäumen gesäumt, die die Bürgersteige beschatten. Verrado verfügt über 20 Parkanlagen, einen Golfplatz, eine Vielzahl von Bildungsmöglichkeiten, riesige Freizeiteinrichtungen und den Charme einer amerikanischen Kleinstadt.

Quellenverzeichnis:

Attanasi, E.D.: Undiscovered oil resources in the federal portion of the 1002 Area of the Arctic National Wildlife Refuge: An economic update. Open File Report 2005. US Geological Survey. Virginia 2005

Hobbs, F. und Stoops, N.: Demographic Trends in the 20th Century. Washington D.C., 2002

OPEC: Annual Statistical Bulletin 2004, S. 18 ff.

Thieme, G. und Laux, H.D.: Jenseits von „Black and White". In: Geographische Rundschau, Heft 10, 2005, S. 40 ff.

www.klimadiagramme.de (letzter Zugriff am 27.06.06)

www.top-wetter.de/klimadiagramme/nordamerika/70275.html (letzter Zugriff am 27.06.06)

Lösungsvorschlag

1.1 *Durch Überprüfung und ursächliche Erklärung des beigegebenen Materials sollen Sie das Material den drei angegebenen Stationen sinnvoll zuordnen. Die Schwierigkeit besteht darin, jeweils das charakteristische Merkmal des Niederschlagsganges zu erkennen und es dann mithilfe des Atlas (z. B. Diercke Weltatlas S. 186) korrekt zu verorten.*

Valdez hat von den drei angegebenen Stationen die südlichste Lage. Es liegt am Golf von Alaska auf der Luvseite der Alaskakette und ist ganzjährig den vom Meer kommenden, niederschlagsreichen Winden ausgesetzt. Insbesondere in den Sommermonaten verstärkt die warme Meeresströmung des Pazifischen Stroms die Verdunstung und sorgt für hohe Niederschläge.
Die Station mit den weitaus höchsten Niederschlägen in jedem Monat und natürlich auch im gesamten Jahr ist die Station B, die daher Valdez darstellen muss.
Barrow liegt an der fast ganzjährig vereisten Nordküste Alaskas im Regenschatten der Brooks Range. Die Küstenlage wirkt hier nicht regenbringend, sondern im Gegenteil sogar niederschlagsverringernd, da die abkühlende Wirkung durch das Eis eine absinkende Luftbewegung mit entsprechender Erhöhung des Luftdrucks und Niederschlagsreduzierung verursacht.
Lediglich im Sommer fällt aufgrund der zurückgehenden Vereisung und der höheren Verdunstung etwas Regen. Die restlichen Monate sind fast niederschlagslos. Barrow wird demzufolge in der Station C mit den weitaus geringsten Niederschlägen dargestellt.
Fairbanks liegt im Landesinnern Alaskas und wird von der Alaskakette gegenüber regenbringenden Einflüssen aus dem Süden abgeschirmt. Im Sommer erreichen jedoch feuchtigkeitsbringende Westwinde aus dem Beringmeer Fairbanks und erhöhen den Niederschlag. Insgesamt bleibt die Jahresniederschlagssumme gering, erreicht aber höhere Werte als in Barrow. Diese Daten werden in der Station A dargestellt. (10 BE)

1.2 *Hier wird von Ihnen gefordert, zwei Sachverhalte abwägend zu erörtern und sie in ihrer Bedeutung zu beurteilen. Atlasarbeit ist dabei unbedingt notwendig, z. B. mithilfe des Diercke Weltatlas S. 184, S. 186, S. 187 und S. 189.*

Zur Kennzeichnung der naturräumlichen Ausstattung eines Raumes in seiner Eignung für den primären Sektor gehören Aussagen über Klima, Boden, Oberfläche, Vegetation, Bodenschätze und eventuell Fauna.
Am wichtigsten für Alaska sind wohl die sehr ungünstigen klimatischen Voraussetzungen. Es herrscht kaltes, subpolares Klima mit regional weit verbreiteter Aridität vor. Dadurch ist die Vegetationsperiode sehr kurz und Permafrostboden weit verbreitet. Da die dominierenden Podsolböden sehr geringwertig sind, ist lohnender Ackerbau eigentlich nur in wenigen klimatischen Gunstlagen im Süden möglich. Im restlichen Gebiet kann man in den ausgedehnten Tundrenlandschaften höchstens extensive Weidewirtschaft betreiben. Die borealen Nadelwälder im Süden und Osten werden forstwirtschaftlich genutzt. Die gebirgige Struktur und das aufgrund der Kälte sehr langsame Baumwachstum schränken diese Nutzungsmöglichkeiten jedoch stark ein.
Damit bleibt als wichtigste Nutzungsform die Förderung von Bodenschätzen übrig. Erze und vor allem Erdöl und Erdgas werden in großem Maße, wenn auch unter z. T. extrem schwierigen Bedingungen, gewonnen. Daneben werden die kalten, klaren Gewässer des Yukon und der Südküste zum Fischfang genutzt.
Neben dem naturräumlichen Potenzial sind die wirtschaftsräumlichen Standortbedingungen für die Bewertung des primären Sektors in Alaska entscheidend.
Lokal sind die Absatzchancen relativ gering, da der Abnehmermarkt zu klein ist. Nur ausgewählte Agrarerzeugnisse (z. B. Treibhausprodukte) sind aufgrund der kurzen Transportwege und hoher staatlicher Subventionen konkurrenzfähig.

Anders sieht es mit dem Weltmarkt bzw. dem Absatzmarkt im Kernraum USA aus. Vor allem Erdöl, Erdgas und auch Erze werden in großem Umfang von der Südküste Alaskas aus auf dem Seeweg abtransportiert. Erdöl und Erdgas müssen dabei zunächst von den Förderfeldern an der Prudhoe Bay im Norden per Trans-Alaska-Pipeline in den eisfreien Hafen Valdez an der Südküste gepumpt werden. Auch für Holz und Holzprodukte bestehen relativ günstige Absatzchancen. (BE 10)

2.1 *Der Operator „aufzeigen" fordert Sie auf, unkommentiert möglichst viele potenzielle Vor- und Nachteile aufzuzählen. Unklar und daher schwierig für Sie ist es, wie viele Aspekte hier zu nennen sind. Sie sollten jedoch auf keinen Fall weniger Gesichtspunkte aufzählen, als Ihnen einfallen.*

Ein Vorteil der Entdeckung neuer Erdölfelder in der „1002 Area" ist zunächst, dass das Erdölangebot Alaskas steigt. Damit verbunden sind höhere Einnahmen, die sich im Ausbau der Infrastruktur und in steigendem Lebensstandard niederschlagen können. Es können zusätzliche Arbeitsplätze geschaffen werden, sodass die Abwanderungstendenz vor allem der jüngeren Bevölkerungsschichten verringert werden kann.
Allerdings ist zu erwarten, dass das Öl per Pipeline nach Süden transportiert und von dort exportiert wird, sodass in Alaska selbst kaum neue Industrieanlagen mit umfangreichem Arbeitsplatzangebot entstehen werden. Ob der Staat Alaska wirklich nennenswert von den zusätzlichen Einnahmen profitieren wird oder ob diese Einnahmen nicht hauptsächlich den Gewinn der Konzerne steigern werden – ohne größere Vorteile für Alaska –, ist momentan noch sehr fraglich. Sicher ist dagegen, dass neben den enormen Kosten für die Ausbeutung der Erdölvorkommen weitere Nachteile für das sensible subpolare Ökosystem entstehen werden. Allein durch den Bau der Förder- und Transporteinrichtungen sind massive Eingriffe in die Natur – besonders gravierend im Bereich des Nationalparks – unvermeidlich. Unter den vorherrschenden subpolaren Klimabedingungen sind solche Veränderungen extrem zerstörend und mehr oder weniger irreversibel.
Auch ist zu erwarten, dass die Rechte der Ureinwohner im benachbarten Indianerreservat um des ökonomischen Vorteils willen bedroht sind und die traditionelle Lebens- und Wirtschaftsweise der Indianer sich verändern wird. Nur in seltenen Fällen haben Ureinwohner die plötzliche Berührung mit einem modernen Lebensstil ohne Schaden überstanden. (BE 10)

2.2 *Diese Aufgabe ist in zwei Teile gegliedert. Diese Gliederung sollten Sie auch in Ihrer Antwort übernehmen. Zunächst müssen Sie die Anlage im Hinblick auf die darin enthaltenen Entwicklungen interpretieren. Dann sind mögliche Konsequenzen aus den erkannten Entwicklungen zu beschreiben. Sie müssen jedoch keine Aussagen darüber machen, für wie realistisch Sie einzelne Konsequenzen halten!*

In der nordamerikanischen Erdölwirtschaft sind die nachgewiesenen Reserven von 1970–2004 trotz intensiver Neuerschließung von Lagerstätten von 50 Milliarden Barrel auf ca. 28 Milliarden Barrel gefallen. Gleichzeitig ist der Verbrauch durch wachsenden Lebensstandard und Mobilität der Bevölkerung von etwa 5 Milliarden Barrel auf ca. 9 Milliarden Barrel pro Jahr stark gestiegen. Die Förderung hat sich in dieser Zeit aufgrund steigender Förderkosten und Schonung der eigenen Reserven von ca. 4 Milliarden Barrel auf etwa 3 Milliarden Barrel pro Jahr leicht verringert. Das bedeutet, dass den geringer werdenden Reserven und der sich allmählich reduzierenden Förderung ein stetig wachsender Verbrauch gegenübersteht. Im Jahr 2004 reichen die eigenen, in Nordamerika nachgewiesenen Erdölreserven bei gleich bleibendem Verbrauch gerade noch für ca. 3 Jahre!

Daraus ergeben sich mehrere Konsequenzen für eine langfristige Sicherung der Energieversorgung. Nordamerika wird mit steigenden Ölimporten in zunehmendem Maße abhängig vom Weltmarkt werden. Es wird, um diese Entwicklung zu verlangsamen, nicht umhinkönnen, im eigenen Gebiet neue Erdölreserven, auch in Ungunstregionen wie Alaska, mit großem Kostenaufwand zu erschließen. Und es wird gezwungen sein, Energie zu sparen und effizienter zu nutzen. Schließlich wird man, um die Abhängigkeit vom Öl zu verringern, größere Anstrengungen unternehmen müssen, um die regenerativen Energieträger zu fördern.
Es ist anzunehmen, dass die dargestellten Konsequenzen nicht alternativ zu betrachten sind, sondern insgesamt verfolgt werden müssen, um langfristig die Energieversorgung in Nordamerika zu sichern. (BE 10)

3.1 *Durch den Operator „beschreiben" werden Sie aufgefordert, aus dem beigegebenen Material einen Sachverhalt ohne Bewertung in seinen wesentlichen Aspekten aufzuzeigen. Es bleibt weitgehend Ihnen überlassen, wie ausführlich Sie dies tun. Da eine reine Beschreibung der Statistik recht simpel ist, sollten Sie auch über Umrechnungen in absolute Zahlen und Zusammenfassungen versuchen, zu zusätzlichen Aussagen zu gelangen.*

Insgesamt nimmt die Einwohnerzahl von 1980–2000 im suburbanen Raum mit ca. 40 % am stärksten zu. Auch in absoluten Zahlen dominiert der suburbane Raum mit 141 Millionen Einwohnern im Jahr 2000. Es folgen die Kernstädte mit einer Zunahme von ca. 25 % und 85 Millionen Einwohnern im Jahr 2000. Der ländliche Raum hat einen leichten Einwohnerverlust von ca. 4 % und eine Gesamteinwohnerzahl von 55 Millionen im Jahr 2000 zu verzeichnen. Die Einwohnerzahl der USA nimmt von 226 Millionen im Jahr 1980 auf 281 Millionen im Jahr 2000 zu.
Im suburbanen Raum stellen die Weißen zwar mit 74,8 % im Jahr 2000 noch deutlich die Mehrheit, nehmen aber prozentual in ihrer Bedeutung zugunsten aller übrigen ethnischen Gruppen um 12 % ab. Die Hispanics als zweitwichtigste Gruppe verdoppeln ihren Anteil auf 11,2 %, die Afroamerikaner erhöhen ihren Anteil auf 8 % und die „sonstigen Bevölkerungsgruppen" verdreifachen sich auf 6 %. Alle Gruppen nehmen dabei in absoluten Zahlen gemessen zu.
Bei den Kernstädten ist die Entwicklung ähnlich. Auch hier verlieren die Weißen Prozentanteile, stellen aber mit 51,4 % im Jahr 2000 noch knapp die absolute Mehrheit. In Absolutzahlen stagniert ihre Anzahl. Die Hispanics verdoppeln ihren Prozentsatz auf 19,3 %, werden allerdings in ihrer Bedeutung von den Afroamerikanern übertroffen, die mit 21,1 % bei etwa gleich bleibendem Prozentsatz zum Jahr 1980 die zweitwichtigste Gruppe stellen. „Sonstige" steigern ihren Anteil auf 8,2 %. Alle ethnischen Gruppen außer den Weißen haben deutliche Zuwächse in absoluten Zahlen.
Der „ländliche Raum" ist die Raumkategorie mit der insgesamt geringsten Einwohnerzahl. Hier dominieren bei nur leichter Abnahme von 4 % eindeutig die Weißen mit 82 % im Jahr 2000. Weit abgeschlagen folgen die Afroamerikaner bei stagnierender Prozentzahl mit 8,5 % und mit einer knappen Verdoppelung ihrer Prozentzahl die Hispanics mit 5,6 %. „Sonstige" spielen trotz Verdoppelung ihrer Prozentzahl auf 3,9 % nur eine geringe Rolle. Auch absolut gesehen halten sich im ländlichen Raum die Veränderungen in einem engen Rahmen. Bei den Weißen und den Afroamerikanern kann man, wie bei den Prozentzahlen, eine leichte Abnahme feststellen, während die Hispanics und „Sonstige" geringfügige Zunahmen zu verzeichnen haben. (BE 10)

3.2 *Sie müssen zunächst mithilfe der Anlage die besonderen Eigenarten des angeführten Siedlungstyps erkennen und zu typischen Merkmalen zusammenführen. Im zweiten Teil Ihrer Antwort sollen Sie dann möglichst umfassend herausarbeiten, welche Ursachen für die angeführte Siedlungstendenz verantwortlich sind.*

Unter dem Siedlungstyp „Gated Community" versteht man, wie der Name auch schon ausdrückt, eine abgegrenzte und gesicherte Wohnsiedlung für einkommensstarke Bevölkerungsschichten.
Verrado ist eine geplante Siedlung, bei der offensichtlich Wert gelegt wurde auf großzügige Grundstücke, traditionelle Baustile und das Flair einer Kleinstadt. Zusammen mit den Fußgängerzonen, Parkanlagen, Bildungs- und Freizeitmöglichkeiten sowie den Gesundheits- und Wellnessprogrammen vermittelt Verrado das Bild einer an den Bedürfnissen sehr wohlhabender Einwohner orientierten Stadt. Die hohen Preise für Grundstücke und Immobilien sorgen dafür, dass die Einwohnerschaft von Verrado sehr homogen der gleichen sozialen und einkommensstarken Gruppe angehört. Neben diesem Planungskonzept basiert die Attraktivität von Verrado auf der landschaftlich reizvollen Lage in einem klimatisch bevorzugten Raum in der Nähe von Großstädten.
Gründe für die Entstehung solcher Siedlungen liegen vor allem in der Angst speziell der Wohlhabenden vor zunehmender Kriminalität in den Großstädten und der dortigen steigenden Umweltproblematik. Man möchte gesichert im Umfeld der eigenen sozialen Gruppe leben und dabei bequem ein umfassendes Service- und Dienstleistungsangebot nutzen, ohne die negativen Seiten einer Großstadt erdulden zu müssen. Offensichtlich glaubt man, dieses Ziel am besten in neu geplanten, abseits der bestehenden Städte liegenden separaten Wohnsiedlungen – möglichst in landschaftlich reizvoller Lage – verwirklichen zu können. Dafür ist man dann auch bereit, hohe Preise zu zahlen und in den suburbanen Raum zu ziehen. (BE 10)

Grundkurs Erdkunde (Bayern): Abiturprüfung 2006 – Aufgabe III: Mali

1 Vegetationszonen in Mali

1.1 Charakterisieren Sie die Vegetation in der Republik Mali in ihrer zonalen Abfolge und begründen Sie diese unter Einbeziehung des Modells der planetarischen Zirkulation!

1.2 Bewerten Sie die Eignung der verschiedenen Vegetationszonen in Mali hinsichtlich ihrer landwirtschaftlichen Nutzungsmöglichkeiten! (20 BE)

2 Landnutzung in Mali

2.1 Erläutern Sie die in Anlage III.1 dargestellten Veränderungen der Landnutzung in der Region Baramba! Stellen Sie die ökologischen Risiken bei einem anhaltenden Wandel der Landnutzung dar!

2.2 Zeigen Sie unter Einbeziehung der Anlage III.2 Probleme auf, die sich für Mali aus dem hohen Stellenwert der Baumwollproduktion ergeben können! (20 BE)

3 Bevölkerungsstruktur und Folgeprobleme in Afrika

3.1 Ordnen Sie die Datenreihen der Länder A, B und C in Anlage III.3 unter Einbeziehung geeigneter Atlaskarten den Staaten Mali, Südafrika und Tunesien zu, indem Sie jeweils die demographische Situation erklären!

3.2 Wissenschaftler prognostizieren für Mali eine Verdoppelung der Bevölkerungszahl in den nächsten 20 Jahren.
Zeigen Sie an zwei sozioökonomischen Problemfeldern auf, welche Schwierigkeiten sich daraus für Mali ergeben können! Stellen Sie drei Einflussfaktoren dar, welche die Sicherheit dieser Prognose in Frage stellen können! (20 BE)

(60 BE)

Anlage III.1: Vergleich der Bodennutzung in der Region Baramba (Mali)

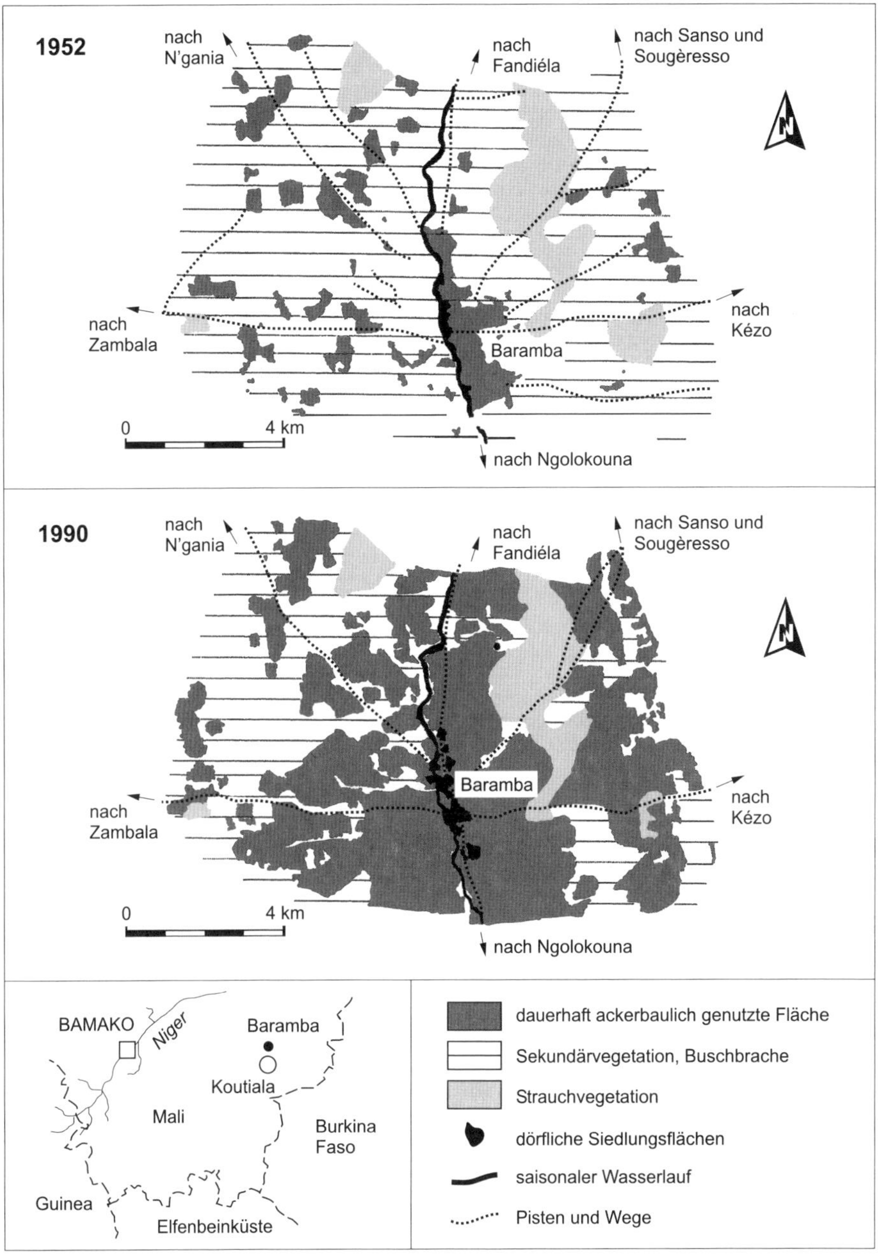

Anlage III.2: Baumwollproduktion in Mali

Seit der Unabhängigkeit Malis im Jahr 1960 entwickelte sich die Baumwolle zum wichtigsten agrarischen Exportprodukt. Die Produktionsmenge von Rohbaumwolle stieg von 1960 bis 2002 von 2 000 Tonnen auf 570 000 Tonnen. Etwa 60 Prozent des malischen Exporterlöses wird im Baumwollsektor erwirtschaftet, in dem rund 2,5 Millionen Menschen in 4 600 Dörfern beschäftigt sind. Diese stellen 28 Prozent der Gesamtbevölkerung Malis dar […]
Die Abwertung der malischen Landeswährung im Jahr 1994 um 50 Prozent und der relativ hohe Weltmarktpreis von 1,44 US-Dollar pro Kilogramm Faser-Baumwolle trugen zwischenzeitlich zur erhöhten Wettbewerbsfähigkeit der Baumwollproduzenten in den westafrikanischen Ländern bei. Allerdings fiel der Preis wieder auf 0,84 US-Dollar pro Kilogramm im Jahr 2002 […]
Während sich die staatlichen Subventionen für den US-amerikanischen Baumwollanbau zwischen 1998 und 2001 von knapp einer Milliarde US-Dollar auf vier Milliarden US-Dollar erhöhten, musste die Regierung Malis die Subventionen für Mineraldünger wegen der hohen Staatsschulden sogar streichen.

Anlage III.3: Daten zur Bevölkerungsstruktur ausgewählter Länder 2003

Land	**Geburten** pro 1 000 Einwohner	**Sterbefälle** pro 1 000 Einwohner	**Bevölkerung nach Alter** (in Prozent) **< 15 Jahre**	**> 65 Jahre**
A	25	20	32,0	4,4
B	17	6	27,5	6,1
C	48	23	47,2	2,8

Quellenverzeichnis:

Krings, Th.: Baumwollproduktion für den Weltmarkt: Verzerrter Wettbewerb und die Folgen für Mali (Westafrika). In: Geographische Rundschau, Heft 11, 2004, S. 29 ff. (verändert)
Fischer Weltalmanach 2005. © Fischer Taschenbuch Verlag GmbH, Frankfurt/Main 2004

Lösungsvorschlag

1.1 *Bei dieser Teilaufgabe ist die Atlasarbeit unabdingbar. Als Übersicht eignet sich z. B. die Karte S. 138/139 des Diercke Weltatlas.*
Im ersten Teil Ihrer Antwort müssen Sie die besonderen Merkmale der jeweiligen Vegetation und ihre räumliche Verteilung herausarbeiten. Dann müssen Sie diese Verteilung erklären, indem Sie die klimatischen Ursachen erläutern.

Mali erstreckt sich in seiner Süd-Nord-Ausdehnung von 10° Nord bis 25° Nord.
Ganz im Süden hat das Land noch bis etwa 11° Nord Anteil an der Feuchtsavanne mit Sträuchern und übermannshohen Gräsern, Baumgruppen und Feuchtwäldern, die in der Trockenzeit das Laub abwerfen. Nach Norden schließt sich bis etwa 14° Nord die Trockensavanne an, also Grasländer mit hüfthohen Gräsern und einzelnen lichten Trockenwäldern und Sträuchern. Anschließend bis etwa 17° Nord geht die Vegetation in die Dornstrauchsavanne mit niedrigen Gräsern und ungleichmäßig verteilten Dornsträuchern und Akazien über. Den nördlichsten Teil bilden schließlich die Halbwüsten- und Wüstenbereiche, in denen nur noch vereinzelt Sukkulenten sowie Xerophyten und Halophyten vorkommen.

Diese in fast idealer Weise von Süden nach Norden ausgeprägte zonale Abfolge der Vegetation hat ihre Ursache in den Auswirkungen der planetarischen Zirkulation: Die am südlichsten liegende Feuchtsavanne erhält durch die Zenitalregen die höchsten Niederschläge, die ihre Maxima entsprechend den zwei Durchzügen der ITC (Innertropische Konvergenzzone) im April/Mai und im August haben. Auch in den übrigen Sommermonaten bleiben die Niederschläge aufgrund der Nähe des Zenitstandes der Sonne und des damit verbundenen Aufstiegs warmer Luftmassen hoch. Nach Norden hin nehmen über die Trocken- bis zur Dornstrauchsavanne die Niederschläge kontinuierlich ab. Es gibt nur noch eine Regenzeit, die nach Norden zunehmend kürzer wird und in einigem zeitlichen Abstand dem Sonnenhöchststand folgt, also etwa im Juni/Juli stattfindet. Die Halbwüsten- und Wüstenbereiche gehören schon zu den trockenen Randtropen, die aufgrund der Hochdruckzellen und absinkenden Luftmassen nur noch episodisch geringe Niederschläge erhalten. (BE 10)

1.2 *Die Teilaufgabe macht es erforderlich, den Zusammenhang zwischen zwei Sachverhalten begründet herauszustellen. Dabei sollte laut Fragestellung nur die Eignung der einzelnen Zonen für die landwirtschaftliche Nutzung dargestellt werden. Eine detaillierte Beschreibung der tatsächlichen Nutzung ist nicht gefordert, kann aber ergänzend angeführt werden.*

Entsprechend den unterschiedlichen Niederschlagsverhältnissen in den einzelnen Vegetationszonen und davon abhängig auch den unterschiedlichen Bodenausbildungen sind die landwirtschaftlichen Nutzungsmöglichkeiten in Mali regional sehr verschieden.
Die Gebiete der Feuchtsavanne sind vor allem wegen der dort vorherrschenden roten Latosolböden für den Ackerbau nur eingeschränkt geeignet. Diese Böden sind wegen der starken chemischen Verwitterung und der langen, ergiebigen Regenzeiten ausgewaschen und nährstoffarm. Geringer Humusgehalt, starke Versauerung und geringe Austauschkapazität der vorherrschenden Kaolinite reduzieren die Qualität dieser Böden stark. Die Voraussetzungen für viehwirtschaftliche Nutzung wären zwar gegeben, werden aber durch das häufige Auftreten von Tropenkrankheiten begrenzt.
In der Trocken- und Dornsavanne wird die Bodenfruchtbarkeit stärker durch fehlende Feuchtigkeit als durch die Nährstoffarmut der Böden begrenzt. Die chemische Verwitterung und damit auch die Auswaschung der Böden sind hier sehr viel geringer als im feuchttropischen Bereich, sodass meist relativ nährstoffreicher Boden vorherrscht. Je länger aber die Trockenzeiten anhalten, desto riskanter wird der Anbau. Weicht man auf künstliche Bewässerung aus, wodurch intensiver Anbau durchaus möglich wird, dann besteht die Gefahr der Bodenversalzung oder Übernutzung. Weidewirtschaft, vor allem in nomadischer Form und bei strikter Begrenzung der Tierzahlen, ist die am weitesten verbreitete und sinnvollste Nutzungsform.
Im Bereich der Halbwüsten und Wüsten ist ackerbauliche Nutzung nur in den Oasen möglich. Sonst kann höchstens die Halbwüste saisonal durch nomadische Weidewirtschaft genutzt werden. (BE 10)

2.1 *Die vorgegebene Gliederung der Frage sollte in der Antwort übernommen werden. Zunächst wird von Ihnen gefordert, aus dem Vergleich zweier Karten Gemeinsamkeiten und Unterschiede in der Entwicklung geographischer Sachverhalte zu erkennen und darzulegen. Dann müssen Sie aufzeigen, welche Risiken in dieser Entwicklung für die Zukunft enthalten sind, und diese Risiken beschreiben.*

Beim Vergleich der Bodennutzung in der Region Baramba zwischen 1952 und 1990 fällt auf, dass sich die dauerhaft ackerbaulich genutzte Fläche zulasten der Buschbrache und Sekundärvegetation stark vergrößert hat. Damit in Zusammenhang steht sicherlich die Ausdehnung der Siedlungsflächen entlang des Wasserlaufs, denn der Anstieg der

Bevölkerung bedingt eine Steigerung der landwirtschaftlichen Produktion. Die Flächen mit Strauchvegetation haben sich mit Ausnahme eines Bereiches östlich von Baramba, der jetzt ackerbaulich genutzt wird, kaum verändert. Auch beim Wegenetz sind die großen Leitlinien erhalten geblieben; lediglich die weitere sternförmige Konzentration auf Baramba zu und der Wegfall unzusammenhängender Wegestücke sind erkennbar.
Falls sich dieser Wandel der Landnutzung mit weiterem Bevölkerungsanstieg, zusätzlicher Erschließung von Ackerflächen und Intensivierung der Landwirtschaft fortsetzt, geht man zukünftig große ökologische Risiken ein. Durch Übernutzung könnte der Boden auslaugen und der Grundwasserspiegel absinken. Dem erhöhten Wasserbedarf steht nämlich nur eine begrenzte Wassermenge aus dem Grundwasser und dem saisonalen Wasserlauf gegenüber. Künstliche Bewässerung beinhaltet außerdem immer die Gefahr der Bodenversalzung, wenn nicht ausreichend drainiert wird. Müssen degradierte Flächen dann aufgegeben werden, droht Erosion und völlige Zerstörung der ehemals nutzbaren Flächen. (BE 10)

2.2 *Sie müssen bei dieser Teilaufgabe aus dem vorgegebenen Text Informationen entnehmen, komprimieren und zu Aussagen zusammenfassen. Dabei sollten Sie auch über den Text hinausgehende eigene Kenntnisse einfließen lassen.*

Der hohe Stellenwert der Baumwollproduktion bringt für Mali Probleme im Bereich des monostrukturierten Rohstoffexports und der Weltmarktabhängigkeit mit sich. Schwanken die Weltmarktpreise für Baumwolle oder sind die Ernten aufgrund von Dürreperioden schlecht, so gibt es kaum Alternativen und das Einkommen von mehr als einem Viertel der Bevölkerung ist gefährdet. Bei einem Exportanteil der Baumwolle von 60 % würde jede Preisreduzierung oder Verminderung des Exports große Devisenverluste nach sich ziehen, was sich dann wiederum in der Verringerung der dringend notwendigen Importgüter niederschlagen würde. Die Staatseinnahmen sind damit so unsicher und die Staatsverschuldung ist so hoch, dass Mali sogar die staatlichen Subventionen für Mineraldünger, der für den Baumwollanbau nötig ist, streichen musste. Das wiederum hat Ertragsrückgänge und sinkende Konkurrenzfähigkeit zur Folge. Wenn man, um diese Probleme zu kompensieren, die Anbauflächen für Baumwolle ausdehnt, um damit die Produktion und die Deviseneinnahmen zu erhöhen, handelt man sich neue Schwierigkeiten ein. Da günstige landwirtschaftliche Nutzungsflächen sehr beschränkt sind, kann die Baumwollanbaufläche eigentlich nur zulasten der Flächen für Nahrungsmittelanbau vergrößert werden. Damit riskiert man aber die Unterversorgung der Bevölkerung mit einheimischen Produkten und muss u. U. die zusätzlich gewonnenen Devisen für Nahrungsmittelimporte einsetzen. (BE 10)

3.1 *In einem ersten Schritt sollten Sie die Anlage III.3 analysieren und die drei Länder demographischen Entwicklungsstufen sinnvoll zuordnen. Dann können Sie mit Atlaskarten, z. B. Diercke Weltatlas S. 133, und mit eigenen Kenntnissen die Situation der drei angegebenen Staaten klären und schließlich plausible Verknüpfungen herstellen.*

Die eindeutigste Zuordnung ist für das Land C möglich. Hier sind die Geburtenzahlen extrem hoch und auch die Sterbefälle übertreffen die der beiden anderen Länder. Entsprechend ist der Anteil der jungen Bevölkerung sehr hoch, während der Anteil der Älteren gering ist. Das alles deutet auf ein Land mit niedrigem Entwicklungsstand hin, in dem eine große Anzahl von Kindern als Altersversorgung angesehen wird und die medizinische Versorgung noch unzureichend ist. Damit kommt von den angegebenen Ländern nur Mali mit seiner z. T. noch traditionellen Agrargesellschaft in Frage.
Die Daten der Länder A und B dürften dagegen Schwellenländern zugeordnet werden. Dazu kann man sowohl Südafrika als auch Tunesien rechnen.

Das Land B mit der geringsten Geburten- und Sterberate sowie mit der niedrigsten Kinderzahl und höchsten Zahl an älterer Bevölkerung ist vermutlich Tunesien zuzuordnen. Dort sind nämlich aufgrund des ausgeprägten Tourismus die Einnahmen recht hoch, die Lebensbedingungen gut und die medizinische Versorgung ausreichend ausgebaut.
Damit dürfte dann das Land A mit den mittleren Raten bei Geburten sowie bei der Altersgliederung Südafrika sein. Die Sterbefälle liegen zwar auch im mittleren Bereich, erreichen aber fast die Höchstzahl. Hier prägt aufstrebende Industrialisierung aufgrund reicher Bodenschätze das Land. Der Wohlstand nimmt allmählich zu und das Bildungssystem wird gut ausgebaut. Es herrscht jedoch noch eine relativ hohe Sterberate vor, die auf die weite Verbreitung von Infektionskrankheiten wie z. B. Aids zurückzuführen ist.

(BE 8)

3.2 *In dieser Teilaufgabe müssen Sie zu einer Prognose Stellung nehmen. Beschränken Sie sich auf die geforderten zwei Probleme, die Sie ohne eigene Bewertung darstellen sollen. Achten Sie darauf, zwei deutlich unterschiedliche Problemfelder auszuwählen. Auch der zweite Teil der Frage begrenzt den Umfang Ihrer Antwort auf drei Faktoren, die Sie knapp erläutern sollen.*

Eine Verdoppelung der Bevölkerungszahl in den nächsten 20 Jahren würde, da man nicht von einer gleichzeitigen Verdoppelung der Nahrungsmittelproduktion ausgehen kann, zu gravierenden Problemen bei der Nahrungsmittelversorgung führen. Es ist zu befürchten, dass mangels Extensivierungsmöglichkeiten die bestehenden Agrarflächen übernutzt und ausgelaugt werden, dass über Intensivierungsversuche durch künstliche Bewässerung das verfügbare Wasserangebot überstrapaziert wird und dass mangels finanzieller Mittel die Entwässerungssysteme vernachlässigt werden, sodass Versalzungen auftreten und Ackerflächen unbrauchbar werden. Als einzige Lösung bliebe die Steigerung der Nahrungsmittelimporte. Das hätte aber eine steigende Verschuldung des Landes und eine Belastung der Handelsbilanz zur Folge.
Innerstaatlich könnte sich bei stark steigender Bevölkerungszahl die regionale Disparität verschärfen und große Flüchtlingsströme von Norden nach Süden könnten den inneren Frieden des Landes bedrohen. Landflucht aus dem trockenen Norden und Slumbildung mit Gefahr sozialer Konflikte in den Städten des relativ begünstigten Südens könnten ein großes Problemfeld werden. Zentrale Schwierigkeit würde dabei die Versorgung mit Wasser darstellen, die im semiariden Norden bei steigender Bevölkerungszahl kaum zu lösen wäre, aber auch im Süden bei Flüchtlingsströmen und zunehmender Slumbildung zu gewaltsamen Konflikten führen könnte.
Allerdings ist die Prognose einer Verdoppelung der Bevölkerungszahl in den nächsten 20 Jahren ziemlich unsicher. So ist die statistische Erfassung der Bevölkerung, vor allem der Nomaden, in Mali sehr ungenau. Auch kann man kaum vorhersagen, wie sich Geburten- und Sterberaten bei einer positiven wirtschaftlichen Entwicklung verändern werden. Und schließlich sind auch Naturkatastrophen, Umweltflucht oder auch die Ausbreitung von Aids in ihren Auswirkungen auf die Bevölkerungszahl kaum berechenbar.

(BE 12)

Grundkurs Erdkunde (Bayern): Abiturprüfung 2006 – Aufgabe IV: China

1 Naturraum

1.1 Anlage IV.1 zeigt die Klimadaten dreier Stationen im Bereich des 40. nördlichen Breitengrades.
Bestimmen Sie die außerhalb der Volksrepublik China liegende Station und ordnen Sie die beiden verbleibenden Stationen jeweils einer chinesischen Region zu! Begründen Sie Ihre Entscheidung, indem Sie die klimatischen Verhältnisse der drei Stationen erklären!

1.2 Erläutern Sie mithilfe geeigneter Atlaskarten den West-Ost-Wandel der landwirtschaftlichen Nutzung in der Volksrepublik China entlang des 40. nördlichen Breitengrades und gehen Sie hierbei auf Gunst- und Risikofaktoren ein! (20 BE)

2 Wirtschaft

2.1 Erarbeiten Sie ausgehend von Anlage IV.2 die Strategie chinesischer Unternehmen beim Umbau der Textilindustrie in der Volksrepublik China! Erläutern Sie positive und negative Folgen dieses Umbaus für die Wirtschaft in Europa!

2.2 Seit einigen Jahren werden in den chinesischen Metropolen und deren Umland *shopping malls* nach nordamerikanischem Vorbild mit Einkaufs- und Erholungsmöglichkeiten errichtet.
Stellen Sie grundlegende Veränderungen in der chinesischen Wirtschaft und Gesellschaft dar, die diese Entwicklung ermöglicht haben! (20 BE)

3 Bevölkerung

3.1 Anlage IV.3 gibt die Altersstruktur der chinesischen Bevölkerung in den Jahren 1950 und 2000 wieder.
Zeigen Sie wesentliche Gemeinsamkeiten und Unterschiede auf und begründen Sie diese!

3.2 In der Volksrepublik China ist seit einigen Jahren eine starke Bevölkerungsdynamik zu beobachten. Die Angaben in Anlage IV.4 für das Jahr 2000 können als typisch für diese Entwicklung angesehen werden.
Erläutern Sie die Bevölkerungsentwicklung in den Provinzen Guizhou, Zhejiang und Shanghai! (20 BE)

(60 BE)

Anlage IV.1: Werte ausgewählter Klimastationen auf ca. 40° nördlicher Breite

Station A

	J	F	M	A	M	J	J	A	S	O	N	D	Jahr
T	–4,7	–1,9	4,8	13,7	20,1	24,7	26,1	24,9	19,9	12,8	3,8	–2,7	11,8
N	4	5	8	17	35	78	243	141	58	16	11	3	619

Station B

	J	F	M	A	M	J	J	A	S	O	N	D	Jahr
T	9,0	9,6	12,0	14,6	18,7	22,2	24,8	25,0	22,1	18,3	13,9	10,9	16,8
N	93	82	75	67	45	46	16	19	71	130	114	137	895

Station C

	J	F	M	A	M	J	J	A	S	O	N	D	Jahr
T	–5,6	–1,2	7,7	15,5	19,9	23,6	25,7	24,4	19,4	12,3	3,7	–3,9	11,8
N	3	6	6	6	11	7	8	8	6	3	2	1	67

T: durchschnittliche Temperatur in °C N: Niederschlagssumme in mm

Anlage IV.2: Der Stoff für Kriege

Glücklich sei sie, sagt Fan Qunli. Glücklich ist Fan, weil sie diesen Arbeitsplatz bei der Firma „Zhejiang Yonglong" in Shaoxing, 160 km südwestlich von Shanghai, ergattert hat und 1 000 Yuan im Monat verdient, umgerechnet 96 Euro. Damit ist sie der Armut ihres Heimatdorfes in der Provinz Anhui entkommen, wo eine Familie im ganzen Jahr nicht so viel verdient wie die junge Frau nun in einem Monat. Mit dem Geld, das Fan Qunli regelmäßig nach Hause schickt, ernährt sie ihre Großfamilie. „Meine Eltern sind so stolz auf mich", sagt Fan.

19 Millionen Chinesinnen nähen aus Baumwoll- oder Polyesterstoffen die Hemden, Hosen oder Socken zusammen, die im Rest der Welt bislang als günstige Massenware willkommen waren, nun aber als „Flut billiger Textilimporte" bezeichnet werden. China ist nicht nur wegen seiner niedrigen Löhne zur größten Schneiderei der Welt herangewachsen, sondern auch, weil es alle Produktionsschritte an einem Ort konzentrieren kann – vom Anbau der Baumwolle über das Weben der Stoffe bis zum Einnähen der Etiketten in das fertige Kleidungsstück.

Auf den Webmaschinen bei „Zhejiang Yonglong" kleben Firmennamen wie „Sträubli" oder „Leonardo". Es hat in der EU keine Beschwerden gegeben, als die Firma in den vergangenen zehn Jahren etwa tausend dieser hochmodernen Webstühle aus Italien, Belgien und Deutschland importiert hat – seit Mitte der neunziger Jahre haben die Chinesen jeden zweiten Webstuhl gekauft, der weltweit produziert worden ist. Man ist in Europa ja prinzipiell für die Freiheit des Welthandels, vor allem, wenn es um die eigenen Exporte geht. Viele der auf dem Exportmarkt erfolgreichen chinesischen Firmen haben erstklassige, computergesteuerte Fabriken gebaut, von denen südeuropäische Familienbetriebe nur träumen können. Diese massive Investition in moderne Technik macht sich nun bezahlt. Langfristig wird der Erfolg der chinesischen Textilindustrie kaum aufzuhalten sein. Forscher sagen voraus, dass Chinas Marktanteil weiter steigen wird – von derzeit 18 auf 29 Prozent in der EU und von 16 auf rund 50 Prozent in den USA.

Anlage IV.3: Altersstruktur der chinesischen Bevölkerung in den Jahren 1950 und 2000

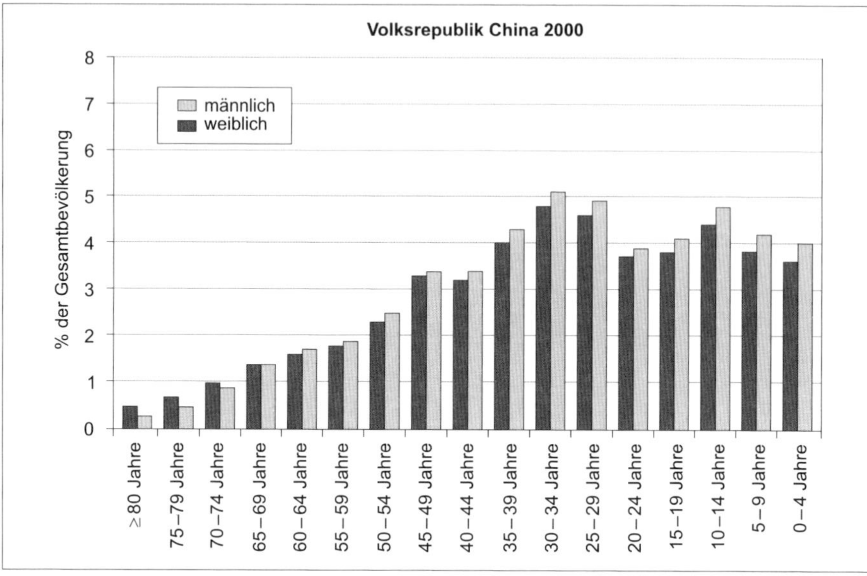

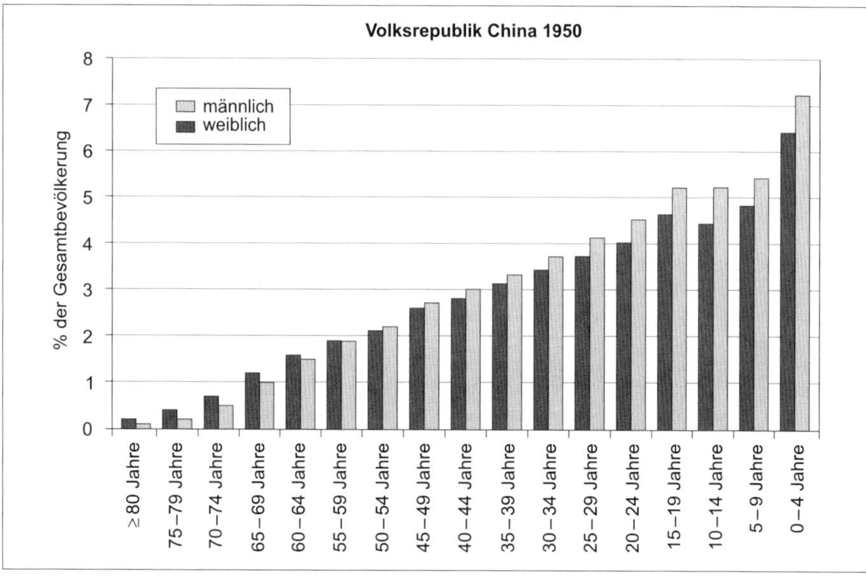

Anlage IV.4: Demographische Daten ausgewählter Provinzen Chinas (Angaben in Promille der jeweiligen Bevölkerung im Jahr 2000)

	Geburtenrate	Sterberate	Zuwanderung	Abwanderung	Saldo
Guizhou	20,6	7,5	11,6	45,3	–20,6
Zhejiang	10,3	6,1	78,9	31,7	51,4
Shanghai	5,3	7,2	187,3	8,5	176,9

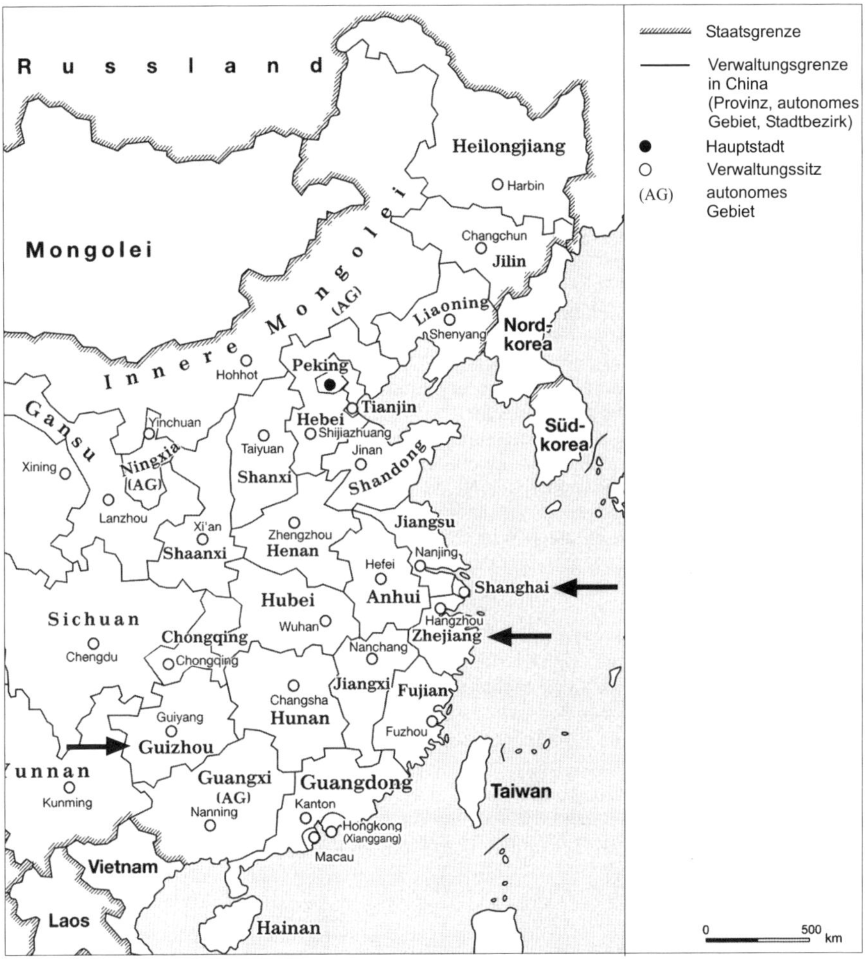

Quellenverzeichnis:
Bork, H.: Der Stoff für Kriege. In: Süddeutsche Zeitung vom 7. Juni 2005, S. 3 (adaptiert)
www.klimadiagramme.de (Zugriff am 31.08.05)
www.aag.org/Education
www.unescap.org
http://www.msh-paris.fr

Lösungsvorschlag

1.1 *Die Analyse der Anlage IV.1 ermöglicht Ihnen, zunächst die außerchinesische Station anhand des Niederschlagsverlaufs zu erkennen und sinnvoll zuzuordnen. Hilfreich ist dabei der Diercke Weltatlas S. 116/117, S. 144 und S. 220/221. Die beiden übrigen Stationen sollten Sie in ihren charakteristischen Merkmalen kennzeichnen und dann, wieder mithilfe des Atlas, die jeweils geeigneten chinesischen Regionen dazu finden.*

Von den drei angegebenen Stationen weist die Station B eindeutig ein mediterranes Klima mit Winterregen und Sommertrockenheit auf. Dieser Klimatyp kommt nur an den Westseiten der Kontinente vor. Er entsteht durch den jahreszeitlichen Wechsel des Einflusses durch das Subtropenhoch und die Westwindzone. In den Sommermonaten dominiert das Hochdruckgebiet mit Trockenheit und hohen Temperaturen, im Winter gerät diese Region in den Einflussbereich der Westwinde, die Feuchtigkeit und milde Temperaturen mit sich bringen.
Das bedingt neben den jahreszeitlich extrem unterschiedlichen Niederschlägen auch hohe Temperaturwerte und eine geringe Temperaturamplitude durch die maritimen Einflüsse. Station B kann daher nicht in China liegen. Es dürfte sich um eine südeuropäische Station, z. B. Neapel, handeln.
Station A zeigt eine sehr hohe Temperaturamplitude von über 30 °C mit heißen Sommer- und kalten Wintermonaten sowie eine extreme jährliche Verteilung der Niederschläge. Im Sommer steigt die monatliche Niederschlagsmenge auf über 200 mm an, der Winter ist fast niederschlagsfrei. Diese Daten legen nahe, dass die Station im Winter unter dem Einfluss eines trocken-kalten Windes aus dem nordwestlichen Landesinnern liegt, während sie im Sommer feucht-warmen Winden aus dem Südosten ausgesetzt ist. Das trifft auf Ostchina zu, sodass z. B. das auf 40° Nord liegende Peking die Station B darstellen dürfte.
Charakteristisch für die Station C ist die ganzjährige Niederschlagsarmut und die hohe Temperaturamplitude. Beides sind Kennzeichen eines typisch kontinentalen Klimas, wie es im Westen Chinas vorherrscht. Besonders ausgeprägt ist dieser Klimatyp in Beckenlagen im Lee hoher Gebirge. Das trifft z. B. auf Kashi/Kashghar am Westrand der Takla Makan und östlich der über 7000 m hohen Alaikette zu. (BE 12)

1.2 *Diese Aufgabe verlangt von Ihnen wieder Atlasarbeit. S. 145 und S. 172/173 des Diercke Weltatlas geben ausreichende Auskunft über die landwirtschaftliche Nutzung. Sie dürfen jedoch nicht bei einer reinen regionalen Zuordnung stehen bleiben. Gefordert ist eine Begründung, die Sie ebenfalls über die Auswertung von Atlaskarten – Diercke Weltatlas S. 144/145, S. 170/171 und S. 172/173 – geben können.*

Die landwirtschaftliche Nutzung in China entlang des 40. nördlichen Breitengrades lässt sich sehr deutlich in zwei Teile gliedern:
Von der Westgrenze Chinas bis etwa 115° Ost ist aufgrund der ungünstigen Naturausstattung – kontinentales Klima, starke Reliefierung, Wüstenböden – lediglich extensive Weidewirtschaft möglich. Nur in Oasen, wo unter Ausnutzung der hohen Sommertem-

Weidewirtschaft möglich. Nur in Oasen, wo unter Ausnutzung der hohen Sommertemperaturen und des Grundwassers mit künstlicher Bewässerung gearbeitet wird, kann Ackerbau betrieben werden. Dieser unterliegt jedoch der Frost- und Versalzungsgefahr. Nur östlich von 115° Ost bis zur koreanischen Grenze sind die Bedingungen für die Landwirtschaft günstiger. Hier herrscht fruchtbarer Lössboden auf den nördlichen Ausläufern der Großen Ebene vor. Auch die klimatischen Voraussetzungen mit hohen Temperaturen und Niederschlägen im Sommer erlauben einen intensiven Regenfeldbau mit den Hauptanbaufrüchten Mais, Weizen, Baumwolle und Sojabohnen. Lediglich die hohe Erosionsgefahr bei Regenfällen im weichen Löss und das Überschwemmungsrisiko im Tiefland stellen gewisse Einschränkungen dar. (BE 8)

2.1 *Sie sollen, ausgehend von einer Textinterpretation, bei der Sie dem Text unter einem bestimmten Gesichtspunkt Informationen entnehmen, auch eigene Kenntnisse in Ihre Darstellung einbringen. Anschließend sollen Sie, in einem völlig neuen Ansatz, einen weiteren Sachverhalt in seinen positiven und negativen Aspekten entwickeln.*

Die chinesische Textilindustrie wurde seit Mitte der Neunzigerjahre durch den Import hochmoderner Webstühle umgebaut. Kleine Handwerksbetriebe wurden so in exportorientierte Unternehmen umgewandelt. Man investierte massiv in moderne Technik aus Europa, die vor allem dort angesiedelt wurde, wo man alle Produktionsschritte an einem Ort konzentrieren konnte. Baumwollanbau, Weben der Stoffe, Nähen der Kleidungsstücke – und das alles bei einer Unzahl billiger und motivierter Arbeitskräfte! Damit war der weltweite Erfolg der chinesischen Textilindustrie vorprogrammiert.
Die in Europa vorherrschende Vorstellung von der Freiheit des Welthandels und dem Wegfall von Handelsbeschränkungen hat sich also vor allem für China gelohnt. In technisch hervorragend ausgestatteten Fabriken wird heute preisgünstige Massenproduktion für den Weltmarkt betrieben. Konkurrenten können gegen diese Strategie nicht mithalten.
Europa profitiert von dieser Entwicklung und dem Export von Textilmaschinen dadurch, dass Arbeitsplätze im Maschinenbau geschaffen und gesichert werden. Dazu gehört auch, dass viele europäische Konzerne, um ihre eigene Wettbewerbsfähigkeit zu sichern, Produktionsverlagerungen nach China vornehmen und so ihre Kosten senken. Allerdings bedeutet das häufig auch das Risiko des Technologietransfers, sodass u. U. dadurch sogar die Wettbewerbsfähigkeit der Europäer reduziert wird, da China diese Maschinen selbst billiger herstellt.
Die europäischen Verbraucher haben den Vorteil, dass die Textilien preisgünstig angeboten werden. Das kann auf der anderen Seite natürlich auch dazu führen, dass die teureren europäischen Textilbetriebe Umsatzeinbußen und Arbeitsplatzverluste erleiden. (BE 10)

2.2 *Ohne vorgegebenes Material müssen Sie anhand Ihrer Kenntnisse eine Entwicklung erläutern, die zu der erwähnten Neuerung führte. Problematisch ist dabei, dass die Fragestellung recht allgemein gehalten ist und nicht vorgibt, wie weit Sie den zeitlichen und thematischen Rahmen der Antwort fassen sollen.*
Tipp: Wenn Sie sich über den geforderten Umfang einer Antwort im Unklaren sind, sollten Sie sich mit einem zusätzlichen Satz (beispielsweise „Ich verstehe die Frage so, dass … gefordert ist.“) absichern.

Die chinesische Wirtschaft und Gesellschaft befinden sich entsprechend ihrer marktwirtschaftlichen Orientierung auf dem Weg zu einer Konsumgesellschaft. Das Land hat sich gegenüber ausländischen Einflüssen geöffnet, was nicht nur bedeutet, dass ausländische Unternehmen hier investieren, sondern auch, dass z. B. die westliche Lebensart immer präsenter wird. Dazu gehört das werbewirksame Angebot vielfältiger Waren

zur Weckung von Konsumwünschen. Da die chinesischen Haushalte allmählich über höhere Einkommen verfügen und sich gerne an westlichen Konsumvorbildern orientieren, ist die Entstehung von Shoppingmalls nur konsequent. Es besteht ein hoher Nachholbedarf an Freizeit- und Unterhaltungsangeboten, der am besten in konzentrierter Form in den attraktiven Shoppingmalls gedeckt werden kann. Diese genießen das Image von luxuriösen, für den einfachen Bürger bisher unerreichbaren „Konsumtempeln", die nun für jeden zugänglich sind. Die Chinesen sind durchaus bereit, ihre Konsumausgaben zu erhöhen, sodass die Rentabilität dieser Shoppingmalls gesichert erscheint. Auch die steigende Mobilität, die das Einzugsgebiet der Malls erhöht, wirkt in die gleiche Richtung.
Bisher gehen die Shoppingmalls meist auf Investitionen ausländischer Unternehmen zurück, die dann auch hauptsächlich ausländische Waren und Güter anbieten. Entsprechend der Entwicklung in anderen Wirtschaftszweigen ist jedoch jetzt schon erkennbar, dass auch hier die Chinesen bald selber die Initiative übernehmen und eigene Shoppingmalls bauen werden. (BE 10)

3.1 *Die zwei Diagramme der Anlage IV.3 sind miteinander zu vergleichen. Dann müssen Sie die erarbeiteten Gemeinsamkeiten und Unterschiede herausstellen, wobei die jeweiligen Ursachen dafür besonders verdeutlicht werden sollen.*

Die Gemeinsamkeiten in der Altersstruktur der chinesischen Bevölkerung in den Jahren 1950 und 2000 erstrecken sich darauf, dass in allen jüngeren Altersstufen bis etwa 59 Jahre ein Überschuss der männlichen Bevölkerung besteht, während bei den älteren Jahrgängen der Anteil der Frauen größer ist. Das kann man darauf zurückführen, dass in der chinesischen Gesellschaft eine Bevorzugung der männlichen Nachkommen herrscht, die zeitweise sogar zu brutalen Maßnahmen gegenüber Töchtern führte. Der Frauenüberschuss bei der älteren Bevölkerung ist auf die höhere Lebenserwartung von Frauen zurückzuführen.
Sonst überwiegen die Unterschiede. 1950 herrschte noch eine fast idealtypische, pyramidenförmige Altersstruktur vor, die auf hohe Kinderzahlen und relativ große Sterblichkeit bei geringer Lebenserwartung schließen lässt.
Im Jahr 2000 hat sich die Form des Altersaufbaus schon erkennbar einer Urnenform angenähert, denn die Zahl der Geburten ist seit Propagierung der „Ein-Kind-Politik" Ende der 1970er-Jahre stark zurückgegangen. Die nochmalige Reduzierung der Kinderzahl ab 1990 dürfte aber eher auf steigenden Wohlstand, Konsumorientierung und die wachsende Einschätzung von Kindern als Kostenfaktor zurückzuführen sein.
Der auffallend große Anteil der mittleren Jahrgänge von etwa 25–49 Jahren ist das Ergebnis der chinesischen Bevölkerungspolitik seit Gründung der Volksrepublik China 1949 bis in die 1970er-Jahre. Damals unterstützte man von politischer Seite her hohe Geburtenzahlen, weil man glaubte, ein Staat sei umso mächtiger, je größer seine Bevölkerungszahl ist. Erst nach dem Tod Maos 1976 revidierte man aufgrund sehr negativer Erfahrungen mit dem Bevölkerungszuwachs diese offizielle Linie und setzt seitdem auf die „Ein-Kind-Familie". Eine starre politische Durchsetzung ist heute jedoch unter den stark veränderten Lebensumständen in China nicht mehr möglich, sodass die Bevölkerungsentwicklung eher von der wirtschaftlichen Entwicklung beeinflusst wird. (BE 10)

3.2 *Sie müssen zunächst die Statistik der Anlage IV.4 analysieren und die demographischen Besonderheiten der drei Provinzen herausstellen. Dann sollten Sie mithilfe der Karte der Anlage IV.4 Aussagen über Lage und Merkmale der drei Provinzen machen. Schließlich müssen Sie beide Ergebnisse zu einer Synthese zusammenfügen.*

Die Provinz Guizhou hat die höchsten Geburten- und Sterberaten. Die Zuwanderungsquote ist gering, die Abwanderung dagegen sehr hoch, sodass der Bevölkerungssaldo insgesamt negativ ist. Das erklärt sich aus der Lage und dem Entwicklungsstand von

Guizhou. Die Provinz liegt peripher im südlichen Binnenland und ist landwirtschaftlich geprägt. Es fehlt ihr an attraktiven Arbeitsplätzen. Sowohl die Industrialisierung als auch die Verstädterung sind gering entwickelt. Gegenüber den Küstenbereichen besteht ein deutlicher Entwicklungsrückstand, wirtschaftliche Impulse fehlen weitgehend.
Zhejiang hat demgegenüber nur eine halb so hohe Geburtenrate und auch eine geringere Sterberate, wobei die Geburtenrate die Sterberate übertrifft. Die Zuwanderung ist deutlich größer, die Abwanderung geringer. Insgesamt ist der Bevölkerungssaldo positiv, Zhejiang ist also der Bevölkerungszahl nach eine Wachstumsregion. Auch hier hat die Lage entscheidenden Einfluss. Die Nähe zu Shanghai und die Lage an der Küste sind attraktive wirtschaftliche Voraussetzungen, sodass trotz landwirtschaftlicher Dominanz bereits ein gewisser Industrieaufschwung zu beobachten ist, der viele Zuwanderer anlockt.
Obwohl Shanghai bei einer sehr niedrigen Geburtenrate sogar einen Sterbeüberschuss aufweist, ist es doch aufgrund der überragenden Zuwanderung bei sehr geringer Abwanderung das eindeutig beherrschende Wirtschaftszentrum. Es besteht ein sehr starkes Bevölkerungswachstum, da die Wirtschaft hier floriert und attraktive Arbeitsplätze anbietet. Der relativ hohe Lebensstandard wirkt jedoch geburtenhemmend, da Kinder zunehmend als Kostenfaktor gesehen werden und in Shanghai die Lebenshaltungskosten sehr hoch sind. (BE 10)

Grundkurs Erdkunde (Bayern): Abiturprüfung 2007 – Aufgabe I
Spanien

1 Naturraum und Wasserwirtschaft

1.1 Erklären Sie die in Anlage I.1 dargestellten jährlichen Abflusssummen und begründen Sie die Wasserüberschüsse und -defizite in den Flusseinzugsgebieten Spaniens!

1.2 Anlage I.1 zeigt Verlauf und Einleitungsvolumen der geplanten Ebro-Überleitung.
Stellen Sie die Erwartungen dar, die mit derartigen Projekten verbunden sind, und bewerten Sie die Ebro-Überleitung im Hinblick auf mögliche Chancen und Probleme! (22 BE)

2 Landwirtschaft

2.1 Die Provinz Huelva (Andalusien) hat sich zum größten Anbaugebiet für Erdbeeren in Europa entwickelt.
Zeigen Sie auch unter Einbeziehung von Anlage I.2 Gründe für diese Spitzenstellung auf!

2.2 Seit einigen Jahren arbeiten im Erdbeeranbaugebiet von Huelva neben nordafrikanischen auch polnische Erntehelfer.
Stellen Sie die Ursachen dieser Saisonarbeiterwanderungen dar und arbeiten Sie damit einhergehende Probleme für die ausländischen Saisonarbeiter heraus! (18 BE)

3 Bevölkerungsentwicklung und Raumplanung

3.1 Anlage I.3 zeigt die Bevölkerungsentwicklung in den Provinzen Spaniens.
Beschreiben Sie die grundlegenden Veränderungen und begründen Sie für ein selbst gewähltes Raumbeispiel die dort vorherrschende positive Bevölkerungsentwicklung!

3.2 Zeigen Sie zwei Problemfelder auf, die sich in Regionen mit starkem Bevölkerungsrückgang ergeben! (20 BE)

(60 BE)

Anlage I.1: Hydrologische Verhältnisse in Spanien

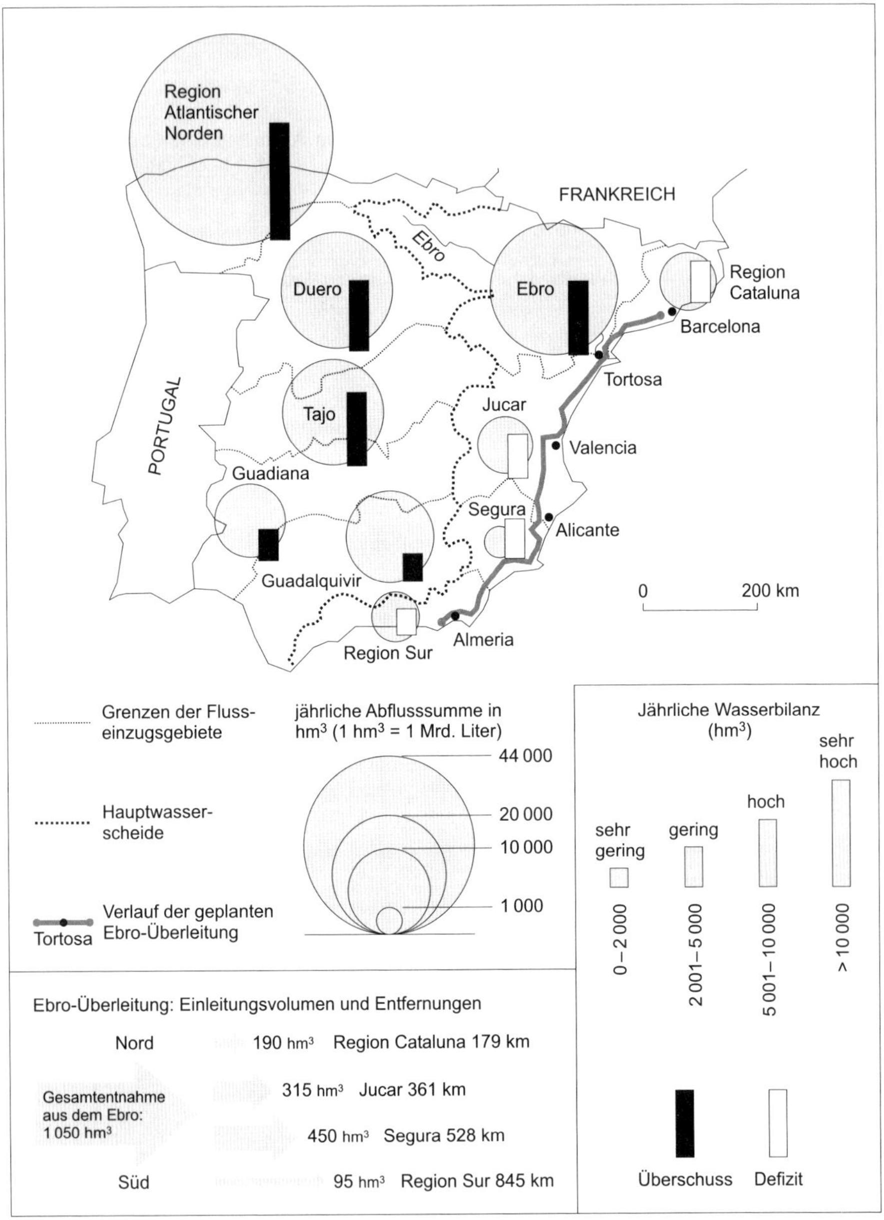

Anlage I.2: Produktion und Vermarktung von Erdbeeren

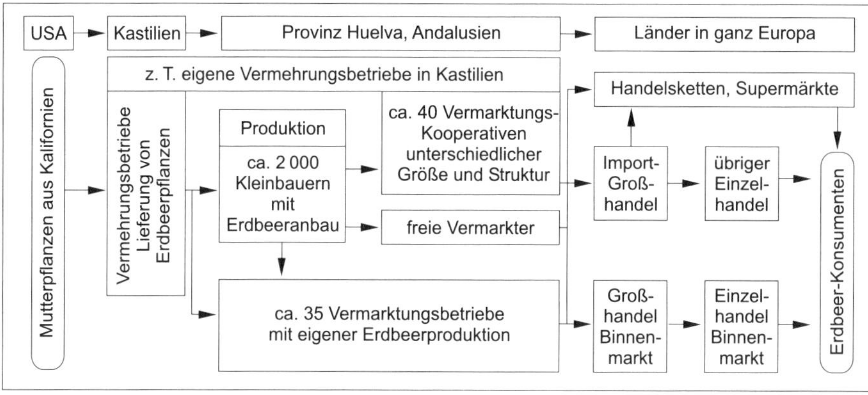

Anlage I.3: Entwicklung der Bevölkerung in den Provinzen Spaniens (ohne Kanarische Inseln) von 1991 bis 2001

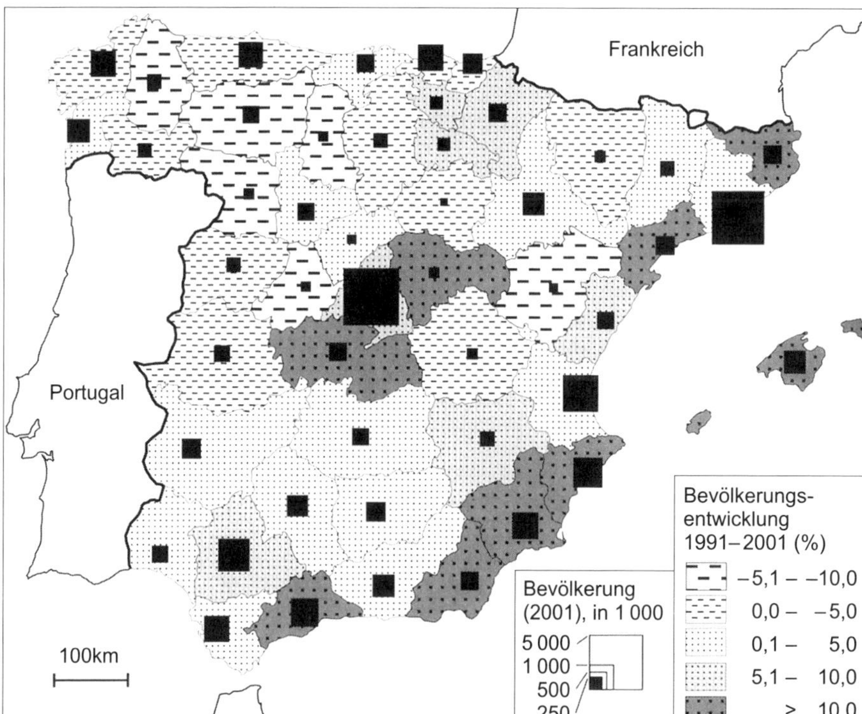

Quellenverzeichnis

Breuer, T.: nicht veröffentlichte Karten; WBG-Manuskript, 2006, verändert (Anlage I.1)
INE, Censos de Población 1991; 2001, vorläufige Ergebnisse (Anlage I.3)
Voth, A.: Demografischer Wandel in Spanien. In: Geographische Rundschau, Heft 5/2003, S. 12
Voth, A.: Erdbeeren aus Andalusien. In: Praxis Geographie, Heft 3/2004, S. 14 (Anlage I.2)

Lösungsvorschlag

1.1 *Die erste Teilaufgabe fordert von Ihnen, die in Anlage I.1 dargestellten Abflusssummen zu beschreiben und zu erläutern. In einem zweiten Schritt sollen Sie die Wasserbilanzen der einzelnen Flusseinzugsgebiete ableiten.*

Die unterschiedlichen hydrologischen Verhältnisse in Spanien sind ein Spiegelbild der jeweiligen naturgeografischen Voraussetzungen.
Die nördlichen, klimatisch vom Atlantik geprägten Bereiche mit ihren hohen Niederschlägen weisen entsprechend große Abflusssummen auf, während die an der Mittelmeerküste liegenden Einzugsgebiete durch ihre geringen jährlichen Niederschläge auch nur kleine Abflusssummen haben. Verstärkt wird dieser Effekt dadurch, dass die Hauptwasserscheide weit nach Osten verschoben ist, sodass die nördlichen und westlichen Einzugsgebiete viel größer sind als die Einzugsgebiete im Mittelmeerbereich (eine Ausnahme bildet lediglich das Ebroeinzugsgebiet).
Daneben wirkt sich auch das Relief auf die Abflussmengen aus. Luvlagen, z. B. im Norden des Kantabrischen Gebirges, erhöhen die Niederschläge und damit die Abflussmengen; Leelagen, z. B. auf der Südseite der Sierra Nevada, haben den gegenteiligen Effekt mit Niederschlagsreduzierung und Verringerung der Abflussmenge.
Schließlich beeinflusst auch die Breitenkreislage die Höhe des Abflusses. In den nördlichen, kühleren Bereichen ist die Verdunstung geringer, im Binnenland und vor allem im südöstlichen Mittelmeerraum steigt die Verdunstung aufgrund der höheren Temperaturen stark an, sodass die Abflussmengen reduziert werden.

Ein ähnliches Bild ergibt sich bei der jährlichen Wasserbilanz. Mit Ausnahme des Ebro-Einzugsgebietes leidet der gesamte Mittelmeerbereich östlich der Hauptwasserscheide unter einem deutlichen Wasserdefizit. Dieses wird nicht nur durch die geringeren Niederschläge und die höhere Verdunstung verursacht, sondern auch durch den hohen Wasserverbrauch durch Intensivlandwirtschaft, Tourismus und Industrie. Das Ebrogebiet profitiert von seinem großen Einzugsgebiet, das z. T. in humiden Gebirgsbereichen liegt.
Das restliche Spanien hat, von Norden nach Süden abnehmend, Wasserüberschüsse. Höhere Niederschläge, geringere Verdunstung und gebietsweise auch ein niedrigerer Verbrauch in dünn besiedelten Gebieten sind dafür ausschlaggebend.

Zusammenfassend lässt sich Folgendes feststellen: Je größer die jährlichen Abflusssummen in einem Einzugsgebiet sind, umso ausgeprägter ist der Wasserüberschuss bzw. je kleiner die Summe (unter ca. 8 000 hm^3) ist, umso deutlicher wird das Wasserdefizit. (BE 11)

1.2 *Diese Aufgabe gliedert sich in zwei Teile. Zunächst sollen Sie die wesentlichen Ziele formulieren, die man allgemein mit solchen Projekten anstrebt. Anschließend werden von Ihnen konkrete Aussagen zur Ebro-Überleitung verlangt. Dabei sollen Sie Chancen und Risiken einander gegenüberstellen, um zu einer abschließenden vergleichenden Bewertung zu kommen.*

Wasserüberleitungen mit großem finanziellem und technischem Aufwand werden im Allgemeinen nur dann durchgeführt, wenn man damit im Einleitungsgebiet Ziele umsetzen kann, die ohne zusätzliches Wasser nicht erreichbar wären. Durch die Bereitstellung des erforderlichen Brauchwassers erhofft man sich eine entscheidende Verbesserung der Situation in Landwirtschaft, Industrie, Privathaushalten und, soweit vorhanden, im Tourismus.

Das Wasserüberschussgebiet des Ebro soll dazu genutzt werden, Wasser in die südlich und nordöstlich des Überschussgebiets an der Mittelmeerküste liegenden defizitären Gebiete zu transportieren. Dafür will man die sogenannte „Ebro-Überleitung" bauen, die insgesamt über 1 000 hm^3 aus dem Ebro in die Regionen Cataluna, Jucar, Segura und Sur leiten soll. Damit stünde dort ganzjährig eine höhere Wassermenge zur Verfügung, die man zur Intensivierung und Ausdehnung der Bewässerungswirtschaft, für die Industrie und zum Ausbau des Tourismus verwenden könnte. Da es sich bei den Zielgebieten um Räume mit hohem Wachstum und großer Zuwanderung handelt, ist diese Verbesserung des Wasserangebots dringend nötig. Man erhofft sich außerdem zusätzliche Arbeitsplätze durch den Ausbau verschiedener Wirtschaftssektoren und die Möglichkeit der Energiegewinnung durch den Bau von Wasserkraftwerken.

Diese Ebro-Überleitung ist nicht ganz unproblematisch, birgt aber durchaus auch große Chancen. Schwierig ist, dass das Wasserdefizit der betroffenen Küstenregionen schon heute sehr viel größer ist als das geplante Einleitungsvolumen von 1 050 hm^3. Daher kann das Projekt das Problem der Gesamtversorgung nicht allein lösen, sondern höchstens einen wichtigen Beitrag leisten. Bedenken muss man auch, dass die Gesamtlänge der Überleitungswege mehr als 1 000 km beträgt, sodass es zu hohen Wasserverlusten durch Verdunstung kommen dürfte. Auch die topografischen Voraussetzungen gestalten sich recht ungünstig, da erhebliche Höhenunterschiede zu überwinden sind. Man wird daher mit Pumpwerken und hohem finanziellem Aufwand arbeiten müssen. Das Flusssystem des Ebro kann durch die Wasserentnahme beeinträchtigt werden. Im Zielgebiet können sich bei unsachgemäßem Wassereinsatz in den Bewässerungsgebieten Gefährdungen durch Bodenversalzung ergeben.

Dennoch scheint das Projekt zur besseren Wasserversorgung der Verdichtungsräume an der Mittelmeerküste sinnvoll zu sein. Es kann innerhalb des landesweiten Wasserversorgungssystems eine wichtige Ergänzung zu dem bereits bestehenden erfolgreichen Tajo-Segura-Projekt werden. (BE 11)

2.1 *Sie sollen die wesentlichen Gründe herausarbeiten, die die Sonderstellung Huelvas erklären können.*
Hilfreich zur Lösung dieser Teilaufgabe sind Informationen aus Anlage I.2, aus Atlaskarten (z. B. Diercke Weltatlas S. 100, S. 102) sowie Ihre im Unterricht erworbenen Kenntnisse über Intensivlandwirtschaft.

Die Gründe für den Aufschwung Huelvas zum größten Erdbeeranbaugebiet Europas liegen in der natürlichen Lagegunst und in technischen sowie organisatorischen Innovationen.
Huelva liegt an der Atlantikküste im Südwesten Spaniens, hat ganzjährig milde Temperaturen und günstige Voraussetzungen für künstliche Bewässerung. Das Anbaugebiet hat sich völlig auf den Erdbeeranbau spezialisiert, der in Monokultur die Agglomera-

tionsvorteile der räumlichen Konzentration ausnutzt. Die Infrastruktur wurde mit dem Ausbau schneller Transportwege und effektiver Vermarktungsorganisationen deutlich verbessert.
Der Anbau selbst ist durch moderne Tröpfchen-Bewässerungsanlagen, den Einsatz von Flüssigdünger und die Anlage von Folientreibhäusern und -tunneln stark intensiviert worden. Dadurch kann die Sonneneinstrahlung auch im Winter optimal genutzt werden.

Wie aus Anlage I.2 ersichtlich, ist die Produktion und Vermarktung industriell in globalem Maßstab ausgestaltet: Vertikal reicht die Integration von der Züchtung in den USA über die Vermehrungsbetriebe in Kastilien, die Produktion und Vermarktung in Andalusien bis zu europaweiten Handelsverflechtungen. Horizontal arbeiten die Kleinbauern mit unterschiedlich großen Vermarktungskooperativen bzw. Vermarktungsbetrieben mit eigener Produktion zusammen. (BE 9)

2.2 *Auch diese Aufgabe ist wieder in zwei Teilfragen untergliedert. Sie sollten diese Vorstrukturierung auch in Ihrer Antwort übernehmen. Stellen Sie also zunächst die wichtigsten Ursachen dar, die diese umfangreiche Saisonarbeiterwanderung hervorgerufen haben. Dann erst sollten Sie auf die mit diesem Phänomen verbundenen Probleme eingehen.*

Aufgrund der Entwicklung zum größten Erdbeeranbaugebiet Europas werden immer mehr Arbeitskräfte für die weitgehend manuelle Ernte benötigt. Polnische Arbeitskräfte nutzen nach dem Beitritt Polens zur EU die Öffnung des europäischen Arbeitsmarktes. Sie erhalten in Spanien höhere Löhne als in Polen, wo ihnen zudem Arbeitslosigkeit droht. Dies gilt in noch stärkerem Maße auch für die nordafrikanischen Erntehelfer, deren Heimatländer noch ungünstigere Arbeitsbedingungen aufweisen.

Da es sich bei den ausländischen Erntehelfern um Saisonarbeitskräfte handelt, die nach der Ernte wieder in ihre Heimat zurückkehren, besteht häufig das Problem eines unzureichenden Arbeits- und Versicherungsschutzes. Auch Unterbringung und Versorgung sind mitunter mangelhaft: Die Arbeitgeber sparen auf diese Weise Kosten und die Arbeitnehmer sind vor allem daran interessiert, möglichst viel Lohn mit nach Hause zu nehmen.
Des Weiteren besteht die Gefahr des Lohndumpings, wenn z. B. polnische und nordafrikanische Arbeitskräfte um die Saisonarbeitsplätze konkurrieren. Mindestlöhne gibt es nicht, sodass die Arbeitgeber bei entsprechend hohem Arbeitskräfteangebot die Bezahlung auf ein Minimum reduzieren können. Da die Löhne im Durchschnitt aber immer noch höher liegen als in den Herkunftsländern der Saisonarbeiter, werden auch weiterhin ausländische Saisonarbeiter in die Region kommen. (BE 9)

3.1 *Im ersten Teil Ihrer Antwort können Sie sich darauf beschränken, die Anlage I.3 differenziert zu interpretieren. Im zweiten Teil müssen Sie ein geeignetes Raumbeispiel auswählen und an diesem detailliert die Gründe für die positive Entwicklung nachweisen.*

Die Bevölkerungsentwicklung der Provinzen Spaniens von 1991–2001 zeigt ein deutliches Muster. Die größten Zunahmen der Bevölkerungszahl weisen neben den Provinzen um die Ballungszentren Madrid und Barcelona vor allem die Balearen und die meisten Provinzen an der Mittelmeerküste auf. Demgegenüber liegen die Provinzen mit einer negativen Bevölkerungsentwicklung insbesondere im nordwestlichen Binnenland und an der Atlantikküste sowie im Binnenland zwischen Madrid und Mittelmeerküste.

Der Tendenz nach haben die Provinzen mit einer deutlich positiven Bevölkerungsentwicklung auch meist die höhere absolute Bevölkerungszahl, während die Provinzen mit einer negativen Bevölkerungsentwicklung häufig zu den bevölkerungsschwächeren Provinzen gehören.

Als Raumbeispiel für eine vorherrschende positive Bevölkerungsentwicklung bietet sich z. B. die Mittelmeerküste einschließlich der Balearen an. Hier herrscht Zuwanderung und Bevölkerungswachstum, weil durch den Tourismus ein vielfältiges Arbeitsplatzangebot vorhanden ist. Auch Ruhestandswanderungen aufgrund des günstigen Klimas spielen sicher eine wichtige Rolle. Neben dem Tourismus steigern auch die Arbeitsplätze in der Intensivlandwirtschaft und gebietsweise in der Industrie (z. B. Barcelona) die Attraktivität des Küstenstreifens. (BE 10)

3.2 *In Ihrer Antwort sollten Sie sich, wie in der Aufgabenstellung gefordert, wirklich nur auf zwei Problemfelder beschränken, die Sie dann aber auch umfassend abhandeln. Empfehlenswert ist es, deutlich unterscheidbare Bereiche auszuwählen, also z. B. demografische und wirtschaftliche Entwicklungen anzusprechen. Vermeiden Sie ausschweifende Ausführungen; konzentrieren Sie sich auf knappe, präzise Aussagen.*

Regionen mit starkem Bevölkerungsrückgang leiden vor allem an den gravierenden Auswirkungen der Abwanderung. Besonders die junge, aktive Bevölkerung verlässt diese Gebiete, weil sie hier keine Arbeits- und Lebensperspektive mehr sieht. Es droht Überalterung, die Steuereinnahmen sinken und die Infrastruktur verfällt. Schulen, Kindergärten und Freizeiteinrichtungen werden geschlossen; der Bedarf an soziokulturellen Institutionen sinkt und das gesamte Leben orientiert sich an den Bedürfnissen der älteren Generation. Wirtschaftliche Stagnation und ausbleibende Investitionen schwächen den Raum weiter. Sinkende Kaufkraft einer immer kapitalschwächer werdenden Bevölkerung strahlt auf Handel und Dienstleistungen aus, die ihre Angebote zwangsläufig immer weiter reduzieren müssen.
Die Probleme eines solchen Passivraumes verschärfen sich durch Selbstverstärkung immer weiter, sodass die Disparität zu einem Aktivraum immer größer wird. Das wiederum wirkt weiter beschleunigend auf den Niedergang und die Abwanderung in einem solchen Raum. (BE 10)

Grundkurs Erdkunde (Bayern): Abiturprüfung 2007 – Aufgabe II: Russland

1 Klima und Tourismus

1.1 Ordnen Sie die Klimadiagramme in Anlage II.1 den Stationen Samara (51° N/50° O), Irkutsk (52° N/104° O) und Nikolajewsk (53° N/141° O) zu, indem Sie jeweils die charakteristischen Merkmale herausarbeiten und erklären!

1.2 Der Baikalsee erfreut sich seit einigen Jahren bei in- und ausländischen Touristen zunehmender Beliebtheit.
Prüfen Sie die Eignung der Baikalsee-Region für eine umfassendere touristische Erschließung! (20 BE)

2 Landwirtschaft

2.1 Stellen Sie unter Einbeziehung von Anlage II.2 einschränkende naturräumliche Faktoren für eine ackerbauliche Nutzung nördlich und südlich des Agrardreiecks dar!

2.2 Beschreiben und begründen Sie ausgehend von Anlage II.3 den Strukturwandel in der Landwirtschaft Russlands seit Auflösung der Sowjetunion! (20 BE)

3 Ressourcennutzung

3.1 Deutschland und Russland streben den Bau einer Ostsee-Pipeline an.
Erörtern Sie unter Einbeziehung von Anlage II.4 Chancen und Risiken eines solchen Projekts für diese beiden Länder!

3.2 Die größten Erdgas- und Erdölfelder Russlands liegen in Westsibirien.
Zeigen Sie auf, welche Probleme bei der Förderung und Nutzung dieser Felder auftreten können! (20 BE)

(60 BE)

Anlage II.1: Klimadiagramme im Vergleich

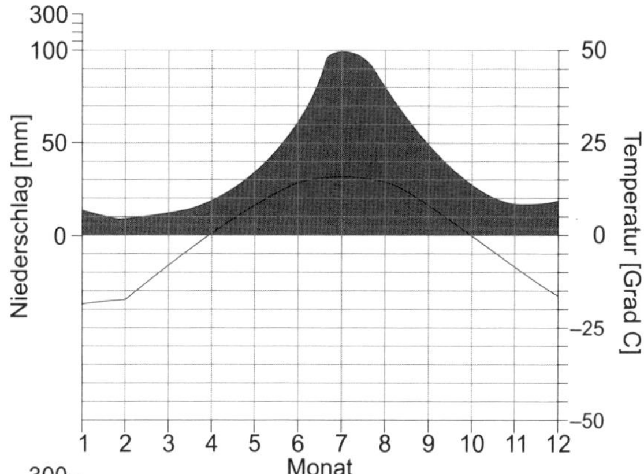

Station A

Jahresdurchschnitts-temperatur: 0,0 °C

Jahresgesamtnieder-schlag: 461 mm

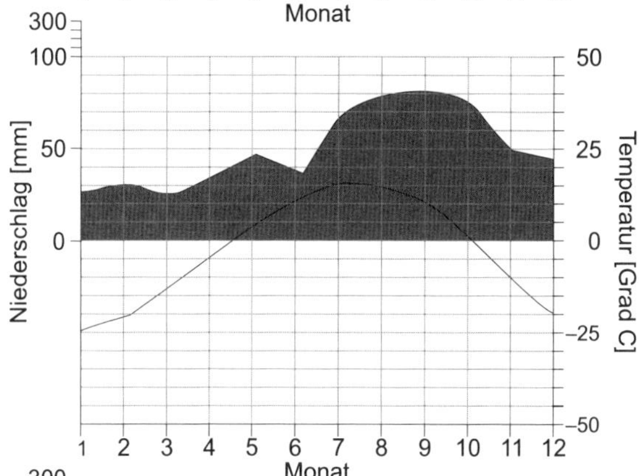

Station B

Jahresdurchschnitts-temperatur: –2,1 °C

Jahresgesamtnieder-schlag: 633 mm

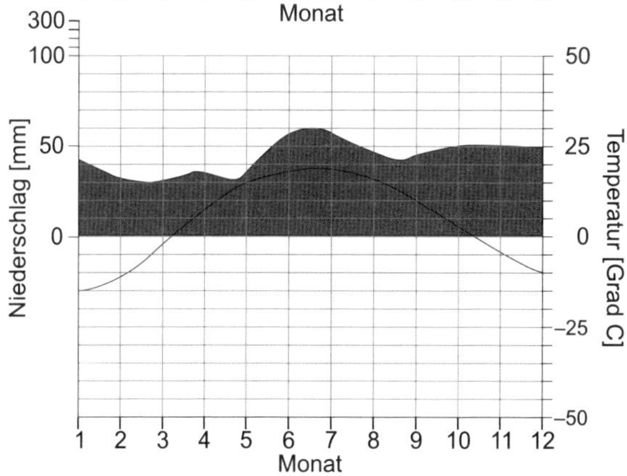

Station C

Jahresdurchschnitts-temperatur: 4,7 °C

Jahresgesamtnieder-schlag: 563 mm

Anlage II.2: Bodenzonen in Eurasien mit Darstellung des Agrardreiecks

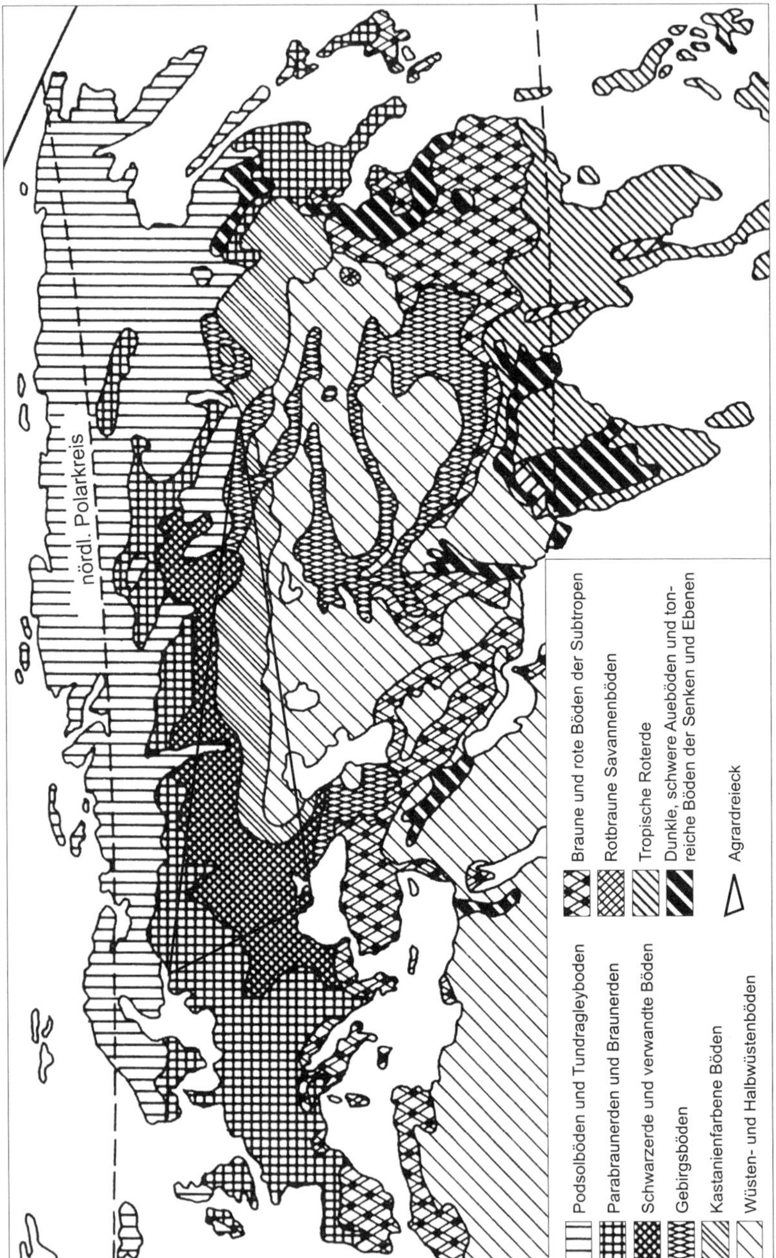

Anlage II.3: Strukturdaten zur Landwirtschaft Russlands

	1992	2005
Anbauflächen (in Mio. ha), davon	114,6	77,5
Getreide	61,9	43,8
Kartoffeln	3,4	3,1
Gemüse	0,7	0,8
Futtermittel	42,5	22,1
Sonstiges	6,1	7,7
Hektarerträge (in Zentner pro ha)		
Getreide	18	19
Kartoffeln	114	121
Gemüse	145	175
Tierbestand (in Mio. Stück)		
Rinder	40,2	11,1
Schweine	23,5	7,3
Traktorenbestand (in Tausend)	1 290,7	480,3

Anlage II.4: Deutsch-russische Gaspipelines

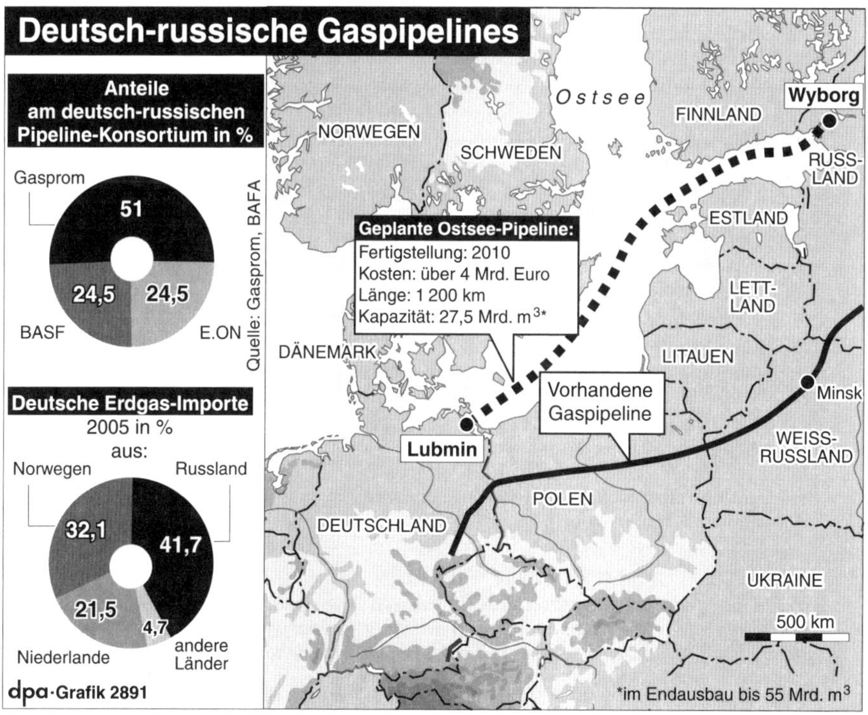

Die Röhrenleitung soll auf dem Grund der Ostsee verlaufen. Sie ist nach Expertenschätzung etwa 2,4 Milliarden Euro teurer als eine Überlandverbindung.

Quellenverzeichnis
dpa Grafik 2891 (Anlage II.4)
Klohn, W. u. Windhorst, H.-W. (Hrsg.): Physische Geographie: Böden, Vegetation, Landschaftsgürtel. Vechta 2003, S. 31, verändert (Anlage II.2)
www.gks.ru
www.klimadiagramme.de (Anlage II.1)

Lösungsvorschlag

1.1 *Sie müssen die Klimadaten der Anlage II.1 in ihren wesentlichen Merkmalen erkennen, beschreiben und erläutern. Erst das versetzt Sie in die Lage, die geforderte regionale Zuordnung sinnvoll vornehmen zu können.*

Die drei angegebenen Stationen liegen alle etwa auf demselben Breitenkreis, weisen jedoch unterschiedliche Längenkreise auf.

Station A hat eine mittlere Jahresdurchschnittstemperatur von 0 °C und mit 461 mm den geringsten Jahresgesamtniederschlag der drei angegebenen Stationen. Der Niederschlag konzentriert sich vorwiegend auf die Monate Juni/Juli/August. Die Temperatur reicht von –20 °C im Januar bis + 17 °C im Juli, hat also eine Amplitude von 37 °C. Das deutet auf eine hohe Kontinentalität und damit eine östliche Binnenlage hin.
Die östlichste Binnenstation mit 104° O ist Irkutsk, das mit der Station A dargestellt ist. Das noch weiter im Osten liegende Nikolajewsk kommt nicht in Frage, da es am Meer liegt und daher höhere Niederschläge haben muss.

Station B hat mit 633 mm den höchsten Jahresniederschlag und mit –2,1 °C die niedrigste Jahresdurchschnittstemperatur. Das Maximum der Niederschläge liegt in den Monaten August, September und Oktober. Die Temperaturen reichen von –23 °C im Januar bis + 16 °C im Juli, sodass sich ebenfalls eine hohe Jahresamplitude von 39 °C ergibt.
Diese Daten deuten auf Nikolajewsk hin, das im Spätsommer unter dem Einfluss feuchter pazifischer Luftmassen liegt. Im Winter herrschen hier sehr kalte Luftmassen aus Nordwesten vor, die auch nicht durch die ausgleichende Wirkung des Meeres erwärmt werden können, da das Meer zu dieser Jahreszeit vereist ist.

Das Klimadiagramm der Station C zeigt mit + 4,7 °C die höchste Jahresdurchschnittstemperatur und mit 563 mm einen mittleren Jahresniederschlag. Der Temperaturverlauf reicht von –12 °C im Januar bis + 20 °C im Juli und ist mit einer Amplitude von 32 °C gegenüber den anderen Stationen etwas ausgeglichener. Die Niederschläge sind relativ gleichmäßig über das ganze Jahr verteilt.
Damit ist Samara charakterisiert, das aufgrund seiner relativ westlichen Lage stärker dem Einfluss atlantischer Luftmassen ausgesetzt ist und dem Übergangsbereich zum kontinentalen Klima zuzuordnen ist. (BE 12)

1.2 *Der Operator „prüfen" verlangt von Ihnen, sich intensiv mit den Folgen einer Erschließung auseinanderzusetzen. Sie müssen Vor- und Nachteile einander gegenüberstellen und zu einer fundierten Bewertung kommen. Als Hilfsmittel können Sie natürlich auf Atlaskarten zurückgreifen (z. B. Diercke Weltatlas S. 144–151)*

Die Eignung einer Region für eine umfassende touristische Erschließung bemisst sich daran, ob dort Natur- oder Kulturattraktionen vorhanden sind, ob es bereits Ansätze einer touristischen Infrastruktur gibt und ob die Region ihrer Lage nach leicht zu erreichen ist.

Der Baikalsee ist mit seinen langen Küstenlinien zwar relativ gut geeignet für Bademöglichkeiten und Sommertourismus. Reliefbedingt gibt es jedoch nur wenige Zugänge zum See. Die Sommersaison ist sehr kurz und die Wassertemperaturen sind ziemlich niedrig. Die Winter fallen aufgrund der extrem tiefen Temperaturen für eine touristische Nutzung aus. Da auch der Lage nach große Entfernungen zu den Ballungsräumen im In- und Ausland bestehen, bietet sich der Baikalsee eher als Naherholungsgebiet für den Großraum Irkutsk an. Dabei muss man allerdings bedenken, dass jede touristische Erschließung diese bisher fast unberührte Natur und das hochempfindliche Ökosystem der Taiga in starkem Maße gefährden kann. Alternativen, die weniger „naturabhängig" sind (z. B. Kulturtourismus), fallen mangels bedeutender Sehenswürdigkeiten weg.

Man muss daher, trotz der zunehmenden Beliebtheit bei den Touristen, gegenüber einer umfassenden touristischen Erschließung des Baikalsees durchaus Bedenken haben. (BE 8)

2.1 *Bei dieser Teilaufgabe bietet es sich an, dass Sie Ihre Antwort folgendermaßen untergliedern: in einen ersten Teil, der sich mit dem Gebiet nördlich des Agrardreiecks beschäftigt, und einen zweiten Teil, der die Faktoren südlich des Agrardreiecks darstellt. Achten Sie darauf, dass in der Aufgabenstellung nur nach naturräumlichen Faktoren gefragt wird! Diese sollten Sie dann aber auch möglichst vollständig abhandeln. Bewertungen oder ein Eingehen auf künstliche Veränderungen sind nicht gefordert.*

Nördlich des Agrardreiecks wird die ackerbauliche Nutzung vor allem durch das kalte Klima, die nachlassende Bodenfruchtbarkeit und die hydrologischen Probleme eingeschränkt. Die Vegetationsperiode ist sehr kurz, die Sommertemperaturen sind niedrig und die winterliche Kälteperiode ist sehr ausgeprägt. Fröste können auch während der Anbauperiode auftreten.
Neben einem schmalen Streifen mit Parabraunerden herrschen nährstoffarme und saure Podsolböden vor. Der Boden geht nach Norden schnell in Permafrostboden über bzw. neigt zu Staunässe mit Versumpfungs- und Überschwemmungsgefahr in den Tieflandbereichen. Dies gilt insbesondere im Frühjahr, wenn bei den von Süden nach Norden fließenden Flüssen der Unterlauf noch vereist ist, sodass im bereits aufgetauten Oberlauf das Wasser gestaut wird.

Im Süden des Agrardreiecks beschränken Trockenheit, ungünstiges Relief und nährstoffarme Böden die ackerbauliche Nutzung. Hier nimmt die Niederschlagshäufigkeit von West nach Ost – bei insgesamt ohnehin niedrigem Volumen – aufgrund der zunehmenden Kontinentalität stark ab. Die Niederschlagsvariabilität ist sehr hoch, lang anhaltende Dürren können von kurzen Starkregen unterbrochen werden. Dadurch besteht sowohl die Gefahr von Bodenerosion als auch von flächenhafter Austrocknung. Regenfeldbau ist hier kaum möglich. Wo Chancen für künstliche Bewässerung vorhanden sind, besteht die Gefahr der Bodenversalzung durch kapillaren Aufstieg des Bodenwassers und fehlende Dränagen.
Bei den Böden dominieren nährstoffarme Halbwüsten- und Wüstenböden sowie magere Gebirgsböden, in deren Bereich sowieso aufgrund des ausgeprägten Reliefs kaum Nutzungsmöglichkeiten bestehen. (BE 10)

2.2 *Sie müssen eine Entwicklung zunächst in ihren wesentlichen Phasen aufzeigen und anschließend die Ursachen darlegen, die diese Entwicklung herbeigeführt haben. Die Informationen aus der Anlage II.3 sind dafür zwar hilfreich, reichen alleine aber nicht aus. Sie benötigen zur Beantwortung dieser Frage zusätzlich Unterrichtswissen.*

Seit der Auflösung der Sowjetunion hat sich in der Landwirtschaft Russlands ein tief greifender Strukturwandel vollzogen. Die Entwicklung zur Marktwirtschaft zeigt sich deutlich in den Daten der Anlage II.3.

Die Anbaufläche ist im Zeitraum 1992–2005 von 114,6 Mio. ha auf 77,5 Mio ha insgesamt stark zurückgegangen, viele unrentable ehemals staatliche Großbetriebe wurden geschlossen. Entsprechend umfangreich war die Reduzierung der Anbauflächen für Getreide und Futtermittel. Letzteres hat seine Ursache in den ebenfalls stark rückläufigen Tierbeständen, für die die Produktionskosten zu hoch wurden. Ein Großteil des Fleischbedarfs wird heute über kostengünstigere Importe gedeckt.
Auch beim Traktorenbestand ist ein deutlicher Rückgang von 1 290 700 Stück auf 480 300 Stück erkennbar. Die veralteten, häufig defekten Maschinen wurden allmählich ausgemustert und nur z. T. durch teure, leistungsfähige Neuanschaffungen ersetzt. Größere Investitionen scheiterten jedoch oft an der mangelnden Kapitalausstattung.
Lediglich bei den Anbauflächen für Gemüse und den Hektarerträgen für Getreide, Kartoffeln und Gemüse kann man eine Steigerung feststellen. Die höhere Gemüseproduktion könnte mit dem veränderten Verbraucherverhalten oder einem verstärkten Eigenanbau zusammenhängen. Bei den gesteigerten Flächenerträgen für Getreide und Kartoffeln werden sich vermutlich Intensivierungsmaßnahmen wie besseres Saatgut oder stärkerer Düngereinsatz bemerkbar machen. (BE 10)

3.1 *Die Aufgabenstellung verlangt von Ihnen, Pro- und Kontra-Argumente gegeneinander abzuwägen, um zu einem Urteil zu gelangen. Sinnvollerweise sollten Sie Ihre Antwort so gliedern, dass die Positionen Deutschlands und Russlands deutlich voneinander unterschieden werden können.*

Die Ostsee-Pipeline soll neben der bereits vorhandenen Gaspipeline durch Weißrussland und Polen dazu dienen, das russische Gas aus den sibirischen Gasfeldern nach Deutschland zu leiten. Die neue Pipeline würde die Lieferkapazitäten beträchtlich erhöhen und könnte auch eine umfangreichere Gasversorgung als gegenwärtig nach Deutschland sicherstellen. Allerdings würde sich damit auch die Abhängigkeit Deutschlands von russischen Erdgaslieferungen, die heute mit 41,5 % aller Erdgas-Importe schon sehr hoch ist, weiter verstärken.

Der Verlauf auf dem Grund der Ostsee soll sicherstellen, dass eventuelle Probleme zwischen Russland und den bisherigen Transitländern die Versorgungssicherheit nicht beeinträchtigen können. Polen bzw. Weißrussland werten den Bau um ihr Staatsgebiet herum als „unfreundlichen Akt“, was die zukünftigen Beziehungen zu Russland und auch zu Deutschland verschlechtern könnte. Die deutsch-russische Zusammenarbeit wird dagegen durch die Beteiligung von Gasprom mit 51 % bzw. BASF und EON mit jeweils 24,5 % deutlich intensiviert.

Chancen für Russland ergeben sich durch die Sicherung des mitteleuropäischen Absatzmarktes, die Ausweitung der Gasexporte und die genau planbaren Deviseneinnahmen. Natürlich muss Russland dafür langfristige Verpflichtungen eingehen und hohe finanzielle Vorleistungen erbringen.
Auch die Umgehung der bisherigen Transitländer Polen und Weißrussland führt sowohl zu Vor- als auch Nachteilen. Die Ostsee-Pipeline ist sehr viel teurer als eine Überlandverbindung und bringt Unstimmigkeiten mit den Nachbarn mit sich. Andererseits kann man die bisherigen Durchleitungsentgelte sparen und unabhängig von eventuellen Forderungen nach einem bestimmten Streckenverlauf oder einer Beteiligung am Bauvorhaben agieren. (BE 10)

3.2 *Sie sollten in Ihrer Antwort sowohl auf naturgeografische als auch auf wirtschaftliche/soziale Probleme eingehen. Da die Aufgabenstellung recht allgemein gefasst ist und auch potenzielle Probleme anspricht, können Sie alle Schwierigkeiten anführen, die Ihnen für den Raum Westsibirien einfallen. Greifen Sie als Anregung auf Atlaskarten (z. B. Diercke Weltatlas S. 144–151) zurück.*

Die Probleme bei der Förderung und Nutzung der Erdgas- und Erdölfelder in Westsibirien leiten sich aus dessen peripherer, klimatisch extremer Lage ab. Die Temperaturen dort sind sehr niedrig, was zu hohem Materialverschleiß und technisch aufwändigem Bau von Siedlungen und Verkehrswegen führt. Im Sommer kommen weitere Schwierigkeiten durch das oberflächliche Auftauen des Permafrostbodens dazu.

Die Versorgung der Menschen mit Gütern aller Art ist wegen der peripheren Lage und der langen Transportwege sehr problematisch. Das Gebiet ist daher als Wohnstandort für die notwendigen Arbeitskräfte sehr unattraktiv. Nur über die Zahlung höherer Löhne kann man diesen Nachteil ausgleichen und qualifiziertes Personal anwerben.
Schließlich muss man bedenken, dass diese bisher weitgehend unberührte Naturlandschaft durch die Förderung und Nutzung der Felder u. U. großen Schaden nehmen kann, z. B. bei einem Leck im Pipelinesystem. Da solch ein Vorfall mitunter lange Zeit unentdeckt bleibt und schnelle Reparaturen kaum möglich sind, muss man großflächige Umweltzerstörungen und Beeinträchtigungen des Ökosystems befürchten.

Auch die weiteren notwendigen Infrastrukturmaßnahmen wie die Anlage von Siedlungen, Versorgungs- und Entsorgungseinrichtungen sowie der Ausbau von Verkehrswegen werden sich negativ auf das bestehende Ökosystem auswirken. Denn jeder Eingriff in die Natur bedeutet bei den vorherrschenden Kälteextremen eine nahezu unumkehrbare Veränderung der natürlichen Bedingungen. Da in Russland ökonomische Gesichtspunkte gegenüber ökologischen Einwänden sicher als wichtiger erachtet werden, muss man mit dramatischen Konsequenzen einer solchen Erschließung rechnen. (BE 10)

Grundkurs Erdkunde (Bayern): Abiturprüfung 2007 – Aufgabe III: Ägypten

1 Wasserverfügbarkeit

1.1 Arbeiten Sie mithilfe geeigneter Atlaskarten das natürliche Wasserangebot in Ägypten heraus, und stellen Sie davon ausgehend Möglichkeiten und Grenzen der landwirtschaftlichen Nutzung dar!

1.2 Überprüfen Sie die Eignung des in Anlage III.1 beschriebenen Konzepts zur Trinkwassergewinnung für die ägyptischen Tourismusgebiete am Roten Meer! (20 BE)

2 Tourismus

2.1 Beschreiben und erklären Sie anhand Anlage III.2 Veränderungen im ägyptischen Ausländertourismus!

2.2 Zeigen Sie Chancen und Probleme der touristischen Erschließung von Entwicklungsländern wie Ägypten auf! (20 BE)

3 Bevölkerungs- und Stadtentwicklung

3.1 Anlage III.3 zeigt Daten zur Bevölkerungsentwicklung von Ägypten und Äthiopien.
Ordnen Sie die Kurven jeweils einem Staat zu, indem Sie die wesentlichen Unterschiede herausarbeiten und begründen!

3.2 Seit den 1970er-Jahren entstehen verstärkt staatlich geförderte „New Towns" in den Wüstengebieten um Kairo.
Stellen Sie mithilfe von Anlage III.4 Ziele dieses Urbanisierungsprogramms dar und erläutern Sie mögliche Gründe, warum dieses Programm bislang hinter den Erwartungen zurückgeblieben ist! (20 BE)

(60 BE)

Anlage III.1: Mehr Wasser aus Meerwasser

In keinem Großraum der Erde entwickelt sich die Trinkwasserverknappung so dramatisch wie im Vorderen Orient. Laut einer Studie werden die Menschen in Ägypten im Jahr 2020 doppelt so viel Wasser wie heute brauchen.
Saudi-Arabien schöpft sein Trinkwasser bereits aus dem Roten Meer. Ein dabei häufig angewandtes Verfahren zur Umwandlung von Meerwasser in Trinkwasser ist die kostenintensive Destillation von Meerwasser in großtechnischen Anlagen in Küstennähe. Dabei wird das Meerwasser zur Prozessoptimierung mit Chlor und organischen Polymerverbindungen angereichert, verdampft, der salzfreie Dampf aufgefangen und wieder verflüssigt. Die bei der Entsalzung entstehenden großen Mengen von Sole – es handelt sich dabei um eine erwärmte, hochkonzentrierte Lösung aus Mineralsalzen und organischen Substanzen – werden anschließend wieder ins Meer geleitet.

Anlage III.2: Veränderungen im Ausländertourismus in Ägypten

Regionale Verteilung der Bettenkapazitäten[1] in Ägypten in den Jahren 1992 und 2002

[1]Hotels mit internationalem Standard

Bettenkapazität 1992 (119 000 Betten)

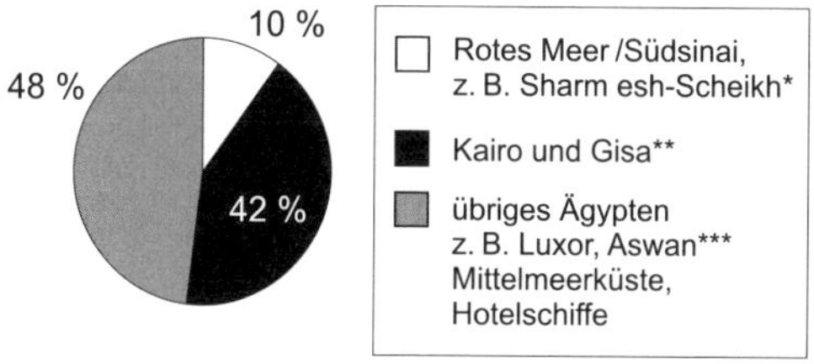

Bettenkapazität 2002 (264 000 Betten)

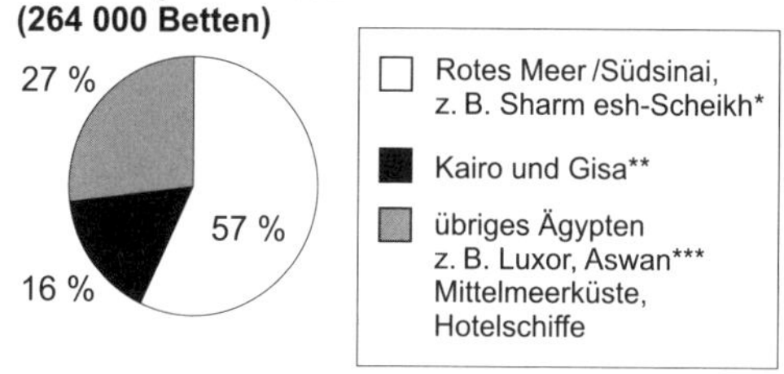

Ausländertourismus in Ägypten: Gästezahlen und Deviseneinnahmen in den Jahren von 1990 bis 2004

Jahr	Anzahl der Gäste in Mio.	Anzahl der Nächte pro Gast	Devisen-einnahmen in Mrd. US-$
1990	2,6	7,7	1,6°
1992	3,2	6,8	*keine Daten*
1994	2,6	6,0	2,0
1996	3,9	6,1	3,2
1998	3,5	5,9	2,6
2000	5,5	6,0	4,3
2002	6,1	6,3	3,8
2004	9,9	10,1	5,5

°Daten von 1989

* Sharm esh-Sheikh = Sharm-El-Sheik
** Gisa = Gise, Giseh, El Giza
*** Aswan = Assuan

Anlage III.3: Entwicklung der Bevölkerung von Ägypten und Äthiopien in den Jahren von 1970 bis 2000

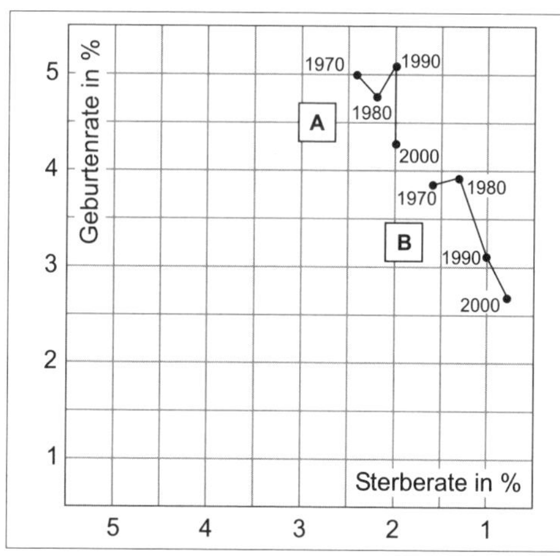

Anlage III.4: „New Towns“ in Ägypten

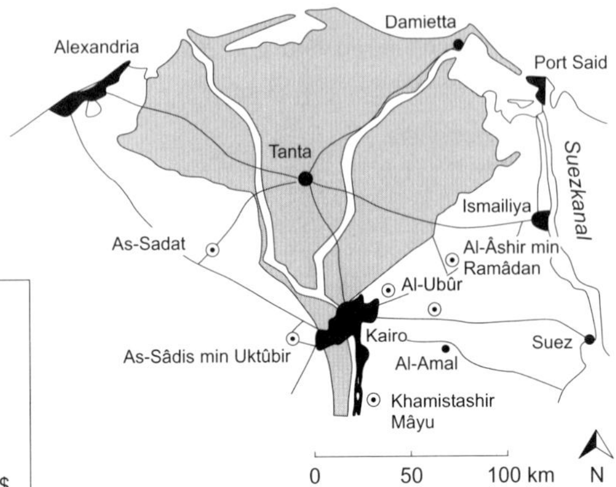

Ausgewählte Daten für die „New Towns“ insgesamt:

Fertiggestellte Wohnungen im Jahr 2004: 565 000 (zu 4 % bewohnt)

Anzahlungsbetrag für eine Wohnung im Jahr 1995: 1 170 US-$

Monatliche Abzahlung 17 US-$

Durchschnittlicher Monatsverdienst von Arbeitnehmern: 28 US-$

⊙ im Bau befindliche New Towns
• geplante New Towns
▢ Bewässerungsland im Niltal und Delta
— Straßen

Quellenverzeichnis:

Barth, H.-J.: Trinkwasserquelle Meer? In: Praxis Geographie, 9/2006, S. 32ff. (verändert)

Ibrahim, F. u. a.: Ägypten. Darmstadt 2006, S. 51, 138f., 144, 182f., vereinfacht (Anlage III.2)

Meyer, G.: Kairo. In: Geographische Rundschau, 2/1996, S. 97ff.

www.freitag.de/2005/49/05491801.php; Linda Tidwell: Mehr Wasser aus Meerwasser, 09. 12. 05, stark verändert und ergänzt

http://.laender.onvista.de/comparison_country.html

Lösungsvorschlag

1.1 *Die Aufgabenstellung gliedert sich in zwei aufeinander aufbauende Teile. Zunächst sollen Sie geeigneten Atlaskarten (z. B. Diercke Weltatlas S. 128–129, S. 132, S. 139) entnehmen, welches natürliche Wasserangebot Ägypten zur Verfügung steht. Dabei empfiehlt es sich, Ihre Ausführungen nach der unterschiedlichen Herkunft des Wassers zu untergliedern. Anschließend sollen Sie auf dieser Basis die jeweils mögliche landwirtschaftliche Nutzung beschreiben.*

Zum natürlichen Wasserangebot eines Gebietes gehören Niederschläge, Fluss-/See- bzw. Meerwasser und Grundwasser.

Ägypten weist aufgrund seiner Lage in der Nähe des nördlichen Wendekreises nur sehr geringe winterliche Niederschläge auf. Das Gebiet ist vollarid und bietet kaum Möglichkeiten zum Regenfeldbau. Die landwirtschaftliche Nutzung beschränkt sich in den Regionen, die nur auf den natürlichen Regen angewiesen sind, auf Weidewirtschaft.

Anders sieht es im Niltal und im Nildelta aus. Der Nil führt als Fremdlingsfluss ganzjährig genügend Wasser, vor allem seit dem Bau des Assuan-Staudamms, durch den die jährlichen großen Wasserstandsschwankungen nivelliert wurden. Dadurch ist eine intensive landwirtschaftliche Nutzung auf der Grundlage von Bewässerungssystemen möglich (z. B. Baumwoll- und Zuckerrohranbau). Allerdings ist das Anbaugebiet auf einen schmalen Streifen beiderseits des Nils beschränkt, der sich nur im Bereich des Deltas großflächig erweitert. In letzter Zeit stehen diese landwirtschaftlichen Nutzflächen in harter Konkurrenz zu geplanten Siedlungen und Infrastrukturen, an die sie immer größere Flächen verlieren.

Schließlich hat Ägypten, insbesondere in der westlichen Wüste, auch einige Oasen auf der Basis von fossilem Grundwasser. Obwohl die zeitliche und räumliche Nutzung hier beschränkt ist – die Wasservorräte erneuern sich schließlich nicht mehr! –, werden die Vorräte dennoch vielseitig genutzt. Oft wird im Stockwerkbau mit mehreren Ernten pro Jahr gearbeitet. Dattelpalmen, Obstbäume und Feldfrüchte sind die Hauptanbauprodukte. (BE 10)

1.2 *Mit dem Operator „überprüfen" wird von Ihnen verlangt, das in Anlage III.1 beschriebene Konzept zur Trinkwassergewinnung in seinen entscheidenden Merkmalen darzustellen und zu beurteilen, ob es auf Ägypten übertragbar ist. Dazu müssen Sie die speziellen Voraussetzungen Ägyptens anführen und einordnen können.*

Das in der Anlage beschriebene Konzept zur Trinkwassergewinnung beruht auf der von Saudi-Arabien angewandten Methode der Umwandlung von Meerwasser in Trinkwasser. Das geschieht mithilfe einer sehr kostenintensiven Destillation von Meerwasser in großtechnischen Anlagen. Damit ist bereits klar, dass sich zwar das wohlhabende Saudi-Arabien solche Investitionen leisten kann, kaum aber das arme Ägypten. Die hohen Kosten kann der mit Haushaltsdefiziten kämpfende Staat nicht aufbringen. Private Investoren hätten nur bei gesicherter Rendite, d. h. ausreichender und langfristiger Nachfrage aus dem Tourismussektor, Interesse. Das aber kann nicht garantiert werden. Auch würde der Tourismus dann in eine einseitige Abhängigkeit von den privaten Interessen einzelner Investoren geraten.

Da die Anlagen in Küstennähe stehen müssten, wäre ein Flächennutzungskonflikt mit dem Tourismus absehbar. Der Naturraum würde beeinträchtigt, die Salzkonzentration des Meerwassers durch die Rückflüsse aus der Anlage stark erhöht und das ökologische Gleichgewicht der küstennahen Gewässer gestört.
Daher könnte ein solches Konzept der Meerwasserentsalzung theoretisch zwar den durch den Tourismus bedingten Wasserbedarf decken, wäre aber aus den geschilderten ökonomischen und ökologischen Gründen kaum sinnvoll. (BE 10)

2.1 *Anlage III.2 gibt Ihnen die zur Beantwortung dieser Teilaufgabe wesentlichen Informationen. Sie müssen die dort enthaltenen wichtigen Veränderungen benennen und begründen. Beim zweiten Teil Ihrer Antwort müssen Sie allerdings über die direkt aus der Anlage ableitbaren Ergebnisse hinausgehen und auf Ihr Unterrichtswissen zurückgreifen.*

In Anlage III.2 wird der Ausländertourismus in Ägypten in seiner Entwicklung von 1990–2004 in regionaler und quantitativer Hinsicht dargestellt.

Auffallend ist, dass sich die Bettenkapazität in Hotels mit internationalem Standard von 1992–2002 mehr als verdoppelt hat. Während 1992 das „übrige Ägypten" (Luxor, Assuan, Mittelmeerküste) als Zielgebiet vor Kairo und Gise dominierte, hat bis 2002 das Gebiet „Rotes Meer/Südsinai", prozentual und absolut weit überragend, die Spitzenstellung erobert.

Nicht nur prozentual, sondern auch in absoluten Zahlen hat das Gebiet „Kairo und Gise" demgegenüber stark an Bedeutung verloren. Das Gebiet „übriges Ägypten" konnte zwar absolut seine Bettenkapazität steigern, fiel aber prozentual weit zurück. Zwischen 1990–1998 schwankte die Anzahl der Gäste bei insgesamt leicht ansteigender Tendenz. Seit 1998 ist eine kontinuierliche Erhöhung festzustellen, die insbesondere im Zeitraum von 2002–2004 auffallend groß war. Bei der Anzahl der Nächte pro Gast ist bei einigen Schwankungen insgesamt von 1990–2002 ein Rückgang vorhanden, der dann plötzlich von 2002–2004 – ähnlich wie bei der Anzahl der Gäste – in einen deutlichen Anstieg übergeht.
Ähnliches zeigt sich bei den Deviseneinnahmen: von 1998–2002 insgesamt uneinheitlich bei steigender Tendenz, von 2002–2004 starke Zunahme.

Begründen kann man diese Veränderungen, soweit sie steigende Tendenzen aufweisen, sicher mit der Förderung der touristischen Infrastruktur, wobei dem Wassersporttourismus am Roten Meer eine besondere Bedeutung zukam. Die Bedeutung des Tourismus für den Arbeitsmarkt und als Devisenquelle wurde immer deutlicher, zumal kostengünstige Pauschalangebote immer mehr west- und mitteleuropäische Touristen anzogen und eine zusätzliche Nachfrage durch osteuropäische Touristen entstand. Dabei ging der Kulturtourismus an historischen Stätten offensichtlich zurück, Badereisen stiegen dagegen in der Beliebtheit. Rückschläge dürften z. T. durch politische Instabilität und Gefahr durch terroristische Anschläge veranlasst sein. Der extreme Anstieg von 2002–2004 bei Gästeanzahl, Aufenthaltsdauer und Deviseneinnahmen bei gleichzeitig sinkenden Einnahmen pro Gast deutet auf verstärkte Werbung und besonders preisgünstige Angebote hin, die primär den Bade- und Wassersporttourismus am Roten Meer betreffen dürften. (BE 12)

2.2 *Sie sollen wertend Argumente gegenüberstellen, die aufzeigen, welche Chancen und Risiken für Entwicklungsländer durch den Tourismus entstehen können. Sie müssen sich dabei nicht unbedingt auf Ägypten beziehen, sondern können allgemein argumentieren.*

Die Chancen der touristischen Erschließung eines Entwicklungslandes liegen sicher bei zusätzlichen Deviseneinnahmen, die dem Staatshaushalt und der Wirtschaft zugute kommen können. Neue Arbeitsplätze, vor allem im Dienstleistungsbereich, erhöhen die Kaufkraft und der Ausbau der Infrastruktur kommt, wenn er sich nicht nur auf die Touristenzentren konzentriert, auch der einheimischen Bevölkerung und den übrigen Wirtschaftsbereichen zugute. Falls neue Touristenregionen abseits der Agglomerationsräume entstehen, könnten die regionalen Disparitäten etwas abgemildert werden. Der Zuzug junger Arbeitnehmer entlastet die Metropolen und bietet möglicherweise neue Ansatzpunkte einer wirtschaftlichen Entwicklung.
Allerdings ist die Realität häufig weniger positiv. An attraktiven Standorten werden, völlig losgelöst vom übrigen Land, regelrechte „Touristen-Ghettos" geschaffen. Die wenigen neu geschaffenen Arbeitsplätze stehen nur saisonal zur Verfügung und sind schlecht bezahlt. Soweit diese Zentren überhaupt ihre direkte Umgebung beeinflussen, erhöhen sie dort die Lebenshaltungskosten bzw. bewirken das Entstehen neuer regionaler Disparitäten. Oft liegen solche Projekte in der Hand von ausländischen Investoren, die ihre erwirtschafteten Gewinne weitgehend ins Ausland transferieren. Für das Entwicklungsland selbst bleibt wenig übrig; es ist abhängig vom Wohlwollen und der Wirtschaftsstrategie der Investoren. Kommt es z. B. zu Nutzungskonflikten um Wasser oder Grundflächen zwischen Einheimischen und Tourismusunternehmen, sind meist die Einheimischen die Unterlegenen. Auch ökologische Probleme werden radikal zugunsten ökonomischen Gewinnstrebens vernachlässigt.
Schließlich muss man auch die Nachteile sehen, die in vielen Fällen aus dem Aufeinanderprallen völlig unterschiedlicher Kulturen und Verhaltensweisen entstehen können.

Die eigene Kultur wird, um den angeblichen touristischen Bedürfnissen zu entsprechen, überfremdet und verfälscht. Verhaltensweisen der Touristen werden übernommen, auch wenn sie nicht mit der einheimischen Kultur in Einklang stehen. (BE 8)

3.1 *In einem ersten Arbeitsschritt müssen Sie die wesentlichen Merkmale und Unterschiede der beiden in Anlage III.3 dargestellten Kurven erkennen und benennen. Dann sollen Sie die Ursachen für die jeweiligen Kurvenverläufe herausarbeiten. Auf dieser Grundlage ist es schließlich möglich, eine sinnvolle Zuordnung nach Ländern vorzunehmen.*

Die Kurve A in Anlage III.3 zeigt für das Jahr 1970 eine sehr hohe Geburtenrate von 5 %, die sich erst ab 1990–2000 auf etwa 4,3 % reduziert. Die Sterberate beginnt 1970 bei einem Prozentsatz von 2,5 % und vermindert sich bis zum Jahr 2000 geringfügig auf 2 %. Damit hat das Land A durchgängig höhere Geburten- und Sterberaten als das Land B. Das weist auf einen sehr niedrigen Entwicklungsstand einer traditionellen Agrargesellschaft mit nur langsam sich verbessernder medizinischer Versorgung hin. Von den beiden angegebenen Ländern treffen diese Merkmale auf Äthiopien zu.

Die Kurve B beginnt 1970 mit einer Geburtenrate von etwa 3,8 %, steigt bis 1980 leicht auf 3,9 %, um dann bis 2000 stark auf 2,7 % zu fallen. Die Sterberate reduziert sich zwischen 1970 und 2000 relativ kontinuierlich von 1,6 % auf den sehr niedrigen Wert von 0,7 %. Das deutet auf ausgeprägte Fortschritte bei der medizinischen Versorgung und dem Lebensstandard hin. Das Land B muss damit wirtschaftlich weiter entwickelt sein als das Land A, Maßnahmen zur Geburtenkontrolle anwenden und gesellschaftliche Veränderungen wie z. B. beim Wertewandel und bei der Rolle der Frau mitgemacht haben. Das alles trifft auf Ägypten zu. (BE 10)

3.2 *Hier sind zwei Teilfragen zu einer Gesamtfrage zusammengefasst. Gliedern Sie Ihre Antwort entsprechend. Beschreiben Sie also zunächst unter Verwendung von Anlage III.4 die wesentlichen Ziele, die dieses Urbanisierungsprogramm verfolgt. Suchen Sie dann, ebenfalls mithilfe von Anlage III.4, möglichst viele Gründe dafür, warum das Programm bisher als Misserfolg einzuschätzen ist.*

Das Urbanisierungsprogramm der „New Towns“ in den Wüstengebieten um Kairo hat die Entlastung der Metropole Kairo zum Ziel. Als Standorte hat man sich für bisher nicht nutzbare Wüstenflächen entschieden, um das wertvolle fruchtbare Ackerland des Niltals und -deltas für eine landwirtschaftliche Nutzung zu schonen. Für den Großraum erhofft man sich eine gleichmäßigere Verteilung der Bevölkerung und damit eine Entschärfung der sozialen Konflikte, die sich in den letzten Jahren durch das extreme Wachstum Kairos entwickelt haben. Die Dezentralisierung soll den Abbau bestehender räumlicher Disparitäten bewirken und neue Entwicklungspole schaffen, die dann zur Ansiedlung von Unternehmen führen könnten.

Gemessen an diesen Zielen ist das Programm bisher weit hinter den Erwartungen zurückgeblieben. Zwar wurden bis 2004 bereits 565 000 Wohnungen gebaut, aber nur etwa 22 000 davon sind bewohnt. Das hängt zum einen damit zusammen, dass im Vergleich zu den geringen Einkommen der Anzahlungsbetrag und die monatliche Abzahlung für diese Wohnungen sehr hoch sind. Die Entfernung nach Kairo ist relativ groß und muss bei Beibehaltung des Arbeitsplatzes in der Metropole täglich zurückgelegt werden. In den „New Towns” fehlen weitgehend Arbeitsplatz-Alternativen und auch weitere infrastrukturelle Einrichtungen. Aufgrund dieser insgesamt geringen Attraktivität ist die Bereitschaft zur Umsiedlung sehr niedrig. Die Menschen nehmen lieber viele Unannehmlichkeiten in Kairo in Kauf, als unter hoher finanzieller Belastung in diese künstlichen und „unvollständigen“ Orte umzuziehen, zu denen sie keinerlei soziale Bindungen haben. (BE 10)

Grundkurs Erdkunde (Bayern): Abiturprüfung 2007 – Aufgabe IV: Südkorea

1 Klima und Naturraum

1.1 Das in Anlage IV.1 gezeigte Klimadiagramm von Seoul ist charakteristisch für die klimatischen Verhältnisse auf der Koreanischen Halbinsel. Erläutern Sie diese unter Einbezug des Modells der planetarischen Zirkulation!

1.2 Bewerten Sie mithilfe geeigneter Atlaskarten das naturräumliche Potenzial Südkoreas im Hinblick auf eine wirtschaftliche Inwertsetzung! (18 BE)

2 Wirtschaftliche Entwicklung

2.1 Erläutern Sie anhand der Daten aus Anlage IV.2 grundlegende Veränderungen der Exportstruktur Südkoreas seit den späten 1970er-Jahren!

2.2 Anlage IV.3 a zeigt die Entwicklung der Weltmarktanteile beim Schiffbau. Begründen Sie die Entwicklung des südkoreanischen Schiffbaus unter Einbeziehung der Anlage IV.3 b! (24 BE)

3 Bevölkerungsstruktur und Wohnungsbestand in Seoul

3.1 Charakterisieren Sie die in Anlage IV.4 gezeigte Entwicklung der Altersstruktur der ausgewählten Länder. Legen Sie mögliche Gründe für die Entwicklung Südkoreas dar!

3.2 Beschreiben Sie die in Anlage IV.5 dargestellte Entwicklung des Wohnungsbestandes in Seoul und leiten Sie zwei damit verbundene mögliche Folgen für das Stadtbild ab! (18 BE)

(60 BE)

Anlage IV.1: Klimadiagramm von Seoul

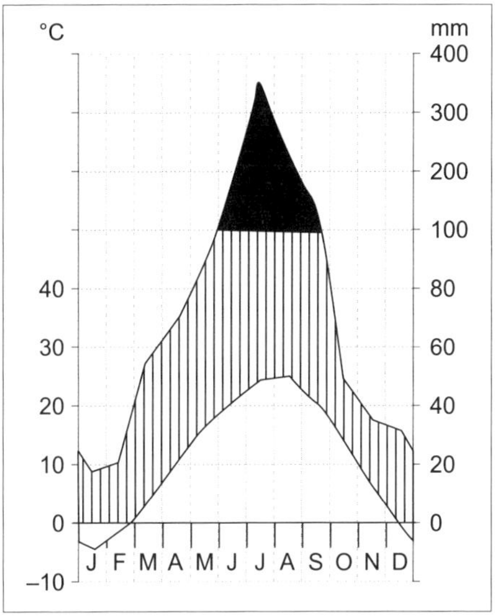

Anlage IV.2: Veränderungen der Exportstruktur Südkoreas

Warengruppen (Wert in Mio. US-$)	**1977**	**1985**	**1995**	**2005**
Landwirtschafts-, Fischerei- und Forstprodukte	1 698	1 468	3 359	3 424
Textilien	3 076	7 084	18 656	13 946
Haushaltswaren	1 186	3 113	4 371	2 669
Eisenwaren, Kraftfahrzeuge, Maschinen, Schiffe	1 821	10 459	33 718	102 044
Chemische Erzeugnisse	514	1 259	10 091	29 894
Elektronische und elektrische Produkte	1 088	4 900	44 602	107 437
Sonstiges	664	2 000	10 261	25 005
Gesamt	**10 047**	**30 283**	**125 058**	**284 419**

Anlage IV.3: Der südkoreanische Schiffbau

a) Entwicklung der Weltmarktanteile im Schiffbau

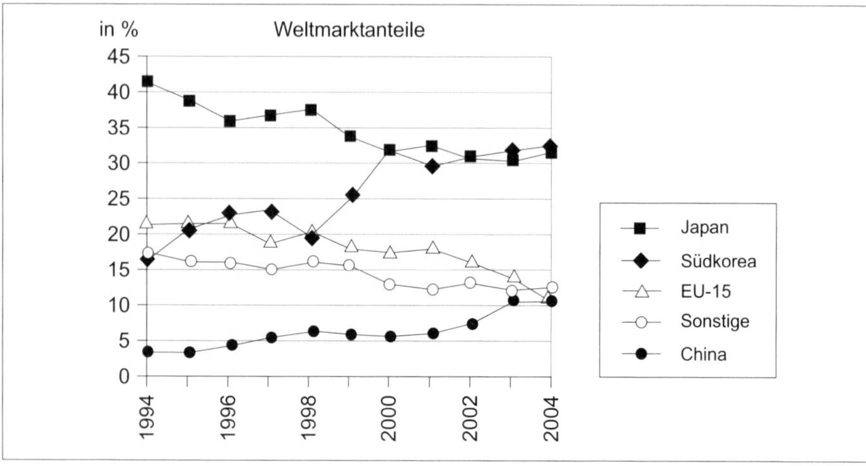

b) Entwicklung der Beschäftigten im südkoreanischen Schiffbau

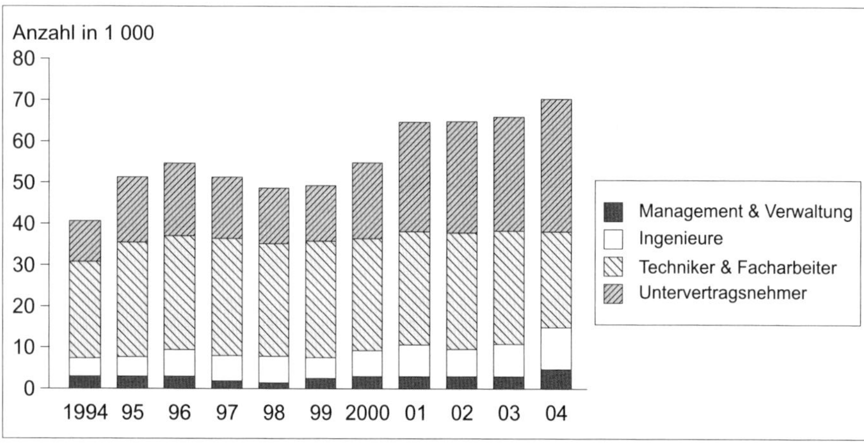

Definition „Untervertragsnehmer“
Im Gegensatz zu den Zulieferern, die fertige Teile wie z. B. Schiffsmotoren liefern, handelt es sich hier um kleinere Unternehmen, an die Teile des Produktionsprozesses, wie z. B. Mal- und Schweißarbeiten, vergeben werden.

Anlage IV.4: Alterung der Bevölkerung in ausgewählten Ländern

	Anteil der Bevölkerung 65 Jahre und älter: Prozentsatz erreicht im Jahr ...		
	7 %	14 %	20 %
Südkorea	2000	2019	2026
Japan	1970	1994	2006
Deutschland	1932	1972	2012

Anlage IV.5: Wohnungsbestand in Seoul

Seoul	**1975**	**2000**
Einwohner	6 889 502	9 895 217
Zahl der Haushalte*	1 406 980	3 109 809
Personen pro Haushalt*	4,98	3,18
Zahl der Wohnungen	761 242	1 973 179
davon in		
– Einfamilienhäusern	618 045	498 346
– Apartmenthochhäusern	58 459	1 011 158
– Town houses** und Reihenhäusern	39 583	403 454
– Nichtwohngebäuden und öffentlichen Einrichtungen	45 155	60 221

* Haushalt: eigenständige Wirtschaftsgemeinschaft (Familie, Lebensgemeinschaft, Einzelpersonen)

** vier- bis fünfstöckige private Wohnhäuser

Quellenverzeichnis

Dege, E.: Seoul – von der Metropole zur Metropolregion. In: Geographische Rundschau, 7–8 /2000, S. 4 ff. (Daten aktualisiert)

Gay, P.: Südkorea: Herausforderungen für das 21. Jahrhundert, FES-Analyse der Friedrich-Ebert-Stiftung. Berlin 2004

Hanisch, W. u. Schulz, C.: GeoKlima für Windows 2.01 (Anlage IV.1)

Hassink, R.: Der Erfolg des südkoreanischen Schiffsbaus und seine Gründe. In: Geographische Rundschau 9/2006, S. 62 ff.

Population & Housry Census Report (Anlage IV.5)

www.kita.net

www.vsm.de (Anlage IV.3 a)

www.koslupa.or.kr (Anlage IV3. b)

Lösungsvorschlag

1.1 *Mithilfe von Anlage IV.1 sollen Sie die klimatischen Verhältnisse der Koreanischen Halbinsel darstellen und diese im Rahmen der planetarischen Zirkulation erklären. Dafür müssen Sie die typischen Merkmale des Klimadiagramms von Seoul, die charakteristisch für ganz Korea sind, herausarbeiten und interpretieren.*

Der jährliche Temperaturverlauf von Seoul reicht von –5 °C im Januar bis +25 °C im August, weist also eine hohe Amplitude von 30 °C auf. Die Niederschläge haben ihr Maximum im Juli mit etwa 360 mm, ihr Minimum liegt im Januar bei 20 mm.
Seoul ist also ganzjährig humid und hat eine ausgeprägte Jahrestemperaturamplitude. Ursache dafür ist die Lage der Stadt in den Subtropen an der Ostseite des asiatischen Kontinents. Hier wirkt im Winter das Kältehoch über Zentralasien, das zu kalten und trockenen Nordwestwinden führt. Im Sommer herrschen dagegen südöstliche Windrichtungen vor. Sie bringen warme und über dem Meer mit Feuchtigkeit angereicherte tropische Luftmassen mit sich, die durch das ausgedehnte Hitzetief über dem asiatischen Kontinent angesogen werden. (BE 8)

1.2 *Geeignete Atlaskarten für die Beantwortung dieser Teilaufgabe sind z. B. Diercke Weltatlas S. 170–173 und S. 143–146. Hier müssen Sie zunächst die Naturfaktoren erkennen und beschreiben. Dann sollen Sie eine Wertung vornehmen, inwieweit Sie diese naturräumliche Ausstattung für günstig oder ungünstig halten.*

Zur Bewertung des naturräumlichen Potenzials eines Staates in Hinblick auf seine wirtschaftliche Inwertsetzung gehören Aussagen über Lage, Klima, Relief, Böden, Bodenschätze und Naturereignisse.

Im Falle Südkoreas ist die Lage relativ günstig. Südkorea liegt recht zentral im ost-/südostasiatischen Wirtschaftsraum und besitzt als Halbinsel in eisfreien Gewässern sehr gute Voraussetzungen für die Anlage von Häfen. Damit ist der Zugang zu den Weltmeeren und zum kostengünstigen Seehandel gesichert.
Klimatisch gehört Südkorea zu den Subtropen. Das Land erhält aufgrund seiner Meeresnähe ganzjährig ausreichend Niederschläge. Auf dieser Basis werden vor allem Reis, Sojabohnen und Tabak angebaut. Die Variabilität der Regenmengen führt mitunter zu Missernten.
Vom Relief her sind bezüglich der wirtschaftlichen Inwertsetzung gewisse Einschränkungen zu machen. Das Gelände ist stark reliefiert und untergliedert den Raum in viele kleine Einheiten. Weite Teile des Landes sind gebirgig, sodass Probleme der Raumenge auftreten und die Siedlungs- und Wirtschaftsräume sich auf die wenigen Ebenen und Küstenregionen konzentrieren müssen. Fruchtbare Böden gibt es nur in den Schwemmlandebenen, in den Gebirgen herrschen steinige Rohböden vor.
An Bodenschätzen sind nur die Steinkohlevorkommen erwähnenswert, die die Basis für den Aufbau der Schwerindustrie liefern. Alle weiteren benötigten Rohstoffe müssen importiert werden.
Die im südostasiatischen Raum weit verbreitete Gefahr von Erdbeben besteht in Südkorea kaum, da das Land nicht direkt an einer Plattengrenze liegt.

Insgesamt ist das naturräumliche Potenzial Südkoreas differenziert zu bewerten: der Lage und dem Klima nach positiv, dem Relief, dem Boden und den Bodenschätzen nach eher negativ. (BE 10)

2.1 *Sie sollen zunächst die aus Anlage IV.2 erkennbaren Veränderungen beschreiben. Anschließend ist es Ihre Aufgabe, Gründe für jede einzelne Veränderung zu finden, diese exakt zuzuordnen und plausibel zu erklären.*

Gefordert sind hier lediglich Erläuterungen, die sich aus den in der Anlage dargestellten grundlegenden Veränderungen ergeben.

Zunächst ist festzuhalten, dass der Gesamtexport Südkoreas von 1977–2005 extrem um das 28-fache gestiegen ist. Den größten Zuwachs erzielten dabei die Warengruppen „elektronische und elektrische Produkte“ sowie „Eisenwaren, Kraftfahrzeuge, Maschinen, Schiffe“, die fast um das 100-fache bzw. 58-fache zugenommen haben. 1977 lagen diese Warengruppen ihrem Wert nach noch hinter „Textilien“, 2005 führen sie weit überragend die Liste der Warengruppen an.
Auch die im Jahr 2005 drittwichtigste Warengruppe „chemische Erzeugnisse“ hat in ähnlichen Dimensionen zugelegt, auch wenn sie dem absoluten Wert nach nur etwas weniger als 1/3 des jeweiligen Wertes der ersten beiden Warengruppen erzielt. Die restlichen Warengruppen „Textilien“, „Landwirtschaft“ und „Haushaltswaren“ bleiben sowohl bezüglich ihrer Steigerung als auch hinsichtlich ihres Absolutwerts weit zurück. Dies ist umso bemerkenswerter, als 1977 „Textilien“ und „Landwirtschaft“ noch zu den wichtigsten Warengruppen gehörten. „Textilien“ und „Haushaltswaren“ sind auch die einzigen Gruppen, die von 1995 bis 2005 einen wertmäßigen Rückgang aufweisen.

Alle diese Daten weisen auf die Veränderung Südkoreas von einem Entwicklungs- zu einem Industrieland hin. Die eigene Industrie wurde kontinuierlich aufgebaut, ersetzte zunächst die bis dahin notwendigen Importe und orientierte sich dann zunehmend am Export. Dabei dominierte 1995 noch die arbeitsintensive Leicht- und Konsumgüterindustrie, die dann aber wegen steigender Löhne, größerer Konkurrenz von Billiglohnländern und Auslagerung der Produktion an Bedeutung verlor. Auch die Exporte landwirtschaftlicher Güter stiegen zwar insgesamt an, erreichten aber aufgrund der niedrigen Wertschöpfung nur einen geringen Exportanteil. Eindeutig dominierend wurden die kapital- und technologieintensiven Grundstoff-/Schwer- und High-Tech-Industrien. Hier konnten preiswerte Massenprodukte hergestellt werden. Billige Arbeitskräfte und staatliche Förderung halfen zunächst dabei. In der Zwischenzeit wird die Konkurrenzfähigkeit durch den Ausbau von Forschung und Entwicklung sowie hohe Qualitätsstandards gesichert. (BE 14)

2.2 *Es wird von Ihnen erwartet, dass Sie die in Anlage IV.3 a erkennbare Entwicklung des südkoreanischen Schiffbaus in seinen wesentlichen Abschnitten beschreiben. Dann sind Sie aufgefordert, unter Zuhilfenahme der Anlage IV.3 b und aufgrund eigener Kenntnisse die entscheidenden Gründe für diese Entwicklung anzuführen.*

Der südkoreanische Schiffbau hat sich von einem Weltmarktanteil 1994 von etwa 17 % (und damit dem weltweit 3. Platz) auf 33 % im Jahr 2004 entwickelt. Mit diesem Wert nahm das Land die weltweite Spitzenposition ein.
Der Anstieg hat sich nach einem gewissen Rückgang 1997/1998 vor allem im Zeitraum 1998–2000 vollzogen und ging zulasten Japans und der EU-15, die Weltmarktanteile einbüßten. Seit 2000 ist kein weiterer nennenswerter Anstieg mehr zu beobachten, da ab diesem Zeitpunkt vor allem China seinen Weltmarktanteil stark steigern konnte.

Begründen lässt sich die Entwicklung des Schiffbaus zunächst durch deutliche Lohnkostenvorteile und staatliche Subventionen in Südkorea, zu denen noch Transportkostenvorteile durch die Stahlproduktion im eigenen Land kamen. Begleitend kann man einen Anstieg der Anzahl an Ingenieuren feststellen, der sich auch im Aufbau eigener Forschungs- und Entwicklungsinfrastrukturen niedergeschlagen hat. Die Anzahl der Techniker und Facharbeiter ging dagegen zurück bei gleichzeitig massivem Aufbau der Untervertragsnehmer. Durch diese kostengünstige Auslagerung arbeitsintensiver Tätigkeiten wurde man flexibler und konnte die Produktivität sowie die Wettbewerbsfähigkeit weiter steigern. (BE 10)

3.1 *Sie sollen die besonderen Eigenarten der in Anlage IV.4 dargestellten drei Entwicklungen von Altersstrukturen feststellen und beschreiben. Das kann man z. B. mithilfe einer vergleichenden Betrachtung tun. In einem weiteren Schritt sollen Sie dann die wesentlichen Ursachen darlegen, die für die spezielle Entwicklung der südkoreanischen Altersstruktur verantwortlich sind.*

Bei den in Anlage IV.4 aufgeführten Ländern Südkorea, Japan und Deutschland steigt im Laufe der Zeit der Prozentsatz der über 65-jährigen Bevölkerung an. Allerdings geschieht das mit deutlichen zeitlichen Verschiebungen und unterschiedlich schnellem Alterungsprozess.

In Deutschland waren bereits im Jahr 1932 7 % der Bevölkerung älter als 65, was in Japan erst 1970 und in Südkorea sogar erst im Jahr 2000 der Fall war. Während in Deutschland die Zunahme des Anteils von 7 % auf 20 % insgesamt 80 Jahre bis zum Jahr 2012 dauert, ist die entsprechende Zunahme in Japan schon innerhalb von 36 Jahren im Jahr 2006 erreicht und in Südkorea sogar schon innerhalb von 26 Jahren im Jahr 2026. Die Alterung der Bevölkerung der drei angegebenen Staaten läuft also umso schneller ab, je später der Alterungsprozess eingesetzt hat.
Ausschlaggebend dafür dürfte der Zeitpunkt des Erreichens eines gewissen Lebensstandards sein, der mit einer besseren medizinischen Versorgung und damit einer höheren Lebenserwartung gekoppelt ist. Parallel dazu haben sich die gesellschaftlichen Rahmenbedingungen, z. B. steigende Berufstätigkeit der Frau und sinkende Geburtenrate, verändert, die ebenfalls Auswirkungen auf die jeweilige Altersstruktur haben. Je früher dieser Zeitpunkt erreicht wurde, umso langsamer hat sich die beschriebene Entwicklung abgespielt. Bei einem spät einsetzenden Alterungsprozess dagegen wie z. B. in Südkorea verkürzen sich durch rasche wirtschaftliche Entwicklung und durch Übernahme von Verhaltensmustern und gesellschaftlichen Veränderungen anderer, weiter entwickelter Länder die Alterungsphasen erheblich. (BE 9)

3.2 *Im ersten Teil Ihrer Antwort müssen Sie lediglich die wichtigsten Merkmale aus der in Anlage IV.5 dargestellten Entwicklung herausarbeiten. Dann sollen Sie zwei für diese Entwicklung typische Folgen für das Stadtbild herausgreifen und detailliert schildern.*

Seoul hat von 1975–2000 seine Einwohnerzahl um fast 50 % und die Anzahl seiner Haushalte um über 120 % gesteigert. Dadurch hat sich die durchschnittliche Personenzahl pro Haushalt stark reduziert. Die Zahl der Wohnungen ist gleichzeitig um fast 160 % gestiegen.
Aus diesen Zahlen lässt sich ableiten, dass vor allem die Nachfrage nach kleinen bis mittleren Wohnungen stark gestiegen sein muss, während große Einfamilienhäuser vermutlich weniger nachgefragt werden. Dem entsprechen auch die Zahlen der Tabelle, die eine außerordentliche Steigerung der Wohnungen in Apartmenthochhäusern/Reihenhäusern und einen Rückgang an Wohnungen in Einfamilienhäusern erkennen lassen. In Seoul fand also in den letzten 25 Jahren eine Umstrukturierung weg von Einfamilienhäusern und hin zu größeren Wohnhäusern wie Apartmenthochhäusern statt.

Mögliche Folgen für das Stadtbild sind aufgrund der großen Einwohnerzunahme ein starkes Anwachsen der Stadtfläche und eine zunehmende Überbauung von Freiflächen. Das kann durch Umwandlung z. B. alter, nicht mehr genutzter Industrieflächen zu Wohnflächen geschehen oder auch durch Neuerschließung an den Stadträndern, was dann zu einer hohen Zersiedelung führt.
Eine weitere Veränderung des Stadtbildes dürfte sich in der Vertikalen ergeben. Die Anzahl höherer Wohnkomplexe wird stark zunehmen zulasten der niedrigeren Einfamilienhäuser. (BE 9)

Grundkurs Geographie (Bayern): Abiturprüfung 2008 – Aufgabe I
Periphere Räume in Europa

1 Naturraum

1.1 Ordnen Sie die in Anlage I.1 dargestellten Klimadiagramme den Stationen Bari (Italien), Cork (Irland) und Konstanza/Constanta (Rumänien) begründet zu, indem Sie die jeweiligen Temperatur- und Niederschlagsverhältnisse charakterisieren!
Zeigen Sie den Einfluss des Klimas auf die landwirtschaftliche Nutzung in den jeweiligen Regionen auf!

1.2 Legen Sie dar, wie sich die periphere Lage der drei Regionen jeweils auf den Export der dort erzeugten Agrarprodukte auswirkt! (20 BE)

2 Wirtschaft in peripheren Räumen

2.1 Erklären Sie die in Anlage I.2 dargestellte unterschiedliche Wirtschaftskraft der rumänischen Regionen Ilfov, West, Nord-Ost und Süd-Ost!

2.2 Erläutern Sie geeignete Maßnahmen zum Abbau der Disparitäten innerhalb Rumäniens! (20 BE)

3 Tourismus

Erläutern Sie die in Anlage I.3 gezeigten Daten zu den Besucherankünften auf den griechischen Inseln Thasos und Rhodos!

Diskutieren Sie Chancen und Risiken, die die touristische Erschließung einer Insel wie Rhodos mit sich bringt! (20 BE)

(60 BE)

Anlage I.1: Klimadiagramme dreier europäischer Städte

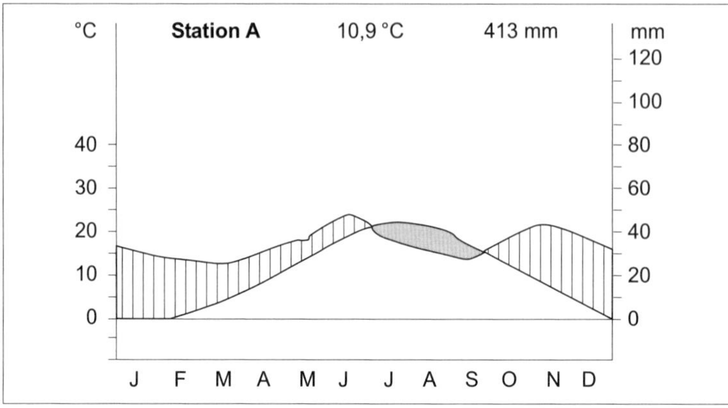

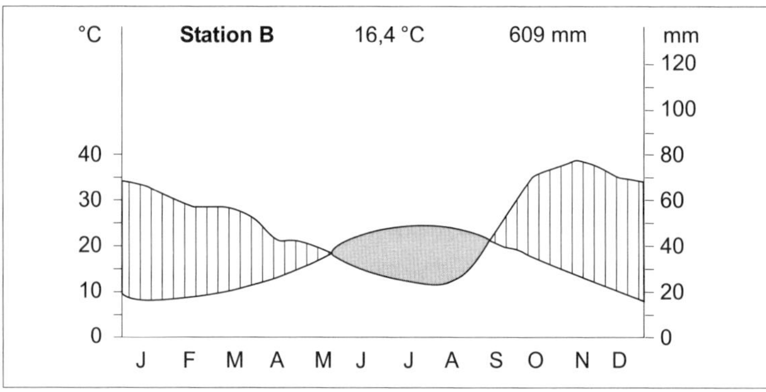

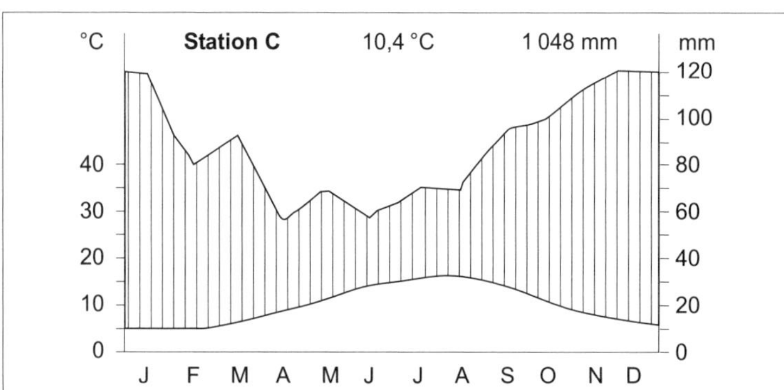

Anlage I.2: Das Bruttoinlandsprodukt in den Regionen Rumäniens im Vergleich zum europäischen Durchschnitt (Europa = 100)

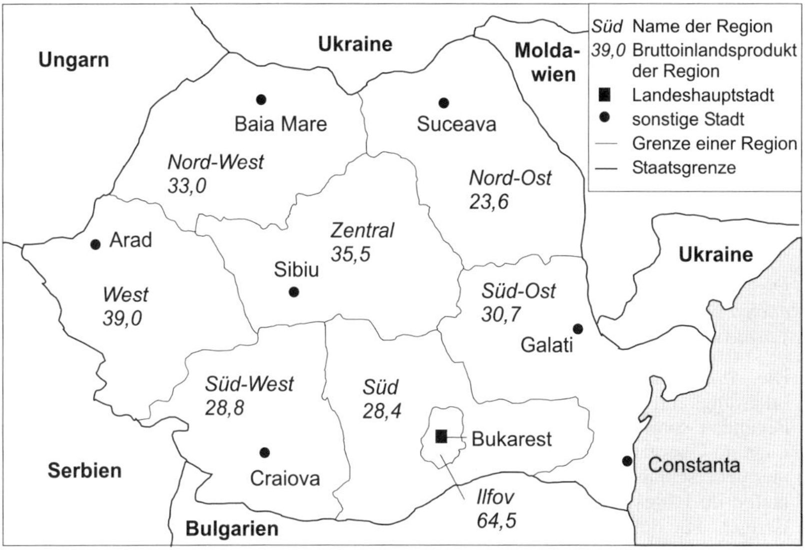

Anlage I.3: Besucherankünfte auf Thasos und Rhodos

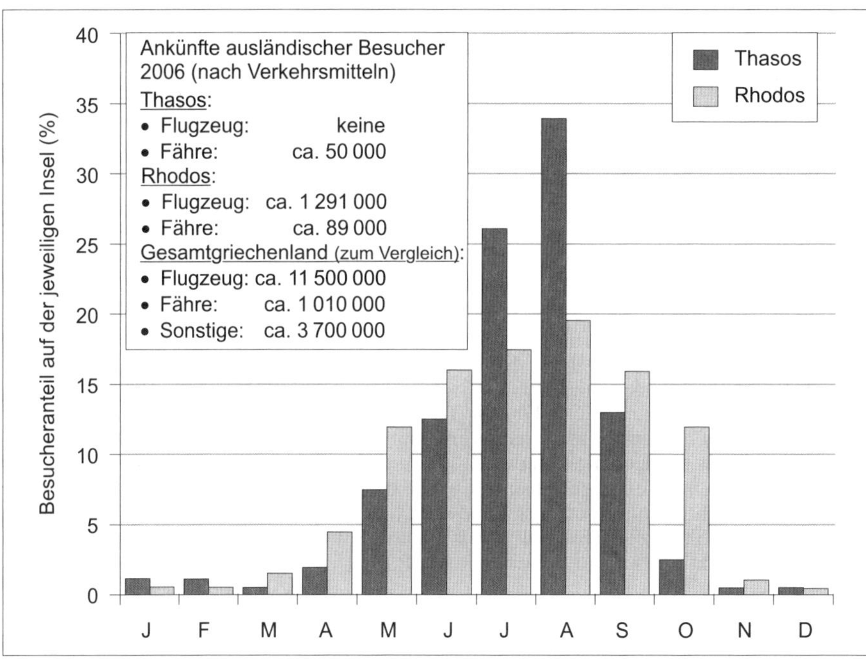

Quellenverzeichnis
General Secretariat of National Statistical Service of Greece, Pireos 46 & Eponiton, 185 10 Pireus (vereinfacht).
Lehrstuhl Geographie Osteuropas Tübingen, Daten: Eurostat – Pressemitteilung 23/2007 (vereinfacht).
Rund um Klimadiagramme – Klimadiagrammeditor. Schroedel Verlag (Anlage I.1).
Weingartner, H.: Thasos – touristisches Potenzial einer griechischen Insel. In: Geographische Rundschau, Heft 7/8, 2004, S. 34 (verändert) (Anlage I.3).

Lösungsvorschlag

1.1 *Die Aufgabenstellung fordert Sie auf, die drei Klimadiagramme in der Anlage I.1 zunächst zu analysieren und lokal zuzuordnen. Anschließend sollen Sie die klimatischen Voraussetzungen für die landwirtschaftliche Nutzung erklären.*

Die Station A hat den geringsten Jahresniederschlag, der zwei relative Maxima (allerdings mit jeweils nur etwa 40 mm!) im Juni und November mit einer dazwischen liegenden sommerlichen Aridität aufweist. Das deutet auf eine kontinental geprägte Lage im Übergangsbereich zwischen der gemäßigten Zone mit lediglich geringen Sommerniederschlägen und subtropischem Winterregenklima hin. Die Temperaturen verlaufen im Jahresgang etwa zwischen 0 °C und 20 °C und liegen damit im gemäßigten Bereich. Für die Station A kommt Konstanza in Frage, das im Lee der Karpaten und des Balkangebirges liegt.
Das Klima mit seinen warmen, trockenen Sommern begünstigt den Anbau von Sonnenblumen und Mais im Trockenfeldbau. Zudem wird Bewässerungslandwirtschaft betrieben.

Die Station B zeigt eine ähnliche Charakteristik wie Station A, allerdings mit deutlich größeren Schwankungen der Niederschlagshöhe und geringerer Amplitude bei den Temperaturen. Im Herbst und Winter erkennt man ein Niederschlagsmaximum, während die Sommermonate mit relativ geringen Niederschlägen arid sind. Das sind Merkmale einer Subtropenlage mit Einfluss der nach Süden verlagerten, regenbringenden Westwindzone im Winter und dem Einfluss des trockenen Subtropenhochs im Sommer. Die Wintertemperaturen sind sehr mild und weisen damit ebenfalls auf eine südliche Lage hin. Daher kommt von den vorgegebenen Stationen nur Bari in Frage.
Man kann hier neben dem Bewässerungsfeldbau in Gunstlagen auch thermisch anspruchsvolle Kulturen wie Wein und Zitrusfrüchte anbauen. Die Vegetationsperiode ist ganzjährig und erlaubt mehrere Ernten im Jahr. Die Produktion konzentriert sich auf Olivenanbau.

Völlig anders stellt sich die Klimasituation der Station C dar. Auffallend sind die extrem hohen Niederschläge mit einem Maximum im Winterhalbjahr. Das deutet auf eine Lage im Westwindbereich hin. Die Temperaturen sind recht ausgeglichen und repräsentieren ein ausgeprägt maritimes Klima mit ganzjähriger Frostfreiheit. Die Temperaturamplitude beträgt lediglich etwa 12 °C.
Diese Merkmale passen genau zu Cork in Irland, das durch den Einfluss des Golfstroms milde Temperaturen aufweist. Landwirtschaftliche Nutzung ist aufgrund der sehr hohen Niederschläge und der doch etwas kühlen Sommer nur eingeschränkt möglich und beschränkt sich meist auf Weidewirtschaft. (12 BE)

1.2 *Mit dem Operator „darlegen" werden Sie aufgefordert, den beschriebenen Sachverhalt ohne eigene Bewertung in seinen wesentlichen Aspekten aufzuzeigen. Dabei geht es primär um eine differenzierte Betrachtung der drei Regionen.*

Bari liegt zwar peripher in Süditalien, hat aber durch günstige Verkehrsanbindungen via Autobahn, Bahn und Schiff durchaus einen leistungsfähigen Anschluss an die großen europäischen Absatzgebiete. Dadurch kann es seine empfindlichen, auf schnellen Transport angewiesenen landwirtschaftlichen Produkte ohne nennenswerte Nachteile günstig abtransportieren und ist daher im Export seiner Agrarprodukte kaum benachteiligt.

Cork hat bei seinem Export zunächst das Problem, dass es auf einer Insel liegt und daher besondere Transportkostennachteile hat. Man versucht diese auszugleichen, indem man die agrarischen Rohstoffe veredelt (z. B. als Butter) und so den Transportkostenanteil verringert. Dennoch bringt die periphere Lage für den Export der bei Cork erzeugten Agrarprodukte deutliche Probleme.

Der entscheidende Nachteil für Konstanza ist die sehr große Distanz zu den Hauptabsatzmärkten in West- und Mitteleuropa sowie die schlechte Verkehrsinfrastruktur. Lediglich über die Donau ergeben sich günstige Bedingungen für den Transport landwirtschaftlicher Massengüter. Dennoch hat Konstanza von den drei angegebenen Regionen wohl am meisten unter der peripheren Lage zu leiden. (8 BE)

2.1 *Anhand des vorgegebenen Kartenmaterials in Anlage I.2 sollen Sie vergleichend die Wirtschaftskraft vier rumänischer Regionen darstellen und die Unterschiede begründen. Die Darstellung der Wirtschaftskraft der vier Regionen bezieht sich auf die Anlage I.2, in der Begründung der Unterschiede müssen Sie jedoch darüber hinaus auf eigene Kenntnisse zurückgreifen.*

Von den vier angegebenen Regionen ragt die Hauptstadtregion Ilfov besonders heraus. Sie hat mit 64,5 das weitaus höchste BIP aller rumänischen Regionen, auch wenn sie noch lange nicht an den europäischen Durchschnittswert von 100 heranreicht. Außerdem liegt in ihrem Bereich die Hauptstadt Bukarest, die das wichtigste Wirtschaftszentrum mit attraktiven Arbeitsplätzen, Dienstleistungen und kulturellen Anziehungspunkten darstellt.

Bei der Höhe des BIP kommt die Region West mit dem Wert 39,0 der Region Ilfov am nächsten. Das liegt daran, dass diese Region die relativ günstigste Lage zum Transformationsland Ungarn und den mitteleuropäischen Absatzmärkten aufweist. Durch diese günstigen Standortfaktoren haben sich hier industrielle Ansatzpunkte entwickelt, die im Zusammenhang mit der Intensivlandwirtschaft (Sonderkulturen) für einen gewissen Wohlstand gesorgt haben.

Den drittgünstigsten BIP-Wert erreicht die Region Süd-Ost mit 30,7. Verantwortlich für den trotz der peripheren Lage relativ guten Wert ist die Küstenregion am Schwarzen Meer mit einem hohen Tourismusaufkommen und einer entwickelten Hafenindustrie. Im Hinterland befinden sich dagegen schwach entwickelte Gebiete, sodass der BIP-Wert insgesamt nur knapp die Hälfte von Ilfov erreicht.

Das Gebiet mit der geringsten Wirtschaftskraft ist Nord-Ost mit einem BIP-Wert von nur 23,6. Diese Region ist landwirtschaftlich geprägt, hat einen hohen Gebirgsanteil und ist kaum industrialisiert. Auch aus ihrer Grenzlage zu den wirtschaftlich ebenfalls schwachen ehemaligen Sowjetrepubliken Ukraine und Moldawien kann sie keinen Profit ziehen. (12 BE)

2.2 *Sie sollen anhand von Beispielen Möglichkeiten zum Abbau von Disparitäten aufzeigen, wobei Ihnen die Anzahl der vorgeschlagenen Maßnahmen freigestellt ist. Es ist jedoch empfehlenswert, sich auf drei bis vier Beispiele zu konzentrieren, diese dann aber – wie in der Fragestellung gefordert – auch zu erläutern.*

Für Rumänien ist entscheidend, die EU-Fördergelder sinnvoll einzusetzen und tatsächlich zu versuchen, die Disparitäten im Land zu verringern. An erster Stelle dürfte stehen, die Infrastruktur des gesamten Landes anzugleichen und auszubauen. Nur dann können bisher benachteiligte Gebiete den Anschluss an eine wirtschaftliche Entwicklung finden und zu den fortgeschrittenen Regionen aufschließen. Berücksichtigt werden müssen dabei neben Verkehrswegen vor allem Telekommunikationssysteme, Versorgungseinrichtungen und Bildungs- /Gesundheitszentren.
Falls periphere Gebiete über Industrieanlagen verfügen, sind diese meist veraltet. Sie müssten modernisiert werden, damit diese Regionen wettbewerbsfähig werden und mit weiter entwickelten Gebieten konkurrieren können.
Ein wesentlicher Aspekt zur Verbesserung der Situation in peripheren Regionen ist auch die Steigerung der Attraktivität durch vielfältige Maßnahmen im Freizeit-, Bildungs- und Arbeitssektor, um als Investitionsstandort interessanter zu werden und auch hoch qualifizierte Arbeitskräfte anzulocken.
Alle diese Maßnahmen können von privater oder staatlicher Seite ausgehen. Privat bieten sich z. B. Maßnahmen und Investitionen zur Förderung des Tourismus an. Der Staat könnte über Steuervergünstigungen, Joint Venture-Projekte oder die Ausweisung von Gewerbeparks Investitionsanreize für ausländische Unternehmen schaffen. (8 BE)

3 *Hier werden Sie mit einer Doppelfrage konfrontiert. In einem ersten Schritt sollen Sie die Daten in der Anlage I.3 erschließen. Dabei sollen Sie die Unterschiede und Gemeinsamkeiten der beiden Inseln Thasos und Rhodos darstellen. Dann müssen Sie sich auf die Insel Rhodos konzentrieren und unabhängig von der Anlage verschiedene Aspekte aufzeigen, welche die dortige touristische Entwicklung hemmen oder fördern könnten.*

In Thasos kommen pro Jahr etwa 50 000 ausländische Besucher an, die ausschließlich per Fähre anreisen, da es keinen Flugplatz gibt. Der weitaus größte Teil der Touristen besucht Thasos in der sommerlichen Badesaison im Juli/August, denn schon im Herbst oder auch im Frühling sind die Voraussetzungen durch niedrigere Temperaturen aufgrund der relativ nördlichen Lage innerhalb Griechenlands und höhere Niederschläge nicht mehr sehr günstig. Alternativen wie kulturhistorische Ziele, die Touristen auch außerhalb der Badesaison anziehen könnten, fehlen weitgehend.

Rhodos dagegen zieht jährlich fast 10 % aller ausländischen Touristen in Griechenland an und hat dementsprechend eine große Bedeutung als Fremdenverkehrsziel. Voraussetzung dafür ist die gute Erreichbarkeit durch den internationalen Flughafen und die sehr gut ausgebaute touristische Infrastruktur.
Auffallend ist die viel gleichmäßigere jahreszeitliche Verteilung der Touristen gegenüber Thasos. Zwar liegt auch auf Rhodos die Spitze in den Sommermonaten Juli und August (ca. 36 % des Gesamtbesucheranteils), die restlichen Monate des Jahres, insbesondere Mai, Juni und September, Oktober weisen aber auch noch beträchtliche Touristenzahlen auf. Vor allem im Oktober hat Rhodos deutlich mehr Besucher. Die Badesaison ist aufgrund der südlicheren Lage länger und Rhodos ist auch in den übrigen Jahreszeiten als Winterdomizil und durch sein Kulturangebot attraktiv.

Rhodos kann versuchen, durch die Schaffung zusätzlicher Arbeitsplätze im Dienstleistungs- und industriellen Sektor sein BIP und die Kaufkraft seiner Bevölkerung zu erhöhen. Dem steht aber gegenüber, dass dadurch gleichzeitig die Lebenshaltungskosten

steigen und sicherlich auch die natürliche Schönheit der Insel leidet. Beides würde dem Tourismus schaden.
Ähnliches gilt für den Ausbau der Infrastruktur. Einerseits ist dieser wegen der steigenden Touristenzahlen notwendig, andererseits kann sich der Tourismus dadurch z. T. selbst zerstören, denn Folgen des Massentourismus wie Landschaftsverbrauch und Zersiedelung wirken auf viele Besucher abschreckend. Außerdem darf man die steigenden ökologischen Risiken nicht vergessen.

Verhindert werden muss, dass die aktive Bevölkerung wegen des besseren Arbeitsplatzangebotes auf das Festland abwandert. Auf der Insel bestehen aber als Alternative fast nur Saisonarbeit und damit vom Tourismus abhängige Arbeitsplätze.
Umfangreicher Tourismus benötigt eine umfassende Versorgung mit landwirtschaftlichen Produkten. Daher muss die landwirtschaftliche Produktion gefördert werden. Allerdings entstehen dann aber wiederum zusätzliche Nutzungskonflikte zwischen Tourismus und Landwirtschaft, z. B. um das Wasser. Schließlich muss man auch die Pflege des historischen und kulturellen Erbes unter zwei Aspekten sehen. Zum einen ermöglicht diese zusätzliche touristische Einnahmen, zum anderen besteht die Gefahr einer Überfremdung. (20 BE)

Grundkurs Geographie (Bayern): Abiturprüfung 2008 – Aufgabe II: USA

1 Energie

1.1 Ordnen Sie jeweils einen Datensatz zur Erdölwirtschaft aus Anlage II.1 a und II.1 b den Staaten USA, Deutschland und Volksrepublik China zu, indem Sie die Entwicklungen erläutern!

1.2 Der amerikanische Bundesstaat Kalifornien hat umfangreiche Initiativen gestartet, um den Anteil nicht fossiler Energiequellen an der Stromerzeugung deutlich zu steigern.
Weisen Sie anhand von drei selbstgewählten Beispielen nach, dass Kalifornien besonders gut für solche Formen der Energiegewinnung geeignet ist! (20 BE)

2 Landwirtschaft

2.1 Zeigen Sie ausgehend von Anlage II.2 zu erwartende strukturelle Veränderungen in der US-Landwirtschaft auf und stellen Sie mögliche daraus resultierende ökologische Gefahren dar!

2.2 Nach dem Beitritt Mexikos zur NAFTA exportierten die USA in steigendem Umfang hochsubventionierten Mais nach Mexiko.
Legen Sie mögliche sozioökonomische Folgen für Mexiko dar! (20 BE)

3 Bevölkerung

3.1 Vergleichen Sie die in Anlage II.3 dargestellten Daten des Bevölkerungswachstums der Bundesstaaten Kalifornien und Washington und erklären Sie die Unterschiede!

3.2 Die Wüstenstädte Arizonas gehören zu den am schnellsten wachsenden Siedlungen in den USA. Ein Beispiel ist die im Großraum Phoenix gelegene Stadt Sun City.
Charakterisieren Sie die in Anlage II.4 dargestellte Bevölkerungsstruktur von Sun City in ihren Grundzügen und erörtern Sie zwei sich aus einem derartigen Siedlungstyp für die Region ergebende Auswirkungen! (20 BE)

(60 BE)

Anlage II.1 a: Rohölförderung ausgewählter Staaten

Rohölförderung (in Mio. t)					
	1970	**1980**	**1990**	**2000**	**2006**
Staat 1	7,5	4,6	3,6	3,1	3,5
Staat 2	475,3	482,2	414,5	351,8	313,6
Staat 3	17,0	106,0	138,3	162,6	186,0

Anlage II.1 b: Ölverbrauch ausgewählter Staaten

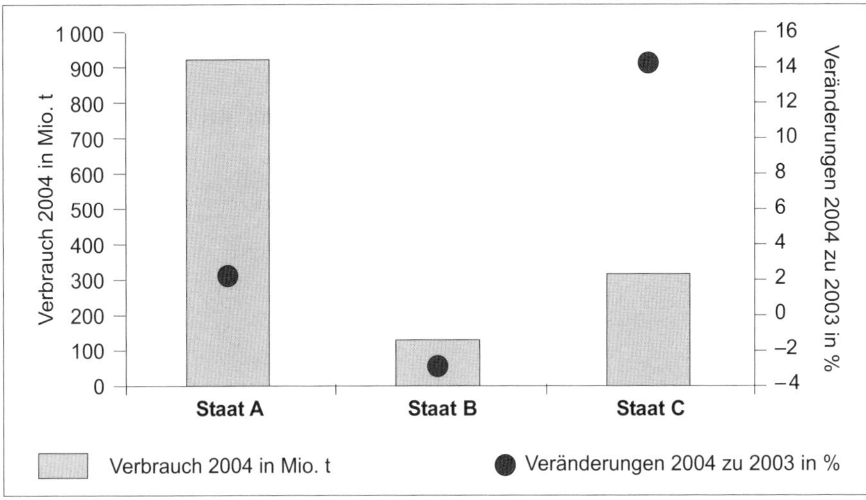

Anlage II.2: Einsatz von Mais zur Ethanolproduktion und Entwicklung des Weltmarktpreises für Mais

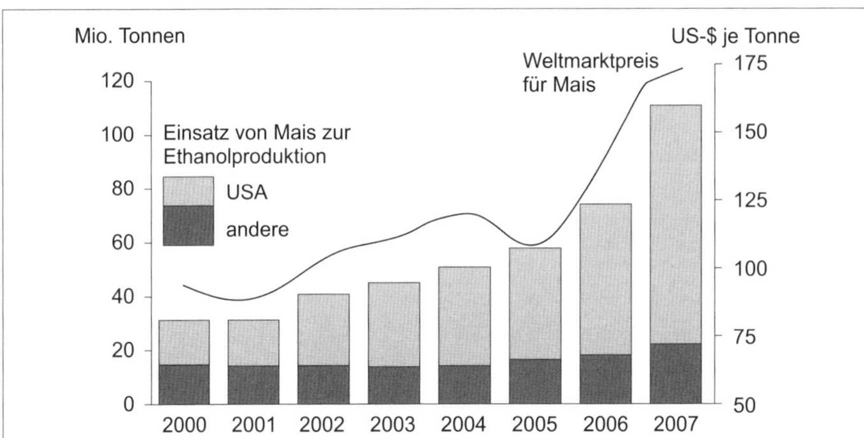

Anlage II.3: Daten zum Bevölkerungswachstum 1990 – 2004 der Bundesstaaten Kalifornien und Washington (in 1 000)

	Kalifornien	Washington
Gesamtbevölkerung (1. 7. 2005)	36 132	6 288
Bevölkerungswachstum	5 423	1 212
Natürliches Bevölkerungswachstum	4 449	497
Binnenwanderungssaldo*	–2 586	535
Außenwanderungssaldo**	3 560	180

* Saldo der Wanderungen zwischen den Bundesstaaten der USA
** Saldo der die Grenzen der USA überschreitenden Wanderungen

Anlage II.4: Bevölkerungspyramide von Sun City bei Phoenix/Arizona

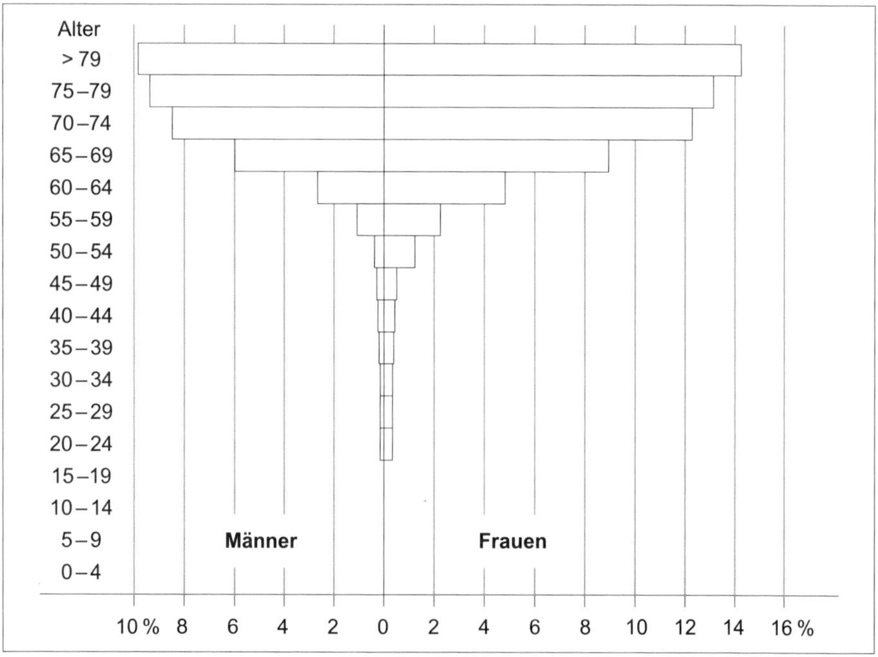

Quellenverzeichnis

Bähr, J: Binnenwanderungen. In: Geographische Rundschau, Heft 6, 2003, S. 5 (bearbeitet) (Anlage II.4).

Fischer Weltalmanach 2007, S. 503 (bearbeitet)

Laux, H.-D. und G. Thieme: Der Pazifische Westen der USA. In: Geographische Rundschau, Heft 9, 2006, S. 31 (bearbeitet) (Anlage II.3)

Wimmers, Ralf: Drastischer Anstieg der Ölpreise. In: Geographie aktuell 1/2006, S. 13 ff. (bearbeitet) (Anlage II.1 a und II. 1b)

http://de.wikipedia.org/wiki/Erd%C3%B61/Tabekkeb_und_Grafiken (aufgerufen am 02. 01. 2008)

www.welthungerhilfe.de/fileadmin/media/bilder/Infografik/benzin_aus_getreide (Grafik bearbeitet; aufgerufen am 02. 01. 2008) (Anlage II.2)

Lösungsvorschlag

1.1 *Hier sollen Sie die beiden beiliegenden Materialien in der Anlage II.1 a und II.1 b analysieren und Staat 1–3 bzw. Staat A – C den drei in der Fragestellung genannten Staaten Deutschland, China und USA begründet zuordnen.*

Von den angeführten Staaten hat Deutschland aufgrund seiner wenigen förderwürdigen Vorräte die geringste Rohölförderung, die im Laufe der Zeit wegen der steigenden Förderkosten sogar noch stark reduziert werden musste. Lediglich ab 2000 ist wieder ein leichter Anstieg zu verzeichnen, da die Weltmarktpreise steigen und auch ungünstige Lagerstätten wieder ausgebeutet werden. Staat 1 in der Anlage II.1 a repräsentiert also Deutschland.
Die Anlage II.1 b spiegelt den Ölverbrauch und dessen Veränderung von 2003–2004 der drei Staaten wider. Deutschland als von den drei genannten Staaten bevölkerungsärmstes Land hat sicherlich den geringsten Verbrauch und wegen seiner energiesparenden Technik und der staatlichen Förderung alternativer Energien sogar einen Rückgang des Verbrauchs. Das ausgeprägte Umweltbewusstsein seiner Bevölkerung und natürlich auch die stark steigenden Preise für Öl erhöhen diesen Effekt noch. Damit entspricht der Staat B Deutschland.

China ist der Staat mit der dynamischsten wirtschaftlichen Entwicklung und auch der höchsten Steigerung der Rohölförderung im angegebenen Zeitraum. In China konnten noch viele neue und auch schon bestehende Lagerstätten intensiver ausgebeutet werden, zumal verbesserte technische Möglichkeiten im Zuge der rasanten Wirtschaftsentwicklung bereitstanden. Also gehören die Daten des Staates 3 zu China.
Mit ähnlichen Argumenten lässt sich die zweite Anlage interpretieren. China hat seinen Ölverbrauch gewaltig gesteigert, um seine Wirtschaftsentwicklung zu unterstützen. Dennoch wird in China sicher noch nicht soviel Öl verbraucht wie in den USA. Damit lässt sich China als Staat C zuordnen.

In der ersten Anlage bleibt der Staat mit einer sehr hohen, seit 1980 aber allmählich fallenden Rohölförderung übrig. Das deutet auf schwindende Vorräte bzw. Schonung der eigenen Reserven hin. Damit kann man die USA kennzeichnen, die im Staat 2 dargestellt werden.
Der Ölverbrauch der USA ist aufgrund des Lebensstandards und des ungeheuren Energieverbrauchs sehr hoch und auch weiterhin leicht steigend. Mobilität, Technisierung und der verschwenderische Umgang mit Energie im privaten und wirtschaftlichen Bereich führen zu diesem Ergebnis, sodass Staat A die USA repräsentiert. (10 BE)

1.2 *Mit dem Operator „nachweisen“ werden Sie aufgefordert, die vorgegebene Behauptung anhand von drei Beispielen als wahr zu erkennen und entsprechend darzustellen. Denken Sie daran, dass Sie den Atlas nutzen sollten, z. B. gibt die Karte 2 auf S. 199 im Diercke Weltatlas, 5. Auflage 2002 (Karte 2, S. 205, im Diercke Weltaltas 2008) Auskunft über Stauseen in Kalifornien.*

Als Beispiel für nicht fossile Energieträger können z. B. Wasserkraft, Sonnenenergie und Erdwärme gewählt werden.

Wasser: Kalifornien hat mit der Sierra Nevada, der Küstenkette und dem dazwischen liegenden Längstal ideale Voraussetzungen zur Anlage von Staudämmen und Wasserkraftwerken. Dazu kommt noch, dass vor allem der Norden Kaliforniens ergiebige Regenfälle aufweist und die hohe Reliefenergie Bauwerke zur Wassernutzung begünstigt.

Sonne: Kalifornien reicht in seinem südlichen Teil in den subtropischen Hochdruckgürtel und hat eine überdurchschnittlich hohe Sonnenscheindauer. Da außerdem in den Wüstengebieten im Süden und Südosten des Staates genügend Freiflächen vorhanden sind, können Solaranlagen problemlos und kostengünstig installiert werden.

Erdwärme: Aufgrund seiner Lage an einer Plattengrenze (San Andreas Bruch) gibt es in Kalifornien eine geringe geothermische Tiefenstufe, die sich zur Gewinnung von Erdwärme nutzen lässt. (10 BE)

2.1 *Es wird von Ihnen erwartet, aus einem Diagramm zur US-Landwirtschaft (Anlage II.2) Schlüsse zur Strukturveränderung zu ziehen und daraus abzuleiten, welche negativen Konsequenzen sich für die Umwelt ergeben könnten.*

Das Diagramm zeigt, dass von 2000–2007 der Einsatz von Mais zur Ethanolherstellung außerhalb der USA nur geringfügig gestiegen ist. In den USA dagegen hat er sich von ca. 20 Mio. Tonnen 2000 auf etwa 100 Mio. Tonnen 2007 erhöht. Gleichzeitig ist der Weltmarktpreis pro Tonne Mais von etwa 100 US-$ im Jahr 2000 auf 175 US-$ im Jahr 2007 sprunghaft gestiegen.

Aufgrund dieser Daten sind folgende strukturelle Veränderungen der US-Landwirtschaft zu erwarten: Die Gewinnaussichten für Mais steigen infolge der höheren Preise. Daher wird der Anbau zunehmend auf Mais-Monokulturen umgestellt. Neue Flächen werden bebaut und man wird zunehmend gentechnisch veränderte Sorten zur höheren Produktion einsetzen. Der Mais wird primär zur Ethanolerzeugung verwendet und fehlt dann z. B. für die Viehfütterung. Das wiederum bedingt höhere Preise für Viehfutter und damit auch höhere Fleisch- bzw. Milchpreise. Die Massenproduktion von Mais übernehmen nicht kleinbäuerliche Betriebe, sondern kapitalstarke industrielle Investoren, die ökologische Gesichtspunkte dem Renditedenken unterordnen.

Ökologische Gefahren drohen vor allem bei großflächiger Monokultur durch die weiträumige Ausbreitung von Schädlingen. Die dagegen eingesetzten Pestizide beeinträchtigen den Boden und die Gewässer. Flächen, die bislang vielseitig bewirtschaftet wurden, werden zu eintönigen, strukturlosen Feldern degradiert. Die einseitige Bebauung fördert durch weiträumig gleichzeitige Brache die Erosion und begünstigt bei der notwendigen intensiven Bewässerung die Bodenversalzung. Schließlich muss man auch bedenken, dass unkontrollierte Veränderung des Genmaterials und der verstärkte Anbau von manipuliertem Genmais Gefahren mit sich bringen kann. (10 BE)

2.2 *Die Fragestellung informiert Sie über eine bestimmte wirtschaftliche Beziehung zwischen den USA und Mexiko. Sie sollen auf dieser Basis die wesentlichen sozioökonomischen Konsequenzen aufzeigen, die sich daraus für Mexiko ergeben können.*

Für Mexiko entstehen durch die US-Maisexporte ausschließlich negative sozioökonomische Folgen. Die mexikanische Landwirtschaft ist gegenüber der leistungsfähigen US-Agrarwirtschaft nicht konkurrenzfähig, was zum Verlust zahlreicher Arbeitsplätze und zur Verarmung der von der Landwirtschaft lebenden Bevölkerung führt. Betriebe müssen modernisieren, um mithalten zu können. Dafür müssen sie sich verschulden, ohne ihre Absatzchancen nennenswert steigern zu können.

Schließlich führt diese Entwicklung zu Landflucht und Bildung von Slums um die Großstädte herum. Alternativ versuchen viele junge Landarbeiter, die keine Lebensgrundlage mehr in Mexiko haben, illegal in die USA auszuwandern, um dort eine Beschäftigung als Billiglohnarbeiter zu finden. Damit werden gerade die leistungsfähigsten Jahrgänge der mexikanischen Bevölkerung reduziert, was mittelfristig zu Stagnation und wirtschaftlichen Problemen führen kann.

Zudem wird die landwirtschaftliche Produktion Mexikos vermutlich rückläufig sein, da die Bauern mit dem billigen Importmais aus den USA nicht konkurrieren können. Das geringere Angebot führt wiederum zur Erhöhung des Maispreises, was für die Bevölkerung, die auf Mais als Grundnahrungsmittel angewiesen ist, ein Problem darstellt. Wenn das Land fehlende Lebensmittel importieren muss, sind dafür zudem Devisen nötig, die dringend für andere Importe benötigt würden, um die Entwicklung Mexikos voranzutreiben. (10 BE)

3.1 *Ein Vergleich verlangt immer, Gemeinsamkeiten und Unterschiede verschiedener Sachverhalte herauszuarbeiten. Hier sollen Sie sich mit den demografischen Strukturen der Bundesstaaten Washington und Kalifornien auseinandersetzen (Anlage II.3). Darüber hinaus sollen Sie die gefundenen Unterschiede erklären. Hilfreich ist es, die absoluten Werte in Prozentsätze umzurechnen.*

Insgesamt ergibt der Vergleich des Bevölkerungswachstums von Kalifornien und Washington mehr Unterschiede als Parallelen. Gemeinsam ist beiden Staaten lediglich, dass sie ein relativ hohes absolutes bzw. relatives Bevölkerungswachstum von 15 bzw. 19 % aufweisen. Ebenso sind beide Außenwanderungssaldi positiv.

Kalifornien hat aber wegen seiner im Vergleich etwa 6-fachen Einwohnerzahl ein deutlich größeres absolutes Bevölkerungswachstum. Das natürliche Bevölkerungswachstum ist etwa doppelt so groß wie in Washington. Erklärbar ist dies durch die deutlich hispanisch geprägte Bevölkerung und deren höhere Geburtenraten.
Die großen Binnenwanderungsverluste Kaliforniens (–7,2 %) werden durch den positiven Außenwanderungssaldo (9,8 %) mehr als ausgeglichen. Diese Gewinne aus dem Ausland rekrutieren sich vor allem aus asiatischen und hispanischen Bevölkerungsgruppen. Der negative Binnenwanderungssaldo hat dagegen seine Ursachen in der sinkenden Lebensqualität in Kalifornien aufgrund hoher Kriminalität, steigender Lebenshaltungskosten und gewaltiger ökologischer Probleme. Da außerdem die Wirtschaftsentwicklung in den früher florierenden Bereichen der IT- sowie Luft- und Raumfahrtindustrie vergleichsweise schwach ist, wandern immer mehr Arbeitskräfte in andere Bundesländer ab.

In Washington ist das relative Bevölkerungswachstum von 1990–2004 zwar sogar höher als in Kalifornien, aufgrund der viel geringeren Gesamtbevölkerung (6 288 im Vergleich zu 36 132 Einwohner) ist das absolute Bevölkerungswachstum aber geringer. Beim natürlichen Bevölkerungswachstum erreicht Washington nur einen relativ niedrigen Wert aufgrund der überwiegend weißen Bevölkerung mit geringen Geburtenraten.

Der Binnenwanderungssaldo ist positiv, da Washington eine hohe Lebensqualität aufweist. Dort haben sich moderne Dienstleistungsunternehmen und technologisch hochwertige Industrien, die attraktive Arbeitsplätze bieten, niedergelassen. Washington hat zwar auch Außenwanderungsgewinne, diese sind aber gegenüber Kalifornien viel geringer, da der Staat weit entfernt liegt von dem wichtigen Einwandererland Mexiko. (12 BE)

3.2 *Sie sollen die besonderen Eigenarten einer vorgegebenen Bevölkerungsstruktur einer Stadt (Anlage II.4) erkennen und zu typischen Merkmalen zusammenführen. Anschließend werden Sie aufgefordert, zwei Auswirkungen der zu analysierenden Entwicklung aufzuzeigen. Dabei geht es nicht um das angeführte konkrete Stadt-Beispiel, sondern um allgemeine Auswirkungen eines derartigen Siedlungstyps.*

Die Bevölkerungspyramide von Sun City zeigt eine außergewöhnliche Form. Während die Jahrgänge 0–20 Jahre überhaupt nicht vertreten sind, werden die Anteile mit zunehmendem Alter immer größer. Das gilt in besonders großem Ausmaß für Frauen, aber auch bei den Männern erreichen die über 79-Jährigen den höchsten Prozentsatz. Sun City ist also eine Rentnerstadt mit deutlichem Frauenüberschuss.

Die besondere Altersstruktur einer solchen Rentnerstadt wirkt sich einerseits positiv auf die Region aus: Es werden neue Arbeitsplätze in bestimmten Bereichen (z. B. Gesundheitswesen) geschaffen, die auf die Bedürfnisse der Älteren ausgerichtet sind. Dazu müssen junge, qualifizierte Bevölkerungsschichten zuziehen, die vor allem im Gesundheitsbereich die notwendigen Arbeiten übernehmen. Aufgrund der Zahlungskräftigkeit der meisten Rentner dürfte dieses Problem lösbar sein.

Die wachsende Bevölkerungszahl hat aber auch problematische Folgen. Es werden neue Flächen in bisher ungenutzten Wüstengebieten erschlossen, die Infrastruktur wird ausgebaut und ein größeres Wasservolumen in einem ariden Gebiet benötigt. Insbesondere der steigende Wasserbedarf dürfte zu Interessenkonflikten führen, da Landwirtschaft, Industrie und die großen Städte um die Wasseranteile konkurrieren. (8 BE)

Grundkurs Geographie (Bayern): Abiturprüfung 2008 – Aufgabe III: Subsaharisches Afrika

1 Klima und Naturraum

1.1 Ordnen Sie die in Anlage III.1 dargestellten Abflussdiagramme A und B den Flüssen Niger und Ogooué/Ogowe begründet zu!

1.2 Anlage III.2 zeigt den Zusammenhang zwischen jährlicher Niederschlagsmenge und Erosionsanfälligkeit von Böden in den Vegetationszonen des tropischen Afrikas.
Erklären Sie differenziert den erkennbaren Zusammenhang und legen Sie dar, welche weiteren Faktoren die Erosionsanfälligkeit verstärken können! (20 BE)

2 Landwirtschaft

2.1 Erläutern Sie mögliche Ursachen der in Anlage III.3 dargestellten Entwicklungen der landwirtschaftlichen Produktion in Burkina Faso und stellen Sie Faktoren dar, die einer Fortsetzung der aufgezeigten Trends entgegenstehen!

2.2 In der Erdnussproduktion im Senegal sind rund drei Millionen der insgesamt etwa elf Millionen Einwohner des Landes beschäftigt.
Beschreiben und begründen Sie unter Einbeziehung der Anlage III.4 die Entwicklung des Erdnussanbaus im Senegal und zeigen Sie sozioökonomische Risiken dieser Entwicklung auf! (20 BE)

3 Migration und Bevölkerung

3.1 Stellen Sie den in Anlage III.5 aufgezeigten Verstädterungsprozess in Westafrika und seine Ursachen dar und skizzieren Sie grundlegende Probleme, die sich daraus in den Zuwanderungsgebieten ergeben!

3.2 Viele Menschen in den Metropolen der Dritten Welt arbeiten im informellen Sektor.
Nennen Sie Merkmale des informellen Sektors und diskutieren Sie Vor- und Nachteile, die dieser Sektor für Zuwanderer bietet! (20 BE)

(60 BE)

Anlage III.1: Mittelwerte der monatlichen Abflussmengen der Flüsse Niger (bei Station Bamako; 13° N, 8° W) und Ogooué/Ogowe (bei Station Lambaréné; 1° S, 10° O) in Kubikmeter pro Sekunde

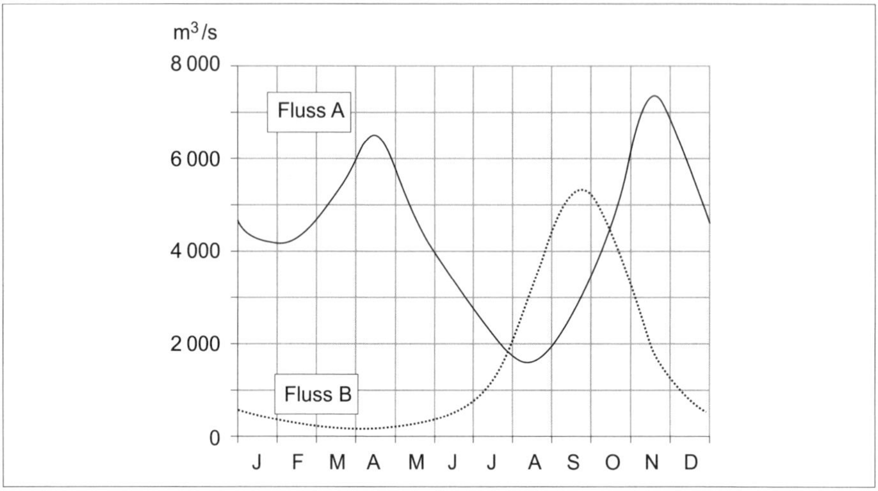

Anlage III.2: Zusammenhang von jährlicher Niederschlagsmenge und Erosionsanfälligkeit der Böden in den Vegetationszonen des tropischen Afrikas

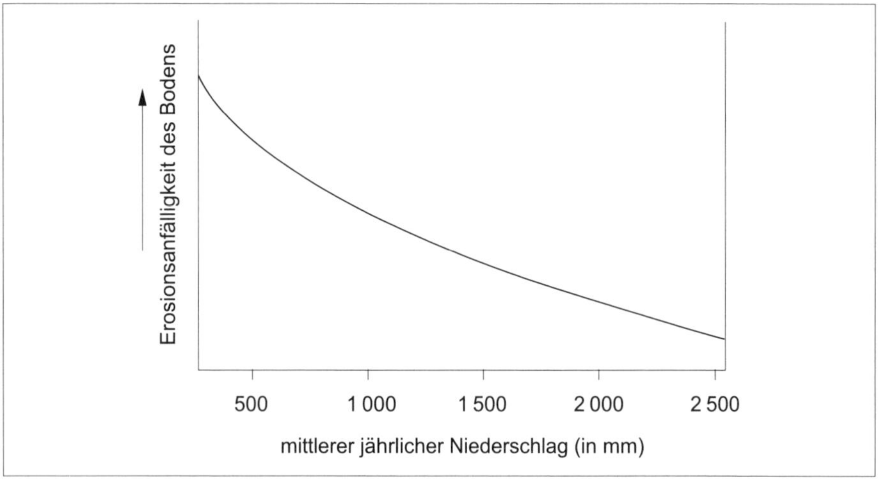

Anlage III.3: Entwicklung der landwirtschaftlichen Produktion in Burkina Faso 1961–2003 (Durchschnitt 1989–1991 = Index 100)

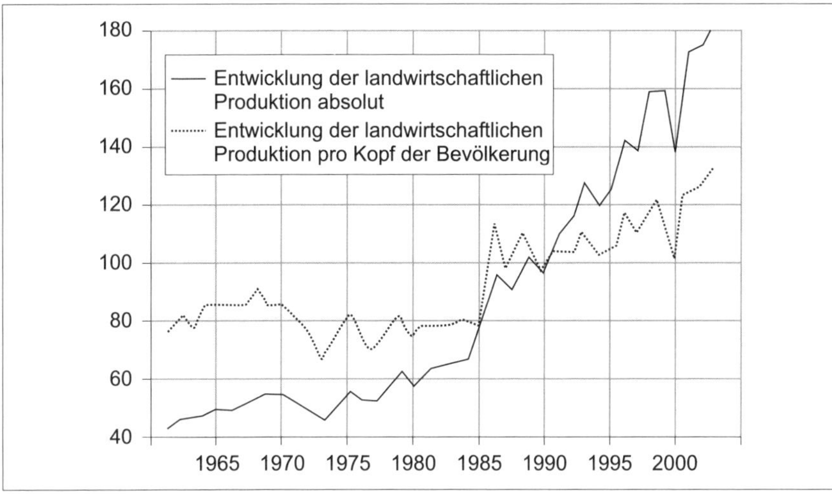

Anlage III.4: Ausbreitung des Erdnussanbaus im Senegal

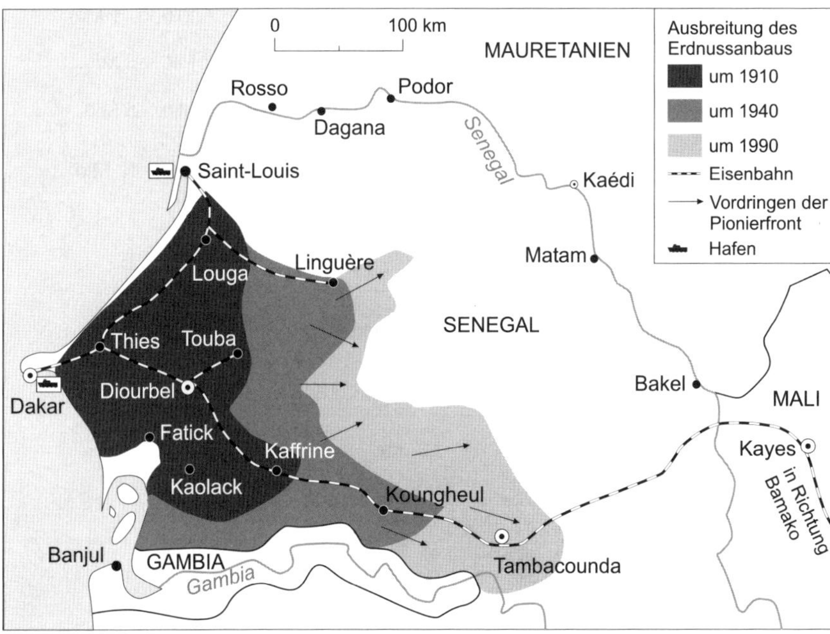

Anlage III.5: Verstädterung in Westafrika für die Jahre 1960 und 1990 sowie Prognose für das Jahr 2020

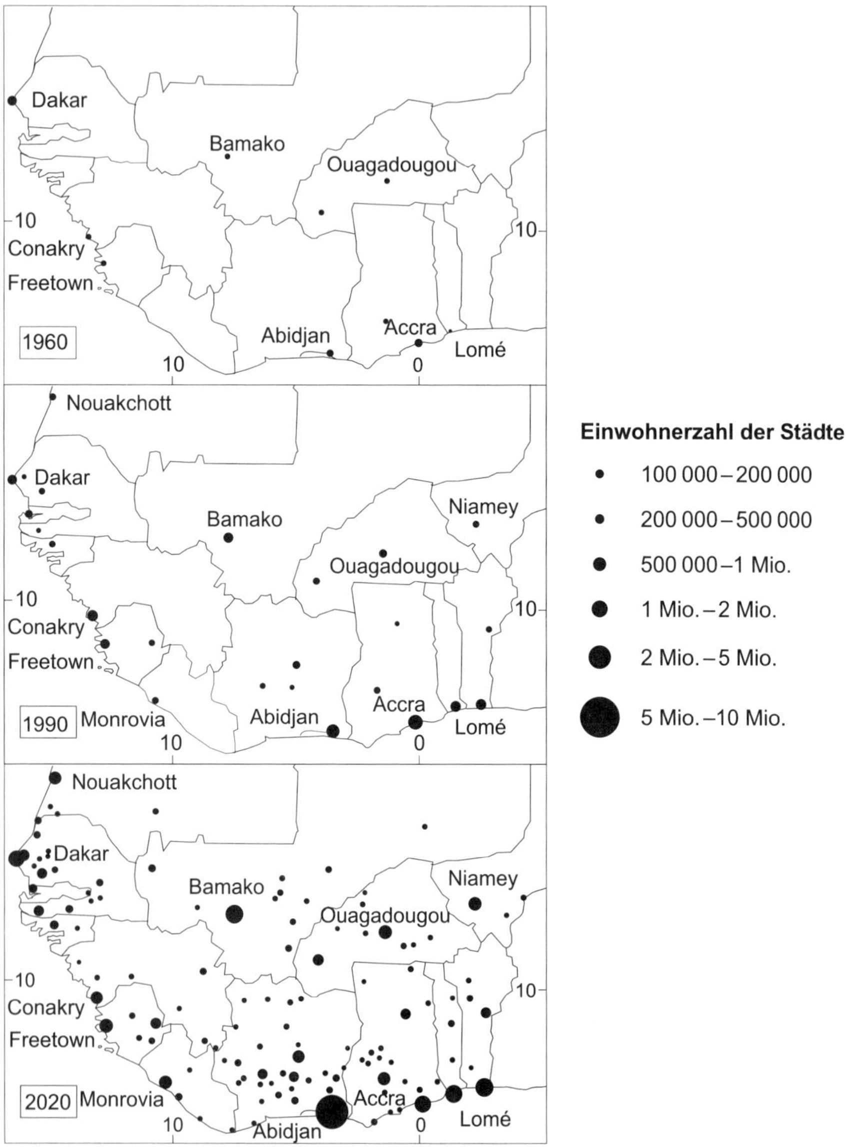

Quellenverzeichnis
Bremer, H.: Die Tropen, Stuttgart 1999, S. 24 (verändert) (Anlage III.1).
Hammer, T.: Sahel, Perthes Regionalprofile 2005, S. 67 (bearbeitet), 144 (bearbeitet), 155 (vereinfacht), 180 (bearbeitet) (Anlagen III.2 bis III.5).
Klohn, W. und H. W. Windhorst: Physische Geographie: Böden, Vegetation, Landschaftsgürtel. Vechtaer Materialien zum Geographieunterricht, Heft 6, Vechta 1999, S. 103 (bearbeitet).

Lösungsvorschlag

1.1 *Sie werden aufgefordert, die in Anlage III.1 vorgegebenen Abflussdiagramme den beiden Flüssen Niger und Ogowe begründet zuzuordnen. Hilfreich ist es, erst die Flüsse im Atlas zu verorten, dann die Abflussdiagramme zu beschreiben und zu überlegen, mit welchen Argumenten Sie eine Entscheidung untermauern können.*

Der Fluss A zeigt bei seinen monatlichen Abflussmengen zwei Maxima im April und im November. Der niedrigste Wert wird im August erreicht. Die jährliche Gesamtabflussmenge liegt deutlich über der des Flusses B und deutet damit auf eine Lage im Bereich der immerfeuchten Tropen hin. Höhe und jahreszeitliche Verteilung zeigen eine äquatornahe Lage an mit einem doppelten Durchzug der ITC und entsprechend hohen Regenfällen. Fluss A muss der Ogooué/Ogowe sein.

Fluss B hat im jahreszeitlichen Verlauf nur ein Maximum im September. In den restlichen Monaten sind die Abflussmengen sehr gering. Dieser Ablauf lässt sich dadurch erklären, dass das Einzugsgebiet von Dezember bis Juli im Einflussbereich des Subtropenhochs mit geringen Niederschlägen liegt, während im August/September/Oktober die nach Norden verlagerte ITC mit kräftigen Regenfällen vorherrscht. Der Fluss B liegt also in den wechselfeuchten Tropen und hat eine insgesamt geringe Abflussmenge. Es handelt sich bei dem Fluss B um den Niger. (8 BE)

1.2 *Sie sollen zunächst das Diagramm in der Anlage III.2 interpretieren und die erkennbaren Zusammenhänge differenziert begründen. Dann sollen Sie über dieses Diagramm hinausgehen und aus eigener Kenntnis weitere wichtige Einflussfaktoren anführen.*

Die gleichmäßig verlaufende Kurve des Diagramms gibt den Zusammenhang zwischen Erosionsanfälligkeit des Bodens und mittlerem jährlichem Niederschlag an. Eindeutiges Ergebnis ist, dass die Erosionsanfälligkeit bei abnehmender Niederschlagsmenge zunimmt. Weisen Gebiete hohe Niederschläge auf, so wird der Boden gut durchfeuchtet. Es entwickelt sich eine geschlossene Vegetationsdecke, der Boden wird durchwurzelt und Regenwälder entstehen. Dadurch ist die Erosionsanfälligkeit dort sehr gering.
In den Savannen nehmen die Niederschläge ab, die Vegetation wird immer spärlicher und der Boden ist den Regenfällen zeitweise schutzlos ausgeliefert. Damit steigt die Erosionsanfälligkeit enorm, zumal die wenigen Niederschläge zeitlich sehr konzentriert fallen und den ausgetrockneten Boden leicht aufreißen können. Diese Tendenz steigt, je dürftiger die Vegetationsdecke ist, sodass z. B. die Dornbuschsavanne weder vor Winderosion noch vor der Erosion durch periodische Starkregen geschützt ist. Es kommt zu starkem Oberflächenabfluss, der den Oberboden großflächig abschwemmt.

Neben diesem Zusammenhang von Niederschlagshöhe und Erosionsanfälligkeit können noch weitere Faktoren Einfluss nehmen: Liegen Flächen sehr windexponiert, so erhöht sich die Erosion deutlich. Beispiele dafür sind Luvlagen. Ähnlich wirken Hanglagen, die wegen der größeren Abflussgeschwindigkeit die Erosion verstärken. Auch Bodenstrukturen können Einfluss ausüben. Lockere Sedimentböden lassen sich leichter abtragen. Schließlich muss man auch die unterschiedliche landwirtschaftliche Nutzung bedenken. Liegen Ackerflächen, die in Monokultur genutzt werden, lange brach oder fehlt eine Bodenbedeckung zwischen den Pflanzzeiten, so hat die Erosion leichtes Spiel. Ebenso wirkt die Überstockung bei der Viehhaltung, welche die Bodenbedeckung weitgehend vernichtet und dadurch ebenfalls der Erosion Vorschub leistet. (12 BE)

2.1 *Diese Frage enthält zwei Teile. Zunächst sollen Sie anhand der Anlage III.3 Ursachen einer Entwicklung beschreiben. Dann werden Sie aufgefordert, den erkannten Entwicklungstrend festzuhalten und Faktoren aufzuzeigen, die diesen hemmen könnten.*

Das Diagramm enthält die Kurven zweier Produktionskennziffern in Burkina Faso zwischen 1961 und 2003. Insgesamt ist die landwirtschaftliche Produktion in den letzten 40 Jahren stark gestiegen, bedingt durch Extensivierung und Intensivierung. Neue Flächen wurden genutzt, moderne landwirtschaftliche Methoden wie Maschinen, Kunstdünger und Bewässerung eingesetzt.
Der Wert bei der „Entwicklung der landwirtschaftlichen Produktion absolut" vervierfachte sich etwa von 1961 – 2003. Allerdings steigerte sich die „Entwicklung der landwirtschaftlichen Produktion pro Kopf der Bevölkerung" im gleichen Zeitraum nur auf etwas mehr als das 1,5-fache. Grund dafür ist das starke Bevölkerungswachstum.
Sowohl die „Entwicklung der landwirtschaftlichen Produktion absolut" als auch die „Entwicklung der landwirtschaftlichen Produktion pro Kopf der Bevölkerung" zeigen große jährliche Schwankungen, d. h. die Erträge sind in der Sahelzone durch die hohe Niederschlagsvariabilität extrem unsicher.

Als Trend bleibt also festzuhalten, dass sich die Versorgungslage der einheimischen Bevölkerung von Burkina Faso bei steigender absoluter landwirtschaftlicher Produktion und auch leicht steigender landwirtschaftlicher Produktion pro Kopf allmählich verbessert, auch wenn sie aufgrund der hohen jährlichen Schwankungen äußerst unsicher bleibt.

Einer Fortsetzung dieser Tendenz steht entgegen, dass eine weitere Ausdehnung landwirtschaftlich nutzbarer Flächen in Burkina Faso kaum mehr möglich ist. Vor allem der nördliche Landesteil im Bereich der Sahelzone bietet keine Reserven mehr. Eine Intensivierung der bestehenden Flächen scheitert meist an Wasserknappheit und Grundwasserabsenkung. Bestehende Bewässerungsgebiete leiden an Versalzungserscheinungen und müssen häufig aus der Produktion genommen werden.
Durch den Klimawandel erhöht sich die Gefahr mehrjähriger Dürren und damit drastischer Einbrüche bei den Ernten. Innerstaatliche Konflikte, die meist über ethnische und soziale Fragen entstehen, führen zu Produktionsausfällen und Versorgungsengpässen. Schließlich verharrt das Bevölkerungswachstum auf einem hohen Wert und lässt befürchten, dass die Pro-Kopf-Produktion eher verringert als gesteigert wird. (10 BE)

2.2 *Sie sollen mithilfe der Karte in der Anlage III.4 die Entwicklung des Erdnussanbaus im Senegal darstellen, ihre wesentlichen Ursachen darlegen und dann herausarbeiten, welche sozioökonomischen Risiken diese Entwicklung beinhaltet.*

Der Erdnussanbau im Senegal hat sich um 1910 unter französischer Kolonialherrschaft auf den westlichen Landesteil mit den beiden Exporthäfen Saint-Louis und Dakar konzentriert. Bis 1940 hat sich das Anbaugebiet nach Osten, vor allem entlang der Eisenbahnlinien, erweitert auf etwa die doppelte Größe. Auch nach Beendigung der Kolonialherrschaft drang die Pionierfront weiter nach Osten vor und verschob die Anbaugrenze weiter in diese Richtung. Um 1990 hat das gesamte Erdnussanbaugebiet etwa die 3-fache Größe im Vergleich zu 1910. Der Cashcrop-Anbau zog große sozioökonomische Probleme nach sich. Der Erdnussanbau verdrängte den Anbau von Foodcrops, die Lebensmittelversorgung der einheimischen Bevölkerung wurde gefährdet. Der Export der Erdnüsse genoss Priorität, auch wenn die Deviseneinnahmen durch die stark schwankenden Weltmarktpreise äußerst unsicher waren. Es gab keine Planungssicherheit, man war von kurzfristigen Einflüssen abhängig. Um die Lebensmittelversorgung der Bevölkerung sicherzustellen, importierte man Nahrungsmittel und erreichte damit, dass die einheimischen Bauern der weltweiten Konkurrenz unterlegen waren. Die Absatzmärkte brachen weg, die Bauern verloren ihre Existenzgrundlage und verarmten.

Die Ausbreitung und Dominanz des Erdnussanbaus im Senegal brachte also steigende, wenn auch schwankende Deviseneinnahmen, führten aber für die einheimische Bevölkerung, insbesondere die Bauern, zu großen sozio-ökonomischen Problemen. Lindern lässt sich das wohl nur, wenn man wieder mehr auf Foodcrops statt auf Cashcrops setzt.
(10 BE)

3.1 *Sie sollen anhand der Karten in Anlage III.5 den Verstädterungsprozess in Westafrika in seinen wesentlichen Aspekten aufzeigen, ursächlich begründen und knapp die Situation für die Zuwanderungsgebiete problematisieren. Führen Sie ca. drei Kernprobleme an und erläutern sie diese. Nutzen Sie auch den Atlas, z. B. Diercke Weltaltas, 5. Aufl. 2002, S. 129 oder Diercke Weltatlas 2008, S. 142.*

Von 1960 bis 2020 (Prognose) zeigt die Verstädterung Westafrikas eine durchgehende Tendenz. Während 1960 noch kaum größere Städte existierten, nahm bis 1990 die Anzahl und Größe der Städte deutlich zu. Dabei konzentrierte sich das Wachstum auf die begünstigten Küstenregionen sowie auf Räume mit landwirtschaftlich nutzbarem Hinterland. Die beiden größten Städte waren im Jahr 1990 Abidjan (Elfenbeinküste) und Accra (Ghana) mit ein bis zwei Millionen Einwohnern.

Die Hauptstädte haben besonders davon profitiert, da sie die meisten Pullfaktoren aufweisen. Hier erhoffen sich die Zuwanderer Arbeitsplätze, Verdienstmöglichkeiten und einen Lebensstandard, der weit über dem des ländlichen Raums liegt. Die Hoffnungen trügen meist. Es entstehen riesige Slumgebiete mit gewaltigen sozialen und ökonomisc hen Problemen. Dennoch bleibt der Zuzug in die Städte ungebrochen, da die ländlichen Gebiete keine Aussicht auf eine ausreichende Lebensgrundlage liefern. Vor allem die jüngeren Menschen wandern wegen fehlender Arbeitsplätze in die Städte.

Die Prognose für 2020 geht von einer weiteren Bevölkerungszunahme der großen Städte aus. Es werden voraussichtlich Riesen-Metropolen an der Küste mit z. T. 2–10 Mio. Einwohnern entstehen (z. B. Abidjan, Accra, Lomé, Dakar). Die skizzierten Probleme werden sich dort voraussichtlich potenzieren.

Die Städte stehen vor der grundlegenden Schwierigkeit, die wild wuchernden Slums einigermaßen mit einer Infrastruktur auszustatten. Vor allem Wasser- und Abwassersysteme fehlen. Durch die Bevölkerungsballung besteht bei mangelhaften Hygienebedingungen akute Seuchengefahr und auch die medizinische Versorgung ist völlig unzureichend. Dazu kommt noch eine hohe Kriminalitätsrate, die durch die Arbeitslosigkeit gefördert wird sowie die Perspektivlosigkeit, die auch die jüngere Bevölkerung ergreift.
(10 BE)

3.2 *Mit „nennen" ist lediglich das Aufzählen einzelner Merkmale ohne große Erklärung gefordert. Bei dieser Teilaufgabe müssen Sie den informellen Sektor definieren und dabei auf Ihr im Unterricht erworbenes Wissen zurückgreifen. „Diskutieren" besagt, dass Sie verschiedene Pro- und Contra-Argumente zu einem Sachverhalt entwickeln sollen. Geben Sie abschließend eine kurze begründete Bewertung ab.*

Der informelle Sektor umfasst die ökonomischen Aktivitäten von Menschen außerhalb der formell geregelten Wirtschaft. Häufig handelt es sich um Kleinstbetriebe (Einpersonen- oder Familienbetriebe). Die dort Beschäftigten sind meist nur gering qualifiziert. Entsprechend beschränken sich ihre Tätigkeiten auf einfache Arbeiten im Dienstleistungssektor oder im Handwerk wie Schuhe putzen, Transport von Gütern oder mobiler Handel. Oft wird nicht kontinuierlich gearbeitet, sondern die Menschen gehen gelegentlichen Tätigkeiten nach. Folglich haben sie nur ein geringes, unsicheres Einkommen und verfügen über wenig Kapital.

Der informelle Sektor wächst in Entwicklungsländern explosionsartig und ist für die Wirtschaft ein bedeutender Faktor. Die Kleinstbetriebe siedeln sich oft in wirtschaftlichen Nischen an, in denen der Staat keine eigenen Dienstleistungen anbietet oder die für größere Unternehmen uninteressant sind.

Für Zuwanderer in die Städte ist der informelle Sektor meist die einzige Möglichkeit, notdürftig die Existenz zu sichern. Sie werden häufig ausgebeutet und können nur einen geringen Lebensstandard erreichen. Im formellen Sektor können sie nicht Fuß fassen, da sie der billigen Konkurrenz bereits vorhandener Arbeiter unterlegen sind. Daher müssen sie sich mit dem Angebot erschwinglicher Waren und Dienstleistungen aus dem informellen Sektor durchschlagen. Häufig versuchen sie, diesen Handel selbst zu übernehmen, um damit wenigstens ein geringes Einkommen zu erzielen. Sie haben keinerlei Ansprüche an den Staat, zahlen ihrerseits aber auch keine Steuern und Abgaben.

Zusammenfassend bietet der informelle Sektor für die Zuwanderer eine kleine Lebensperspektive, die sich allerdings auf niedrigem Niveau bewegt. Sie reicht aber offensichtlich als Motiv für die Migranten aus, den noch perspektivloseren ländlichen Raum zu verlassen. Sie verlieren mit dem Wegzug häufig ihre sozialen Bindungen und üben in den Städten gefährliche, anspruchslose und schlecht entlohnte Tätigkeiten aus. Dadurch gehen Sie gegebenenfalls auch ein hohes gesundheitliches Risiko ein. (10 BE)

Grundkurs Geographie (Bayern): Abiturprüfung 2008 – Aufgabe IV: Vietnam

1 Klima und Landwirtschaft

1.1 Die Anlage IV.1 zeigt die Niederschlagsverhältnisse der Stationen Hanoi (21° N/106° O) und Ho-Chi-Minh-Stadt (11° N/106° O).
Charakterisieren und erklären Sie die jeweiligen Niederschlagsverhältnisse!

1.2 Erläutern Sie die in Anlage IV.2 ersichtlichen Veränderungen bei der Erzeugung von Reis in den drei dargestellten Ländern im Vergleich zur Weltproduktion!

1.3 Nachdem die Weltbank in den neunziger Jahren südostasiatische Länder durch zinsverbilligte Kredite ermutigt hat, Kaffee anzubauen, entwickelte sich dieser zu einem bedeutenden Exportprodukt Vietnams.
Setzen Sie die Daten der Anlage IV.3 in ein aussagekräftiges Diagramm um und bewerten Sie davon ausgehend diese Fördermaßnahme! (32 BE)

2 Sozioökonomische Entwicklung

2.1 Ordnen Sie die Länder A bis D in Anlage IV.4 aufgrund ihrer Strukturdaten den Staaten Japan, Singapur, Thailand und Vietnam zu und begründen Sie Ihre Zuordnung anhand von jeweils zwei geeigneten Indikatoren!

2.2 In vielen Schwellenländern Südostasiens begleitete die Errichtung von Sonderwirtschaftszonen den wirtschaftlichen Entwicklungsprozess.
Stellen Sie Ziele dar, die diese Länder mit solchen Wirtschaftszonen verfolgen!

2.3 Seit 20 Jahren investieren europäische Unternehmen mit stark steigender Tendenz in Südostasien.
Legen Sie mögliche positive und negative Auswirkungen dieses wirtschaftlichen Engagements auf die Industriestaaten Europas dar! (28 BE)

(60 BE)

Anlage IV.1: Niederschlagswerte der vietnamesischen Stationen Ho-Chi-Minh-Stadt (auch Ho-Tschi-Minh-Stadt) und Hanoi

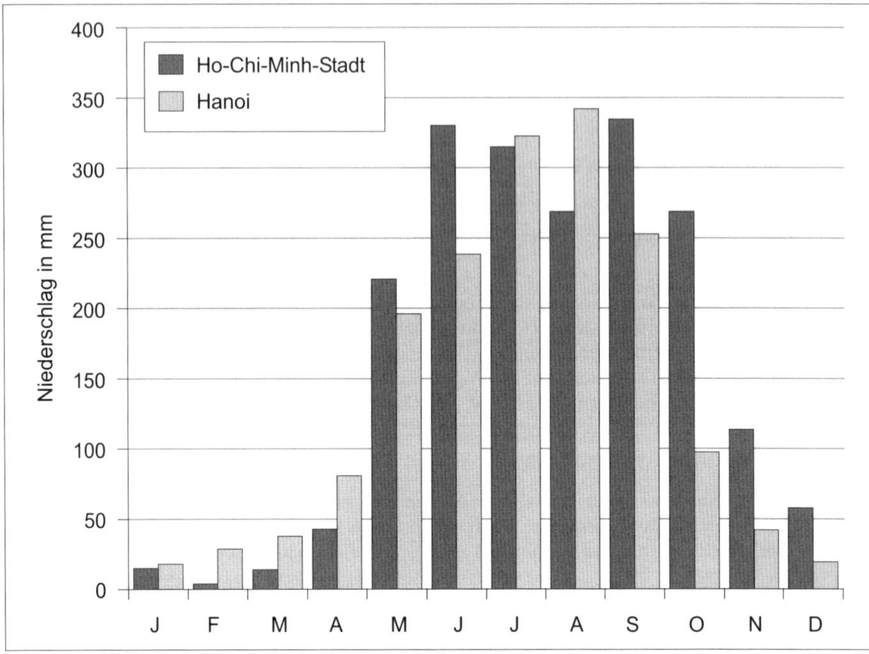

Anlage IV.2: Reisproduktion ausgewählter Länder und weltweit

		Produktion (in Mio. t)	**Ertrag** (in dt/ha)
Volkrepublik China	1970	112,0	35,8
	2000	200,0	63,2
Japan	1970	16,3	54,8
	2000	11,5	64,3
Vietnam	1970	9,9	20,2
	2000	31,4	41,0

zum Vergleich

Welt	1970	311,0	23,8
	2000	596,0	38,5

Anlage IV.3: Kaffee-Export Vietnams und Kaffeepreisentwicklung

	1980	1985	1990	1995	2000	2005
Kaffe-Export Vietnam* (60 Kilo Säcke) in 1 000	50	512	1 146	3 679	14 606	13 218
Mittelpreis für Sorte Robusta in US-$ /kg	3,23	2,65	1,18	2,77	0,91	1,11

* Datengrundlage: Erntejahr

Anlage IV.4: Strukturdaten ausgewählter Länder Südostasiens

Strukurdaten	Länder			
	A	B	C	D
Lebenserwartung (2005)	80	71	82	71
Bevölkerung in % (2005)				
– unter 15 Jahren	20	30	14	24
– über 65 Jahren	8	5	20	7
Zugang zu Sanitäreinrichtungen in % (2004)	100	61	100	99
Energieverbrauch pro Kopf in kg ÖE* (2004)	6 034	611	4 173	1 524
Ausländische Direktinvestitionen im jeweiligen Land in Prozent des BIP (2005)	17,2	3,7	0,1	2,6

* ÖE = Öleinheiten

Quellenverzeichnis

Fischer Weltalmanach 2008, Frankfurt am Main 2007 (Anlage IV.4).

German Industry and Commerce Vietnam: German Industry Vietnam Brief. Aktuelle Wirtschaftsinformationen aus dem Delegiertenbüro der deutschen Wirtschaft Vietnam. Nr. 62, Oktober 2007, aufgerufen am 09. 01. 2008 (www.vietnam.ahk.de) (Anlage IV.3).

Müller, M.: Handbuch ausgewählter Klimastationen der Erde, 3. Auflage, Trier 1983, S. 184 f. (Anlage IV.1)

Willenbrink, J.: Reisanbau in Südostasien. In: Geographische Rundschau (2003) Heft 1, S. 30 (Anlage IV.2)

www.ico.org (aufgerufen am 07. 10. 2007) (Anlage IV.3)

www.kaffeeverband.de (aufgerufen am 07. 10. 2007) (Anlage IV.3)

Lösungsvorschlag

1.1 *Sie sollen die typischen Merkmale der in Anlage IV.1 angegebenen Niederschlagsverhältnisse beschreiben und die benannten Kennzeichen begründen. Hilfreich ist es, wenn Sie die beiden Orte Ho-Chi-Minh-Stadt und Hanoi mithilfe des Atlas lokalisieren und anschließend nacheinander analysieren. Achten Sie auch auf Unterschiede und Gemeinsamkeiten und stellen Sie diese knapp dar.*

Der jährliche Verlauf der Niederschlagswerte von Ho-Chi-Minh-Stadt und Hanoi zeigt deutliche Ähnlichkeiten, nur Details unterscheiden sich. Man kann daher von fast vergleichbaren Klimavoraussetzungen ausgehen.

Ho-Chi-Minh-Stadt hat von Januar bis April nur sehr geringe Niederschläge deutlich unter 50 mm. In dieser Zeit herrscht der trockene Nordost-Monsun vor, dessen Wirkung durch die Leelage der Stadt noch verstärkt wird. Ab Mai bis einschließlich Oktober fallen vergleichsweise hohe Niederschläge. Sie erreichen im Juni und im September jeweils ihre Spitzenwerte um 330 mm. Ursachen dafür sind der Einfluss des regenbringenden Südwestmonsuns und Zenitalregen mit Durchzug der ITC im Frühsommer und Herbst. Ab November lassen die Niederschläge wieder nach, da der Monsun in dieser südlichen Lage erst dann abnimmt.

Hanoi steht im Winter unter dem Einfluss des trockenen Nordostmonsuns und bekommt daher nur geringe Niederschläge. Ab Mai verstärken sich wie in Ho-Chi-Minh-Stadt die Regenfälle unter dem Einfluss des feuchten Südwestmonsuns. Niederschlagsmaximum ist im Juli/August ebenfalls in Höhe von ca. 320 bis 340 mm. Auch in Hanoi verstärkt die ITC in dieser Zeit die Regenmengen durch Zenitalregen. Die Niederschläge nehmen dann im Oktober früher als in Ho-Chi-Minh-Stadt ab, da Hanoi nördlicher liegt und frühzeitiger wieder unter den Einfluss des trockenen Nordost-Monsuns gerät, der den ganzen Winter über anhält. (10 BE)

1.2 *Die Anlage IV.2 enthält Daten zur Reisproduktion in drei Staaten und der Welt insgesamt. Sie sollen die jeweiligen Entwicklungen vergleichen. Bei dieser Teilaufgabe können Sie ähnlich vorgehen wie bei der vorhergehenden Aufgabe. Gehen Sie auf die Entwicklungen in den einzelnen Ländern ein und überlegen Sie, ob Sie generelle Aussagen treffen können.*

In allen drei Ländern ist der Ertrag in dt/ha von 1970–2000 deutlich gestiegen. China und Vietnam haben den Ertrag etwa verdoppelt, Japan hat um ca. 20 % zugelegt. Das liegt daran, dass die Ausgangswerte in China und Vietnam viel niedriger lagen als in Japan. Sowohl im Jahr 1970 als auch 2000 erreicht Japan den höchsten absoluten Wert. Begründen lässt sich diese Entwicklung in allen drei Staaten durch Intensivierungsmaßnahmen wie Düngereinsatz, besseres Saatgut und Verwendung von Pestiziden.

China erwirtschaftete im Jahr 2000 rund ein Drittel der weltweiten Reisproduktion. Die enorme Produktionssteigerung gelang durch besonders effektive Intensivierungsmaßnahmen; die Fläche ist in etwa gleich geblieben.

Japan weist bei leicht steigender Produktivität eine sinkende Gesamtproduktion auf. Folglich müssen die Reisanbauflächen reduziert worden sein zugunsten anderer Nutzung. Zudem geht der Trend weg von der traditionellen Reismahlzeit zugunsten westlich orientierter Essgewohnheiten. Es könnte auch sein, dass Reisfelder zugunsten anderer Nutzungen wie Verkehrsflächen oder Industriegelände vermindert worden sind. Der Anteil Japans an der Reisproduktion der Welt ist gering und sinkt weiter.

Vietnam hat von 1970 bis 2000 seine Produktion verdreifacht, aber immer noch einen geringen, allmählich steigenden Anteil an der Weltproduktion von ca. 5 Prozent. Da das

Ausgangsniveau 1970 sehr niedrig war, hatten hier Extensivierungs- und Intensivierungsmaßnahmen besonderen Erfolg. Im Jahr 2000 hat Vietnam den weltweiten Durchschnittsertrag von 38,5 dt/ha mit 41,0 dt/ha bereits übertroffen.

Die Weltproduktion hat sich in den letzten 30 Jahren etwa verdoppelt. Der durchschnittliche Ertrag hat nur um etwas mehr als 50 % zugelegt und erreichte im Jahr 2000 keinen der Werte der drei angegebenen Länder. Das bedeutet, dass vor allem Japan und auch China eine hohe Produktivität erreicht haben. (12 BE)

1.3 *Zunächst sollen Sie die Daten in der Anlage IV.3 grafisch umsetzen. Die Zeichnung eines Diagramms verlangt von Ihnen eine exakte, saubere Darstellung mit Beschriftung und vollständiger Berücksichtigung der Zahlen zum Kaffeeexport Vietnams. Die Art des Diagramms können Sie auswählen. Achten Sie vor allem auf eine gute und leichte Lesbarkeit. Geben Sie Ihrem Diagramm eine Überschrift. Anschließend sollen Sie die in der Aufgabenstellung skizzierte Maßnahme der Weltbank bewerten.*

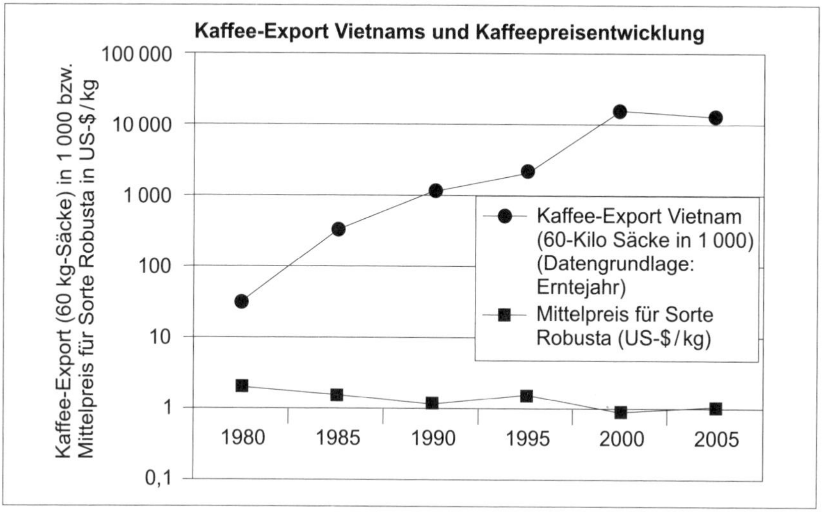

Vietnam hat seit ca. 1995 einen gewaltigen Anstieg seines Kaffee-Exports erlebt. Dadurch haben sich die Deviseneinnahmen des Landes deutlich erhöht, sind jedoch schwer zu kalkulieren, da die Weltmarktpreise stark schwanken. Neue landwirtschaftliche Flächen wurden für Kaffeepflanzungen erschlossen. Man erhoffte sich zusätzliche Einkommensmöglichkeiten, aber durch die einseitige Produktion geriet man in starke Abhängigkeit, die in Jahren sinkender Weltmarktpreise zur Verarmung der Kaffeebauern führte.

Dieses Problem wäre zu lösen, wenn man nicht nur den Kaffeeanbau fördern würde, sondern zu einer diversifizierten Produktion einer breiten landwirtschaftlichen Produktpalette käme. Dann hätte man die Möglichkeit, auf Nachfrageänderungen schnell zu reagieren bzw. die Bevölkerung mit Produkten der heimischen Landwirtschaft zu versorgen. Wichtig ist auch, dass sich die Kleinbauern nicht durch die Kredite überschulden, indem sie zu hohe Investitionskosten auf sich nehmen. Sinnvoll ist es, Kredite als Hilfe zur Selbsthilfe anzubieten, die Dimension der Fördermaßnahmen also individuell zu reduzieren und primär auf lokaler Ebene durchzuführen. (10 BE)

2.1 *Es geht bei dieser Frage darum, die Informationen in Anlage IV.4 den in der Aufgabenstellung genannten Ländern plausibel zuzuordnen. In der Aufgabe werden nur zwei Argumente gefordert, mit denen Sie Ihre Entscheidung stützen sollen. Wenn Sie die einzelnen Indikatoren für die vier Länder kurz beschreiben, fällt Ihnen aber möglicherweise eine richtige Entscheidung leichter.*

Das Land A weist eine hohe Lebenserwartung auf. Die Bevölkerungsdaten deuten auf eine junge Bevölkerungsstruktur hin. Auffallend ist der extrem hohe Energieverbrauch pro Kopf, was auf eine dynamische Entwicklung der Wirtschaft schließen lässt und – auch im Zusammenhang mit dem guten Zugang zu Sanitäreinrichtungen – einen hohen Lebensstandard. Die ausländischen Direktinvestitionen sind im Vergleich zu den anderen Ländern sehr hoch. All das deutet darauf hin, dass es sich bei Land A um Singapur handelt.

Im Land B ist die Lebenserwartung geringer und die Bevölkerung jünger. Der Zugang zu Sanitäreinrichtungen ist im Gegensatz zu den anderen drei Ländern mangelhaft. Der Energieverbrauch pro Kopf beträgt nur etwa 10 % des Energieverbrauchs von Land A. Die ausländischen Direktinvestitionen sind bei weitem geringer als bei Land A, aber höher als in Land C und D. Land B hat einen Entwicklungsrückstand im Vergleich mit den anderen Ländern. Dies trifft auf Vietnam zu.

Land C hat die höchste Lebenserwartung und die im Durchschnitt älteste Bevölkerung. Es hat einen hohen Energieverbrauch pro Kopf, allerdings nur minimale ausländische Direktinvestitionen. Das sind Kennzeichen eines etablierten Industrielandes, das für ausländische Investitionen aufgrund von Standortnachteilen, z. B. hohen Löhnen, kaum Anreize bietet. Damit muss Land C Japan sein.

Land D schließlich hat wie Land B eine im Vergleich zu Land A und C niedrige Lebenserwartung, was u. U. Rückschlüsse auf die medizinische Versorgung zulässt. Vom Altersaufbau der Bevölkerung gehört es zu den Ländern mit einer durchschnittlich jüngeren Bevölkerung und nimmt eine Mittelstellung zwischen Land A und C ein. Der Energieverbrauch pro Kopf ist unterdurchschnittlich, aber etwas höher als in Land B. Dies deutet auf einen geringeren wirtschaftlichen Entwicklungsstand hin. Es handelt sich um ein Schwellenland, das seine materielle Lage rasch verbessert. Bei Land D handelt es sich um Thailand. (12 BE)

2.2 *Sie werden aufgefordert, eine unbestimmte Anzahl von Zielen von Sonderwirtschaftszonen zu nennen und kurz zu beschreiben. Führen Sie drei bis vier Zielsetzungen an.*

Allgemein versucht man mit der Errichtung von Sonderwirtschaftszonen ausländische Direktinvestitionen anzuziehen. Man gibt Anreize in Form von Steuervergünstigungen und erhofft sich Beschäftigungsimpulse sowie Technologie- und Wissenstransfer.

Die Sonderwirtschaftszonen sollen den Export ankurbeln und über Deviseneinkünfte zur Entwicklung des Landes beitragen. Man sieht in ihnen einen ersten Ansatzpunkt für die wirtschaftliche Entwicklung des Landes insgesamt und erhofft sich eine Ausstrahlung der Impulse ins Hinterland.

In solchen Wirtschaftszonen sollen Arbeitsplätze für die Bevölkerung geschaffen werden, was sich dann in erhöhten Einkommen niederschlägt, die zur Hebung des Lebensstandards führen und eine positive Rückkoppelung auf die heimische Wirtschaft durch steigenden Konsum haben. (8 BE)

2.3 *Der Operator „darlegen“ besagt, dass Sie ohne eigene Wertung einen Sachverhalt in seinen wesentlichen positiven und negativen Aspekten auf der Basis ihres Hintergrundwissens aufzeigen sollen. Bei dieser konkreten Teilaufgabe sollen Sie über die Folgen europäischer Investitionen in Südostasien nachdenken. Eine eigene Stellungnahme ist* ***nicht*** *gefordert!*

Das wirtschaftliche Engagement europäischer Unternehmen in Südostasien wirkt sich zunächst so aus, dass geringer qualifizierte Arbeitnehmer in Europa vielfach ihre Arbeitsplätze verlieren, da die lohnkostenintensiven Produktionsschritte nach Südostasien verlagert werden.
Zudem besteht die Gefahr, dass Unternehmen auch nach und nach hoch qualifizierte Arbeiten in Südostasien durchführen lassen und so allmählich ganze Unternehmen abwandern.
Auch muss man sich darüber im Klaren sein, dass mit Urheberrechtsfragen in Südostasien anders umgegangen wird als in Europa und ein aus europäischer Sicht unerwünschter Know-how-Transfer stattfindet, d. h. europäische Produkte tauchen als Plagiate wieder auf.

Auf der anderen Seite können die europäischen Unternehmen mit der Verlagerung bestimmter Prdouktionsschritte ihre Wettbewerbsfähigkeit steigern und infolge dieser internationalen Arbeitsteilung effizienter und kostengünstiger arbeiten. Ein wesentlicher Effekt davon ist, dass auch die Arbeitsplätze in Europa, die vor allem Hochqualifizierte innehaben, gesichert werden können.
Auch die europäischen Verbraucher profitieren von den erzielten Kostenvorteilen aufgrund von niedrigen Preisen für bestimmte Produkte, z. B. Textilien. (8 BE)

(Bitte blättern Sie um)